農文協

名人が教える 和牛の飼い方

コツと裏ワザ2

農文協編

事故ゼロ、
ストレスゼロで
もうかる経営に

はじめに

本書は、2017年に発行され好評を博した『名人が教える　和牛の飼い方コツと裏ワザ』の続編として企画編集しました。おもに2017～2022年に発行された月刊『現代農業』の中から和牛繁殖の記事を厳選して一冊にまとめたものです。おりしも前回は全国和牛共進会宮城大会の年、今回は鹿児島大会の年の発行となりました。

近年、牛農家の世代交代と規模拡大が進んでいます。数頭の母牛を大切に飼ってきた高齢の牛農家が次々とリタイアする一方で、現役農家は増頭を進めて和牛産業を支えてきました。和牛、特に黒毛和種は、ホルスタインなどと比べて繊細で一頭ごとの個体差も大きく、きめ細やかな管理が必要といわれています。規模拡大で忙しくなる中で、丁寧な管理を徹底することは簡単ではありません。農家の取材の際にも「発情を見落としがちになった」「もっと早く対処していればあの分娩事故は防げたのでは……」などの声をよく耳にします。

本書には、全国各地の牛農家や指導者の皆さんが日々の悪戦苦闘の中で見出した、多頭飼育で役立つアイデア、工夫、最新の飼育技術がぎっしりと詰まっています。特に近年、黒毛和種は改良が進んで大きい子牛が産まれるようになり、難産も増えました。そこで、本書では、100％お産を成功させる！　という決意の元に研究された、岡山の内田広志さんの「お産介助術（分娩事故防止）」を詳しく紹介しました。ほかにも、丈夫な子牛を産みタネつきをよくするための「産前産後の母牛の増し飼いのコツ」、子牛の一生の発育を決定づける「生後3カ月間の管理」など、経営への影響が大きい飼育管理の基本に重点を置きました。

また、和牛飼育の基本がわかるように、巻末に「ことば解説」も用意しました。関心のあるところから気軽に読んでいただけると幸いです。

2022年現在は、史上最悪の飼料高騰の最中です。エサ代などの経費が上がり、子牛価格も不安定になるなど、先の見えない時代ですが、和牛の人気は世界中で高まってきています。1年1産を徹底し、元気で発育のよい子牛を確実に育てるなど、基本を徹底することで、まだまだ和牛繁殖は儲かる！　そんな希望を農家の記事から感じました。

和牛新時代を担う農家の皆様に本書を役立てていただき、牛と人が支え合う地域の暮らしが末永く続くことを願っています。

一般社団法人　農山漁村文化協会　編集局

長くて硬い草を母牛に与えると、大きくて丈夫な子牛が生まれる

◉岡山・内田広志さん

内田広志さんの牛舎でくつろぐ子牛たち。透明なポリカーボネート製の天窓から日光が入り、子牛が日光浴もできる

内田広志さんが生産する子牛は「発育がよく、肥育後期になっても食いどまりせず、いい成績を残してくれる」と肥育農家の評価が高い。

まず大切なのが、「母牛に丈夫で大きい子牛を産ませること」。そのためには、母牛の分娩前後の増し飼いに使う草がポイントだという。「牛がじっくりと練りを返す（反芻する）、長くて硬い草がいいんです」（詳しくは20ページ）。

大きい子牛を産むとなると難産が心配だが、内田さんは、大きい子牛でも100％無事に産ませる「内田式お産介助法」を編み出した。強い陣痛を起こす「神の手」が秘訣だという（詳しくは8ページ）。

内田さんが分娩前後の増し飼いに使う「軸太スーダン」の乾草。繊維が硬くて反芻を促す

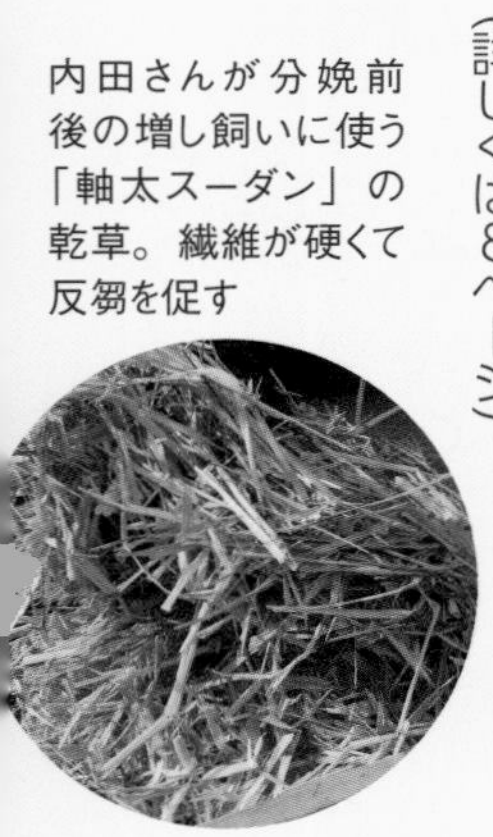

内田広志さんと妻の京子さん。繁殖牛43頭、育成6頭、子牛32頭を飼育。内田さんは人工授精師でもあり、累計30万回の直腸検査を行ない、約3万頭の子牛が生まれた（乳牛含む）。家畜受精卵移植師の資格も持つ

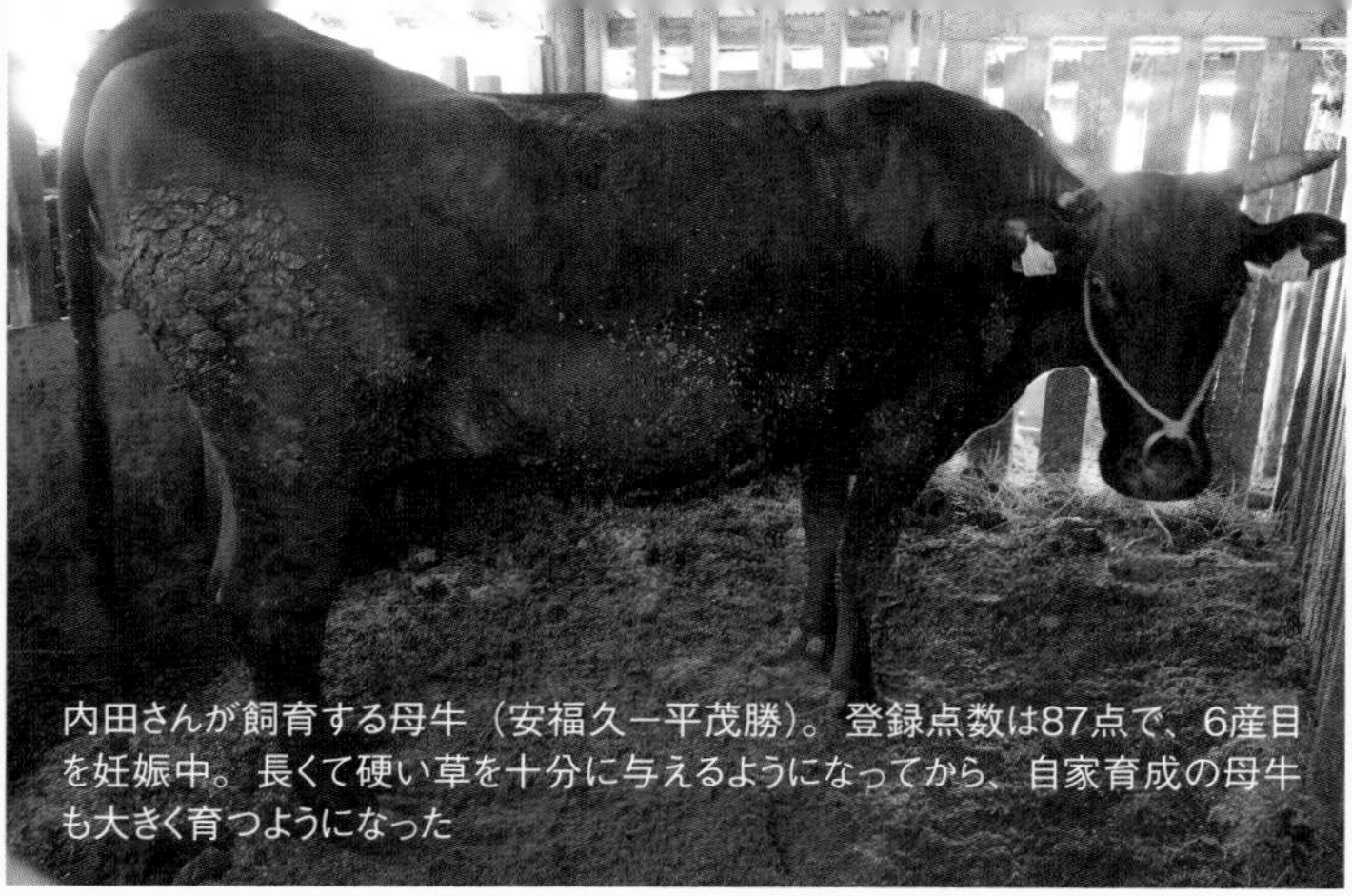

内田さんが飼育する母牛（安福久ー平茂勝）。登録点数は87点で、6産目を妊娠中。長くて硬い草を十分に与えるようになってから、自家育成の母牛も大きく育つようになった

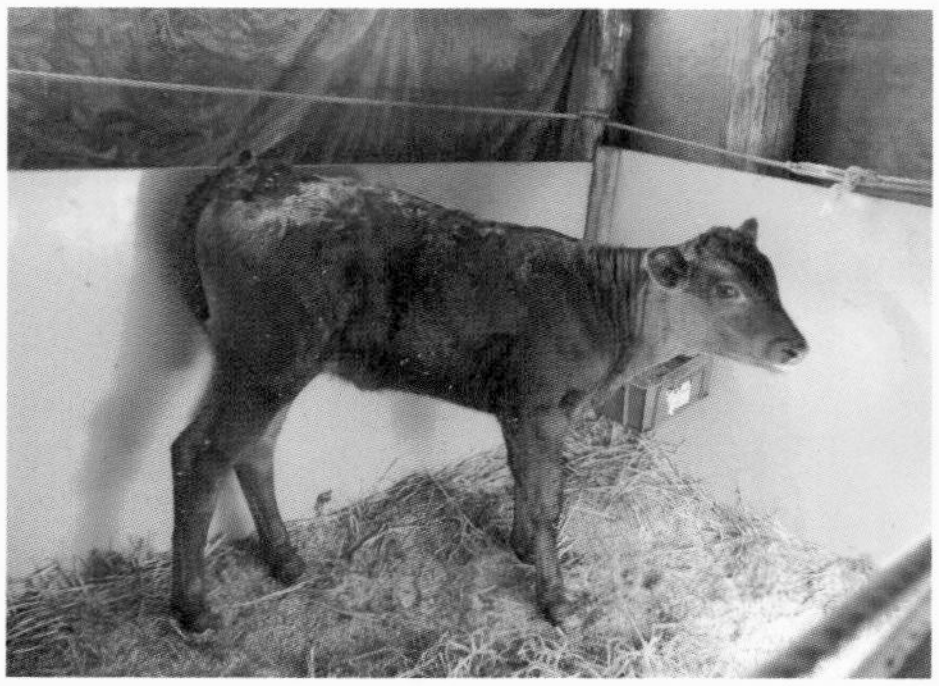

生後1カ月弱の子牛（幸紀雄ー安福久ー勝忠平ー安平照）。雌だが生時体重が40kgもあった

これが草育ちの繁殖牛だ！
――1年1産できる安福久の初産牛

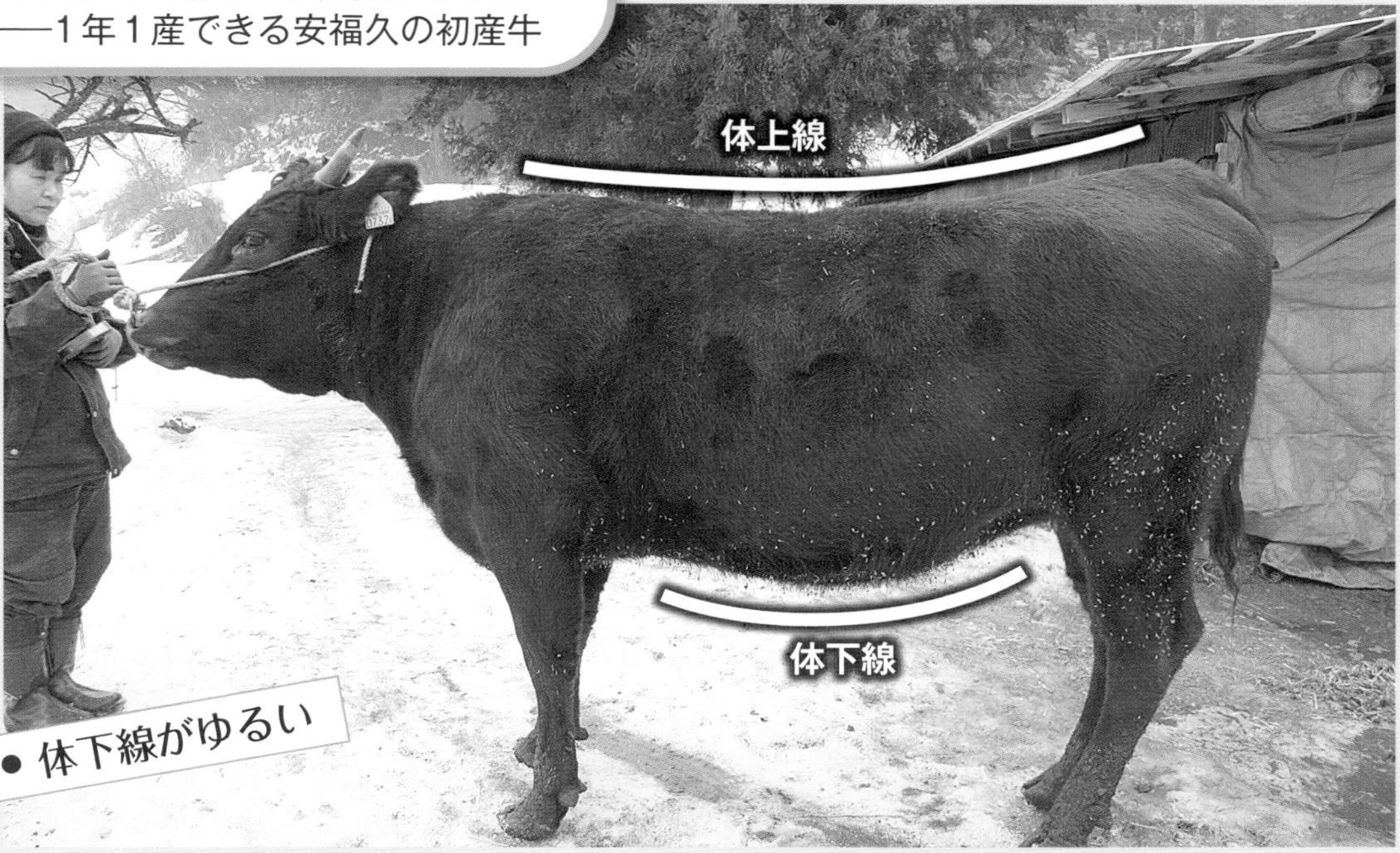

草をしっかり食べて腹づくりできた牛は、体上線、体下線が少しゆるむ。写真は安福久の娘牛（20カ月齢、初産予定2カ月前）。撮影翌月の登録審査では登録点数 83.7点。体高128㎝、胸囲187㎝だった。長くて硬い草をしっかり食い込める腹づくりが、大きくて丈夫な子牛を安産するための土台に

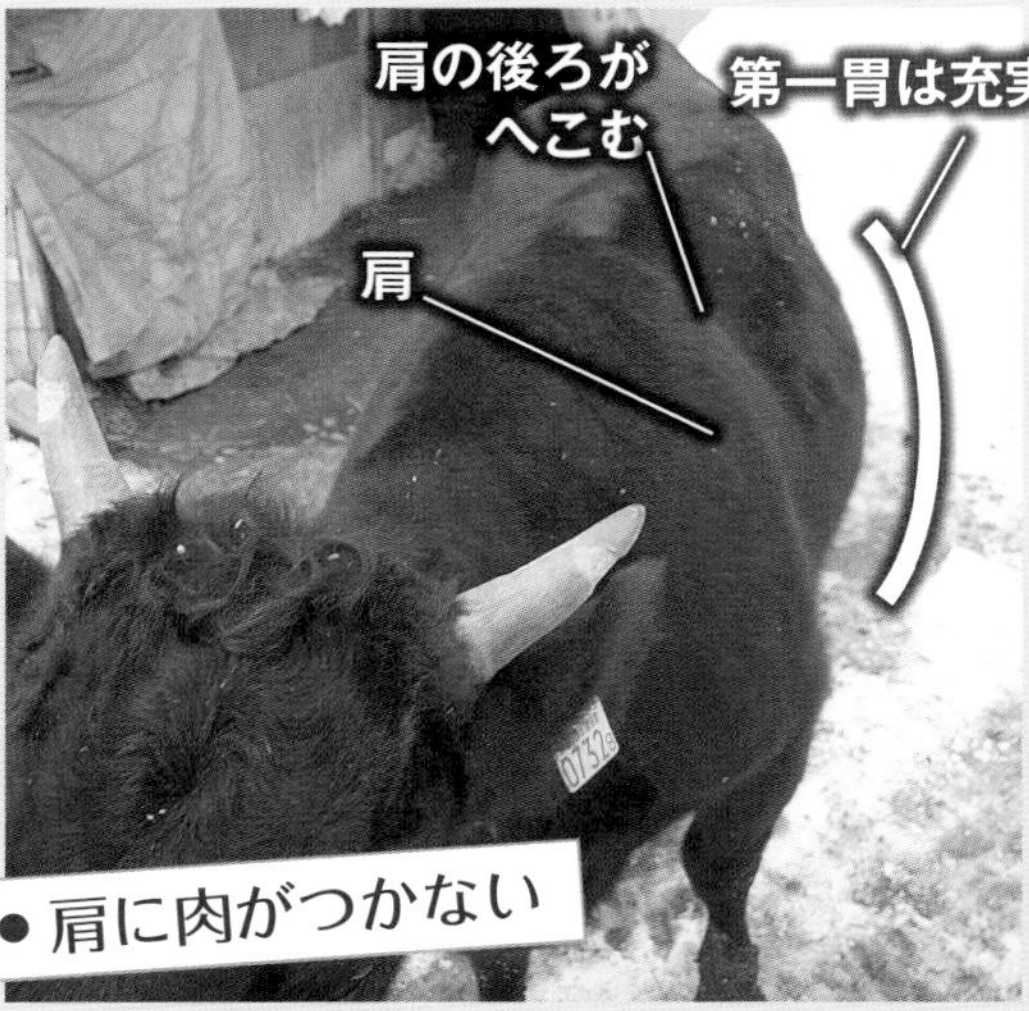

肩の後ろがへこんでいるように見える。腹は大きいので、デコボコした体型になる

毛が密集していて、手が埋まるくらい長い毛がフサフサ

目次

脱化粧肉！ 肥育で伸びる子牛を育てる

子牛の事故・病気を防ぐ

Part 3 牛のストレスを減らして生産性を高める

サシバエ対策

アブ対策

暑さ対策

Part 4 飼料米を使いこなしてエサ代を減らす

Part 5 放牧でコスト減！——はじめる時のポイント

Part 1

子牛を無事に産ませる、増し飼いをうまくやる

誰でもできる「神の手」内田式お産介助法

◎岡山・内田広志さん

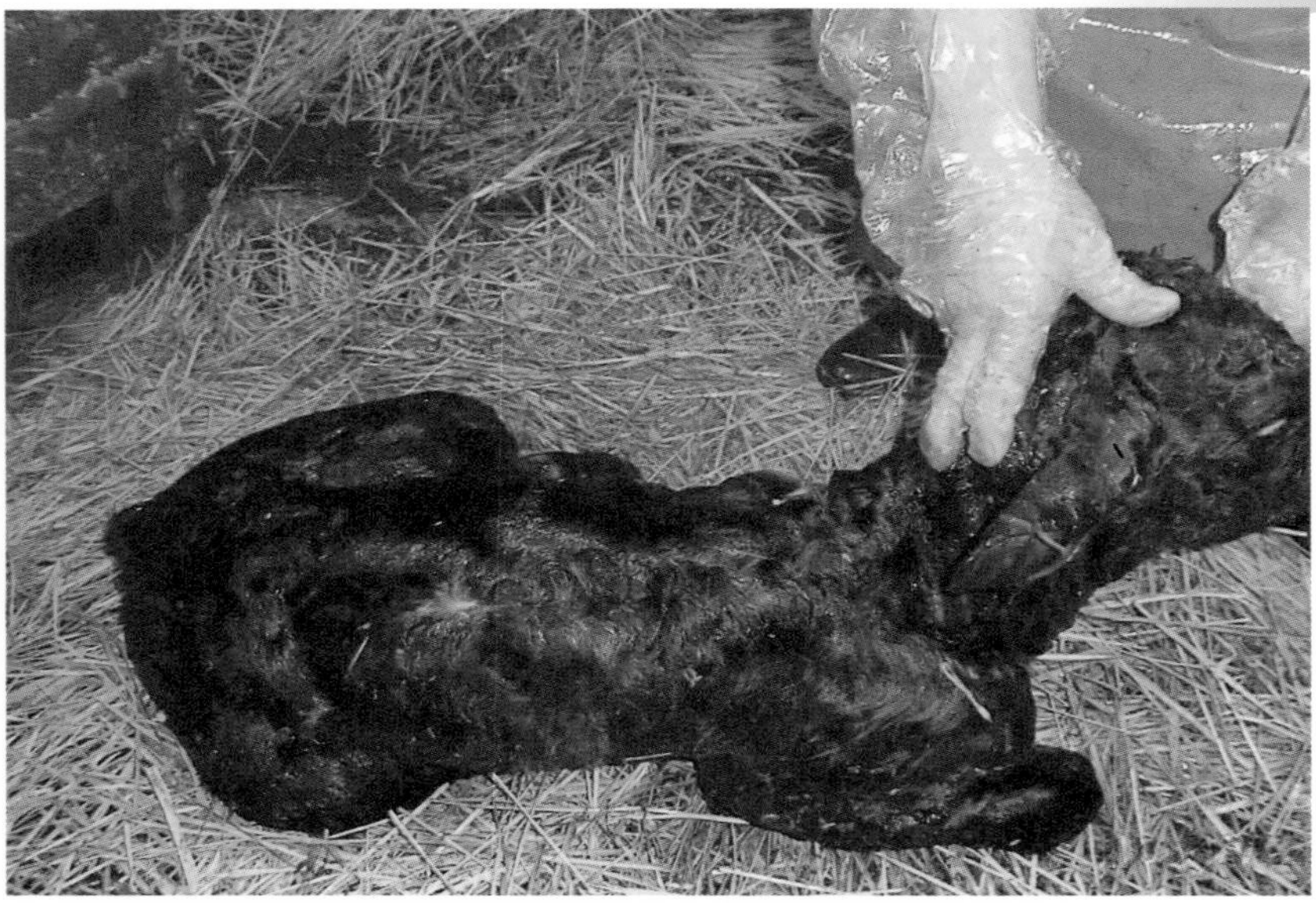

2016年の2月25日に無事生まれたメス子牛（安福久—百合茂—茂波）。生時体重40kgと大きい

①陣痛開始3時間以内に「神の手」を

子牛を死なせたことが研究のきっかけ

「これは奇跡の子牛。普通だったら死んでいたところ、無事生まれたんです。うちの宝になりました」

内田広志さん（74歳）が見せてくれたのは、生まれたての子牛が写った一枚の写真。独自に研究したお産介助法で、難産だった子牛を無事出産させられたという。子牛は40kgもある大きなメス。

「この介助法は世紀の大発見ですよ。100%無事に子牛を産ませられる。親牛も生まれた子牛も超元気です」

内田さんがお産介助の研究を始めたのは母牛がまだ20頭だった20年前。分娩事故で子牛を何頭も死なせてしまったことがきっかけだった。

内田広志さんと、妻の京子さん。繁殖牛43頭、育成牛 6頭、子牛22頭を飼育

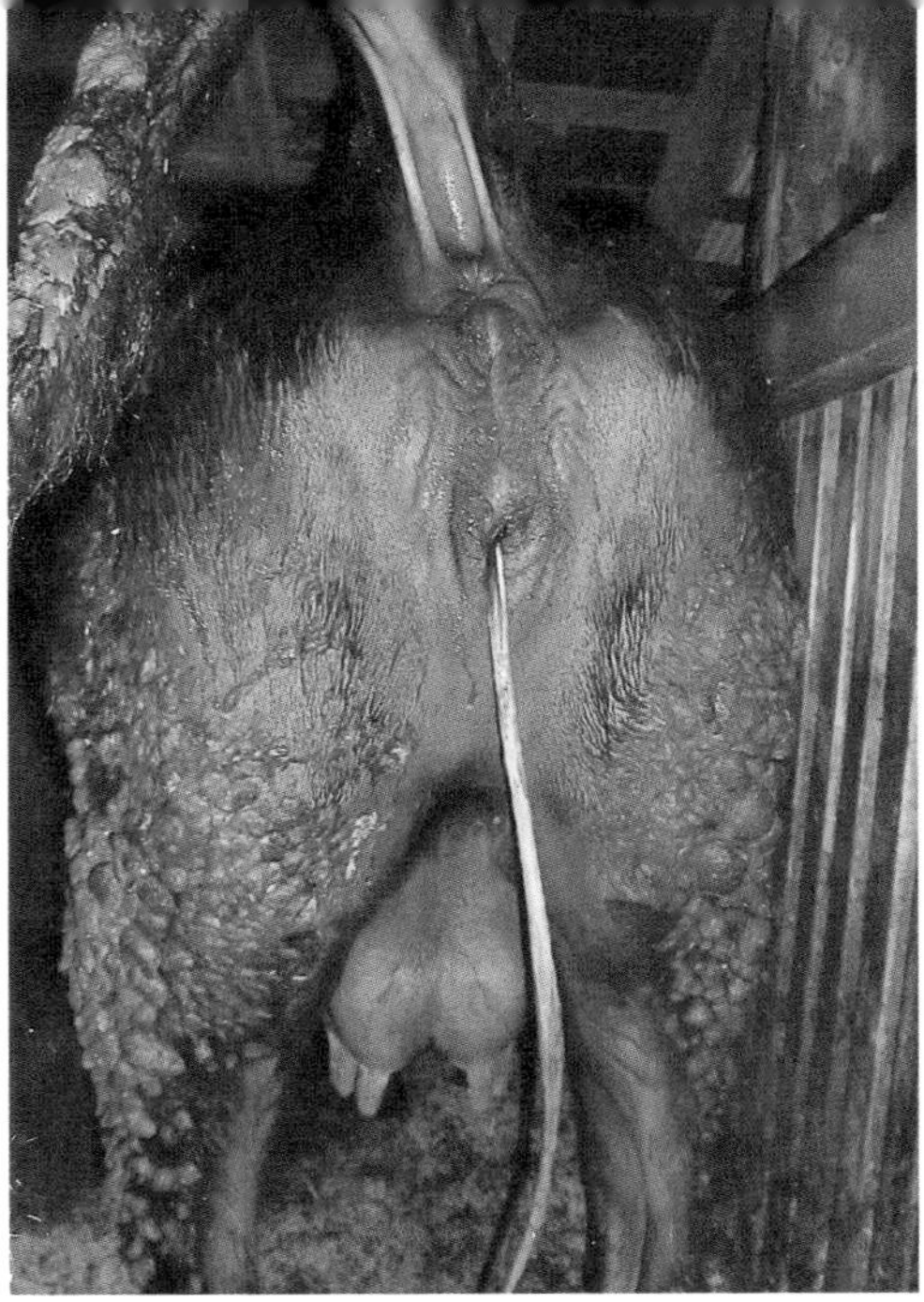

第一破水し終わった母牛。破けた袋が垂れ下がっている。乳房はシワがなくピンと張っている。すぐに神の手で介助をする

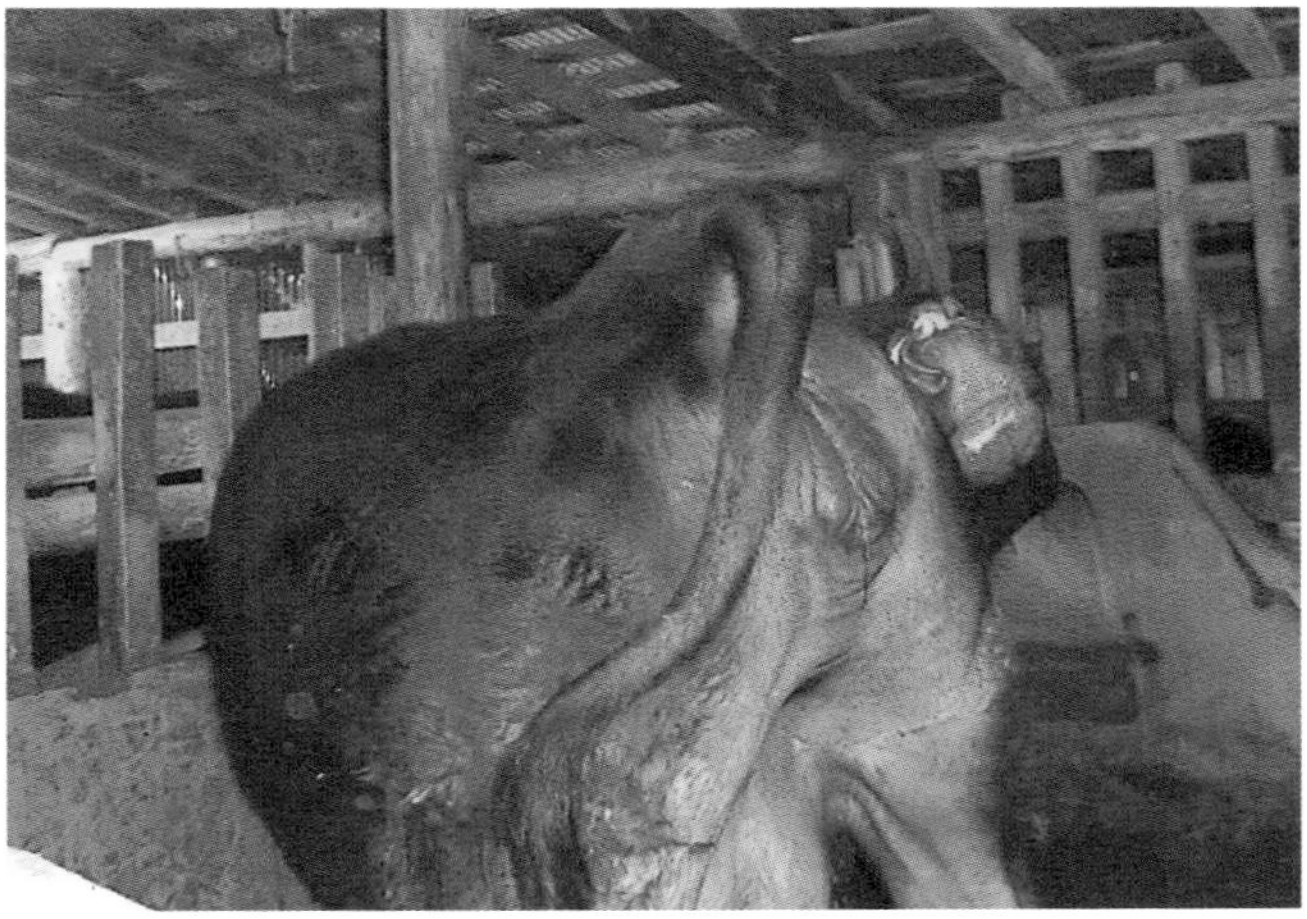

尻尾を上げて牛舎内をグルグル歩き回る母牛

「その頃は、お産の教科書や資料にしたがって介助をしていました。けど、何頭も子牛が死んで、そのたびにへたりこんだ。女房から『お産のことをもっと勉強せなアカンね』と言われましてね。それから、自分らで牛の産道に手を入れるようになったんです」

牛飼い歴54年の内田さんが、これまで分娩させた母牛の数は全部で約９００頭。研究を始めてから約７００頭の子牛を自力で産ませ、確立したのが「内田式お産介助法」だ。内田式にしてからは、一度も子牛を死なせたことはないという。

「最近は、一律の分娩介助はよくないと指導されています。助産癖がつくとか、後産停滞になるとか、自然のお産に任せるのがいいといいますが、私の考え方は違います。そもそも、野生の動物と家畜は違う。野生の牛は日光に当たり、運動も十分で陣痛も強いでしょう。家畜の牛は飼育管理により状態が違い、お産もマニュアル通りに行かないことが多い。しかも和牛は改良で牛が大きくなり、お産のリスクも高い。放っておいたら死ぬが、介助すれば助かる命がたくさんあるんです。ちなみに、私が介助したお産で後産停滞になったことは一度もありませんよ」

早い介助が子牛を助ける

内田さんが確信したのは、「早い介助が子牛を助ける」ということだ。

牛のお産は、尾根の横が陥没したり、乳房が張るなどの分娩兆候が出始め、陣痛が始まる。その後、子牛の排泄物が入った袋（尿膜）が産道から出てきて破裂（第一破水）。茶色いサラサラした液体が流れる。続いて、子牛と羊水が入った袋（羊膜、足胞）が出てきて破裂（第二破水）。白く濁ってドロッとした液体が出たら子牛が生まれる。

「今の学問では、『分娩兆候から第一破水まで、基本的に何もせず見守る』『第一破水後、2時間は第二破水を待つ』と言われています。それは、産道が開かないうちに手を突っ込んだり、子牛を無理に引っ張ると難産の原因になるからだそうですが、それが大きな間違い」と、内田さんは断言する。

それに気が付いたのは、自身の苦い経験からだ。以前、陣痛がきてから6時間たっても第一破水をしない母牛がいた。すぐに子牛を引っ張り出したが、すでに羊水を飲んで死んでいたのだ。

「後に調べて分かったことですが、お

神の手の使い方

破水を促す場合

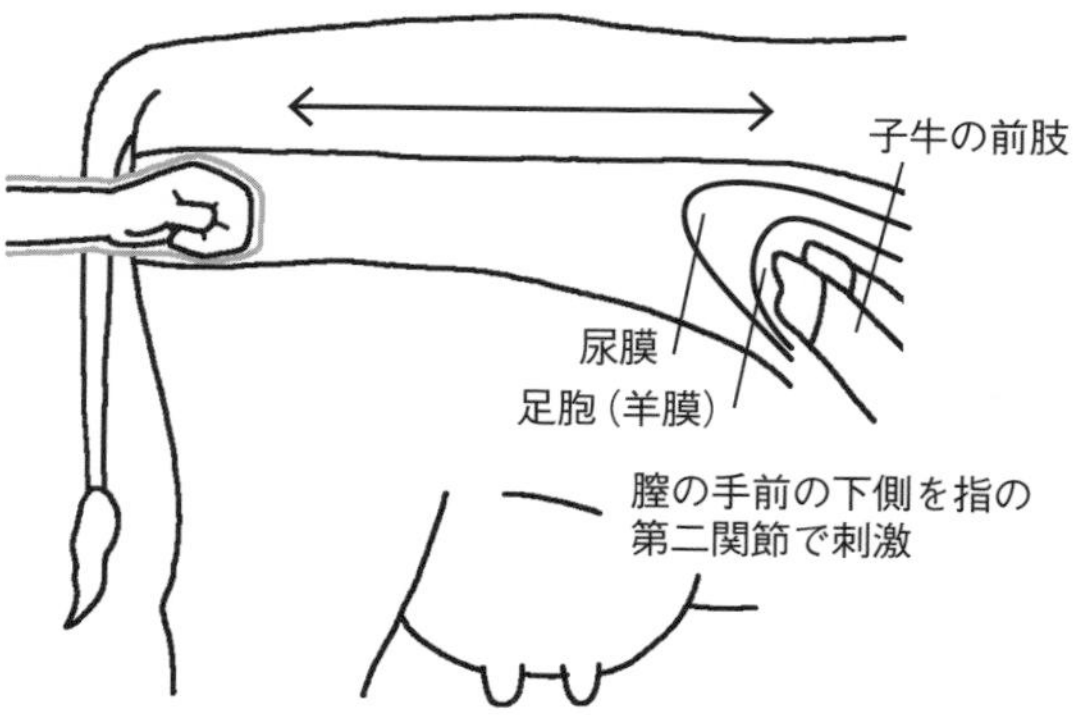

子牛の姿勢をただす場合

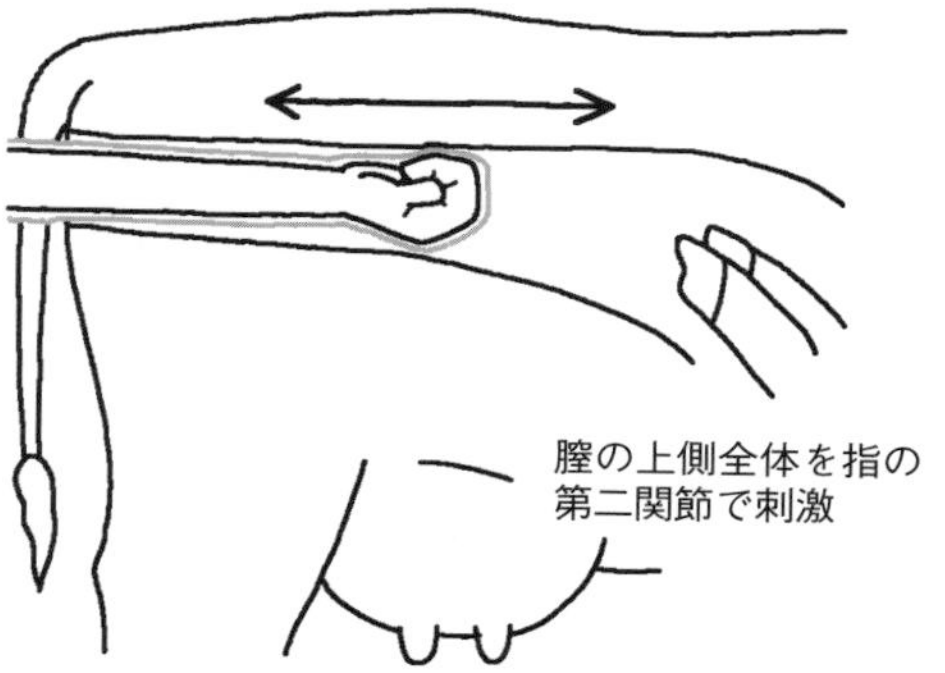

- 両手に直検手袋をつけ、ローションを塗る。膣に手を入れて、まずは子牛が産道を通るか通らないかを確認。産道の広さ、子牛の肢の大きさ、向きなど。内田さんはこれまで経験ないが、奇形児や子宮捻転の場合は、自分で介助せず獣医を呼ぶ
- 4本の指に親指をしまってグーをつくり、膣を5～10分刺激する

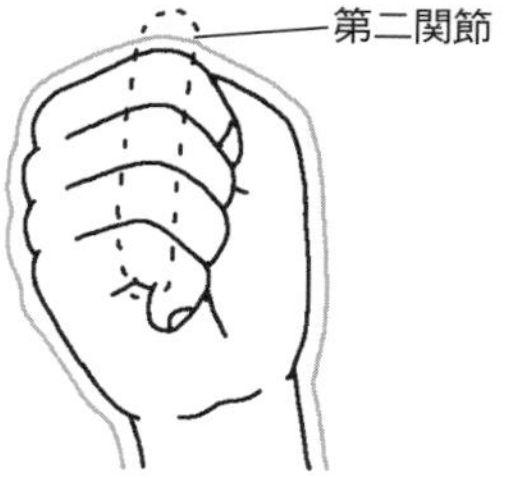

直検手袋をはめ、4本の指の中に親指をしまう。この手を母牛の膣に挿入

●介助するまでのパターン

パターン1	分娩兆候から第一破水を3時間以内にした	→	第一破水を終えた時点で神の手で介助を始める。第二破水させる
パターン2	分娩兆候から第一破水を3時間以内にしない	→	すぐに神の手で第一破水させる
パターン3	第二破水して、第一破水していない	→	すぐに神の手で第一破水させる

産が始まって3時間たつと胎盤剥離が始まり、子牛が肺呼吸を始める。もっと早くお腹の外に出さないとダメだったんです」

お産に目覚める第一破水がすべて

分娩兆候が出てから早めに子牛を出産させようと工夫した結果、内田さんはある結論にたどりついた。

「400頭分娩させて、第一破水が『正規の陣痛』を起こすことがわかったんです。母牛は第一破水すると、お産に目覚める。ドドドとものすごく強い怒責《どせき》（陣痛とイキミ）がくる。ただ、分娩兆候から長時間たつと、産む気力が落ちてしまうんですね。3～4時間程度で第一破水させ、早めにお腹の外に出すことです」

内田式お産介助法と一般的な介助法の比較

わずかなサインも見逃さない！

	内田式お産介助法	一般的なお産介助法
陣痛開始 しっぽを上げて牛舎をグルグル歩く、腹のほうを何度も見る、低い声で鳴く等	時計を見てお産開始時刻を把握。開始から3～4時間で産道に手を入れて産道が開いているか確認*。神の手で第一破水させる	第一破水まで3～6時間はかかるという考え。6時間たっても破水しなければ、様子を見ながら獣医師に相談
第一破水	第一破水したら時間をおかず、神の手で第二破水させる	第一破水後30分から2時間で第二破水するか観察。しない場合は、産道が開いているか、子牛の肢に触れるかなどを確認したうえで、第二の袋を破り、産科ロープを子牛に付けて引っ張る。獣医師に相談
第二破水	子牛が産道に乗らない時は、神の手を使いながら、子牛の頭を上からつかみ左右に振る。また、肢首をつかみ押したり引いたりする。 子牛の頭が母牛の腰角あたりまできたら、両肢首にベルトをくくりつけ、陣痛に合わせて子牛を引っ張り出す	第二破水後、2時間たっても子牛が生まれない時は上記のような項目を確認したうえで、産科ロープを付け、陣痛に合わせて引っ張り出す
胎児娩出		

ポイント

＊陣痛開始から3～4時間経っても産道が開かず手が入らない場合、また子牛の肢が太すぎる（過大児）、体位異常、子宮捻転など、自分の手に負えないお産だと感じたら、この時点で獣医に連絡

これを発見してから、人生の楽しみだったお酒をいっさいやめたという内田さん。分娩兆候が出始めてから3時間以内に第一破水を確認するため、牛舎に時計を置き、分娩予定日10日前から2時間おきに奥さんとかわるがわる牛舎にいって母牛の様子を確認するようになった。足踏みする、人を警戒するなど、わずかに普段と違う仕草を見逃さないことが重要。

「神の手」を使う

さらに驚いたことに、内田さんは、母牛が3時間以内に第一破水していない時は、人工的に第一破水をさせられるという。

「利き手で産道（膣）にあるツボを刺激するんです。すると、骨盤が緩んで第一破水を出せるんです。『神の手』で出すんです」

神の手とは聞いただけでもすごそうだが、子牛の生死にかかわるワザだからこそ、こう名づけたという。

神の手の動かし方や手順は10ページの通り。神の手を使う時は、両手に直検手袋をして、滑りやすいようにローションをたっぷり付ける。産道を傷付けないよう、親指を4本の指の中に入

れてグーをつくり、ゆっくり膣に手を入れ、手前から奥、奥から手前へと出し入れし、指の第二関節でツボを刺激するのだ。

「産道はすべてがツボ。どこを擦ってもいいですが、破水を促す時はアダ（入り口付近の下）を刺激します。お腹の中で子牛を正しい姿勢にするには、産道の上側全体を刺激すると効果があります」

　こうして5～10分間、膣を刺激すると第一の袋が出てくる。袋は産道を押し広げる役割もあるので、破かず外まで誘導し、第一破水させるのだ。3時間以内に第一破水できれば、必ず第二破水もするという。

「第一が出れば正規の陣痛が始まる。陣痛は子牛を正しい姿勢にしてくれるので難産にもなりません」

　あとは自然にまかせ、母牛の腰角あたりまで子牛の頭が出て来たら、ベルトを両前肢に引っ掛け、陣痛に合わせて一気に引っ張る。生まれた子牛は30分以内に立ち上がり、元気よく初乳を飲む。母牛の後産停滞も皆無だそうだ。

産道に乗らない……待つことも時に大切

　産道が開き、第一破水も第二破水もした場合、ふつう子牛はするりと出てくる。だが、第二破水まですんでも、子牛だけ産道に乗れずおいてけぼりになることがある。そんな時は、神の手でツボを刺激しながら、子牛の頭を上からつかんで左右に振ったり、子牛の前肢をつかみ、産道の中で押したり引いたりを繰り返す。

「これで産道に乗れば幸い。乗らない場合も、焦る必要はありません」と、内田さん。

　出ない時は、ここで一息。牛から目は離さず、牛舎でコーヒータイム。1～2杯コーヒーを飲んで待つそうだ（最高5杯）。第一破水がすんでいれば、確実に陣痛はくる。ひとりでに子牛の頭は産道に乗る。無理に子牛を引っ張ったりしないで、母牛の自然のイキミで子牛が産道に乗るのを気長に待つ。産道に乗ったのを確認したら、先述のようにベルトを付け、陣痛に合わせて引っ張る。早い介助が重要といえど、待つことも時に必要なのだ。

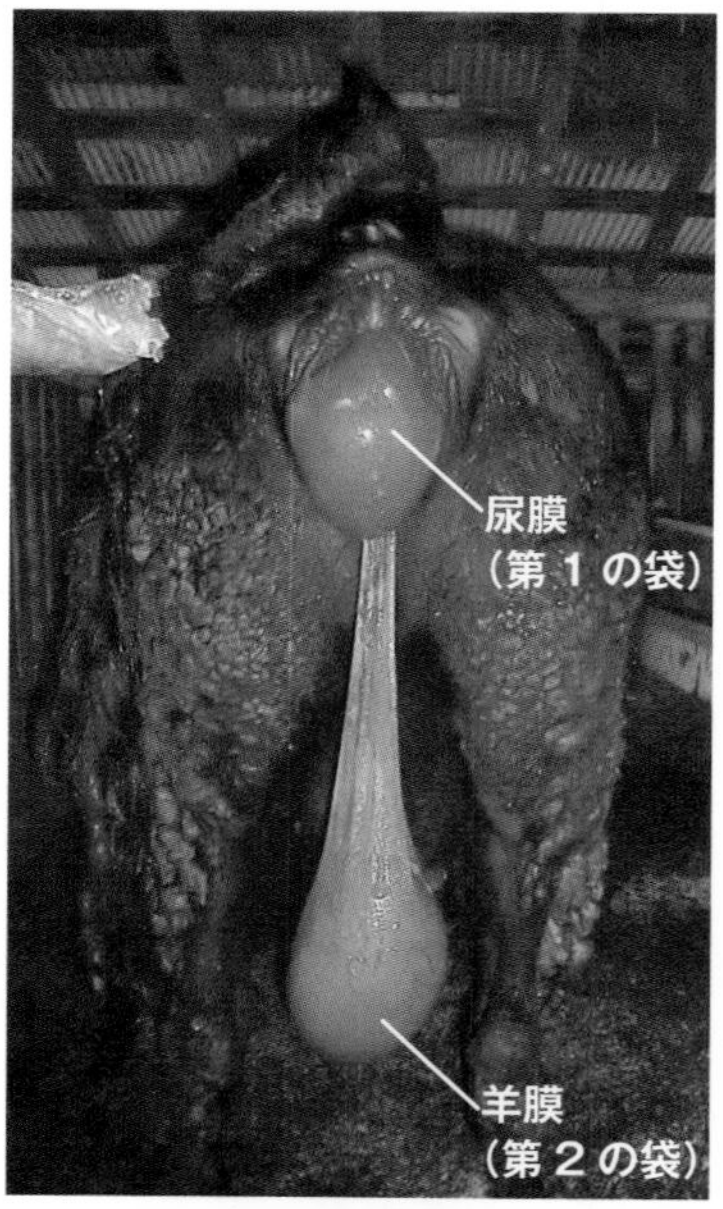

スクープ写真！　第2の袋が先に出て、後から神の手で第1の袋を出した。この後、無事子牛を出産できた

第一より第二が先でも子牛を無事出産

　さて、最初に見せてもらった写真の子牛だが、これはとてもまれなケースだったようだ。

「発見が遅くなりました。目を離したすきに第二が先に出て、第一の袋がお腹に残ってたんです。陣痛が弱いから子牛を出せなかったんです」

　そこで、すぐに神の手を使って第一破水させると無事子牛は生まれた。

「牛のお産は一回一回違う。何回経験しても極度に緊張します。全国で牛の分娩事故に悩む人は多いと思います。内田式お産介助法で、これから生まれてくる子牛を一頭でも生かしたい、そんな気持ちで今回発表しました」

②子牛の引っ張り方と羊水の出し方

内田式なら逆子も無事生まれる

逆子の介助のしかたも、前肢から出てくる正常な姿勢の場合とほぼ同じ。分娩兆候が見られてから3時間以内に第一破水させるのが内田式だが、逆子とわかった場合も、焦らず「神の手」で第一破水、第二破水をさせ、母牛の腰角に子牛のお尻がくるまで誘導。ここまできたら、後肢にベルトを付けて一気に引っ張り出せばいい。

「前肢から出てくる場合と違うのは、ベルトを付けたらとにかく一気に引っ張り出すこと。陣痛に合わせる必要はありません。逆子は、顔が膣の外へ出るよりも先にへその緒が切れてしまう。羊水を飲む可能性が高いから、一刻を争うんですね」

内田さんのところでは、逆子は100頭のうち2～3頭しか生まれない。それでも、慌てず落ち着いてやれば、確実に産ませられる。

子牛の引っ張り方

では、内田さんの子牛の引っ張り方について詳しくみてみよう。逆子の場合は、お尻が母牛の腰角まできた時だが、前肢から出てきた場合は頭が腰角まできた時。子牛の肢にベルトを付けて膣の外へ引っ張り出す。

ベルトには、滑車、チェーンの順に繋ぎ、チェーンは牛舎の木の柱にひっかける。滑車を使って斜め下に引っ張ると、子牛はするっと出てくる（図1）。子牛が少し大きい時は、母牛に負担をかけすぎないよう、時々引っ張る力を緩めてやるのもポイントだ。

それでも、子牛が40kgとかなり大きい時や、初産の牛が大きい子牛を産もうとしている時などは、母牛は苦しくてその場に寝る（座り込む）ことがある。そういう時も慌てない。子牛の頭がすでに膣の外に出ていれば、そのまま引っ張り続ける。

ただし、頭が出ていない時は引く方向を変える。子牛を出しやすくするためには、寝た母牛に対しても斜め下方向（足元方向）に引くことができるようにするのだ（図2）。内田さんは、お産前に必ず予備の滑車を準備しておき、こうなった時は、すかさずベルト

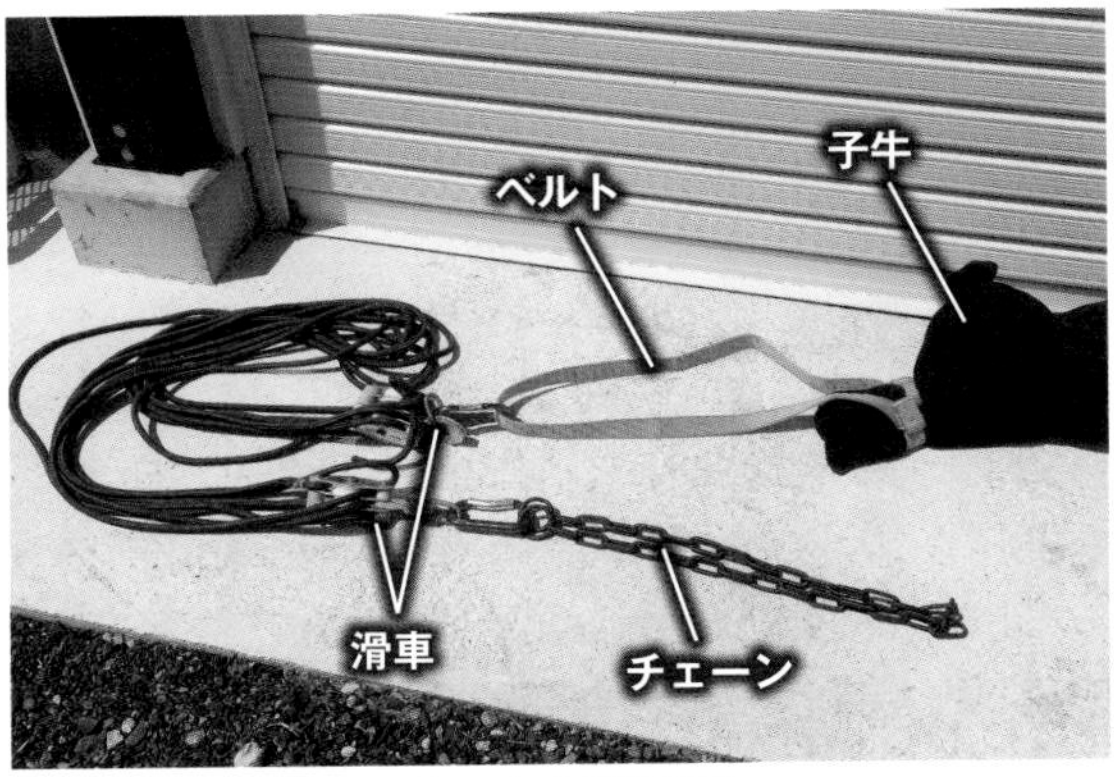

子牛、ベルト、滑車、チェーンの順に繋ぐ

神の手を使う前に確認しておく項目

- **子牛の大きさ**――副蹄の上など、肢を触って産道に乗せられるか確認。大きすぎると神の手で誘導しても産道につかえて圧迫死する。介助はせずに獣医師に帝王切開してもらう
- **子牛の生まれる向き**――蹄が上向きの場合、頭を探す。なければ、蹄からたどって飛節、尻尾を確認。逆子だったら、それに合わせて介助法を変える

を付け替えられるようにしている。

「基本は立って産ませますが、40kg級の子牛を産む時や、未経産牛のお産、気合いを入れて産ませにゃならん時は、寝させたほうが出やすいですね」

逆さ吊りよりいい、子牛用人工呼吸器

「お産が始まる前に、どう産ませるか、道具はどこに置くべきか、すべてをシミュレーションするんです」という内田さん。子牛が無事に生まれたら、間髪入れずに次の作業に取り掛かる。

クテーンとなっている子牛には、顔と頭に冷たい水をかけて、意識をしっかりさせる。続いて、鼻や気管の中の羊水を出させ、しっかり呼吸させる。

この時、内田さんが愛用するのが、「子牛用人工呼吸器」だ。

「確実に羊水を出せるいい道具です。ある時生まれてから10分たっても子牛が息をしない時があった。買っとった人工呼吸器を試しに使ってみたら、子牛はビックリして息をしたんですね。それからはもうこの道具の信者です」と内田さんは笑う。

図1　母牛が立った状態で、ベルトを引っ張っている様子

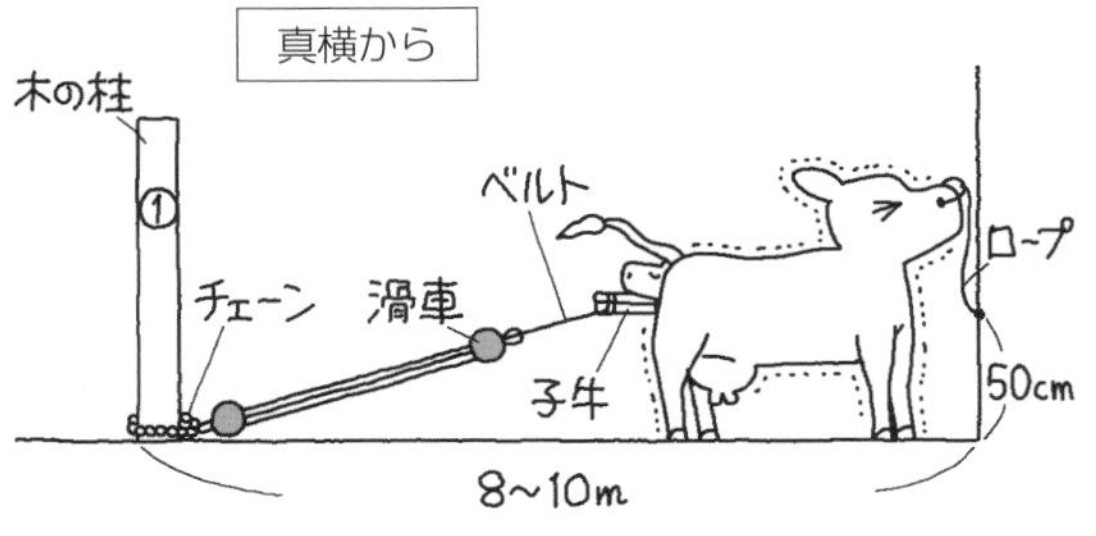

斜め下に引っ張ると子牛が出やすい。
母牛が寝てもいいように、ロープは高さ50cmよりも低い位置で結ぶ。
結ぶ時はほどけやすいように。緊急時のために鎌も用意する

図2　子牛が大きくて母牛が寝てしまった状態

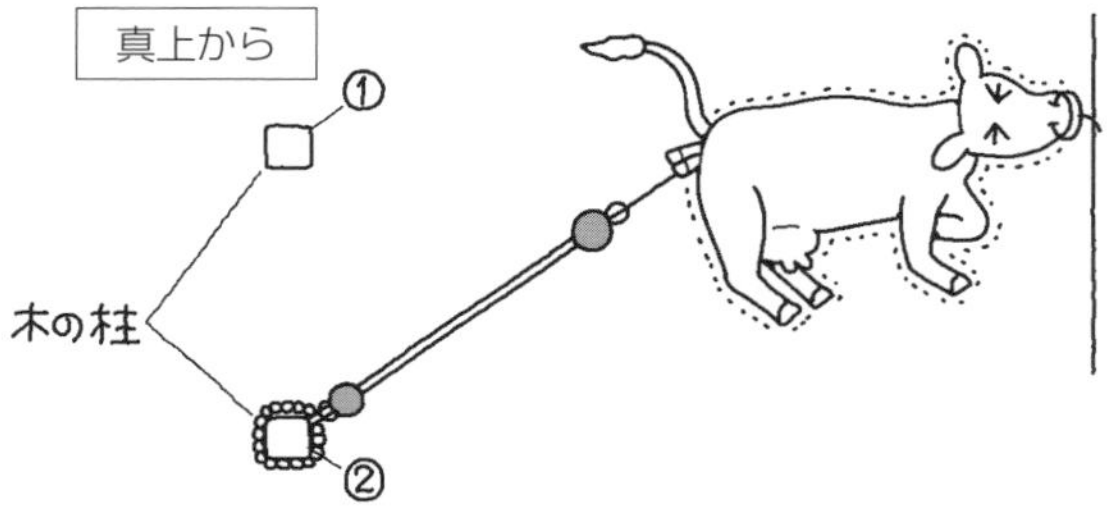

子牛の頭が出ていれば、母牛の真後ろの①の柱に付けたまま一気に引っ張る。頭が出ていない場合は、②の柱に用意しておいた滑車に、ベルトを付け替えて、斜め下方向に一気に引っ張る

子牛用人工呼吸器（㈱野澤組より販売）で鼻や気管に溜まった羊水を吸い出す様子を再現してもらった

子牛の引っ張り方

- **正常頭位**——腰角に子牛の頭がきたらベルトを付け、陣痛に合わせて引っ張る。膣の外に頭が出たら陣痛関係なしに一気に引く。肺が産道に締め付けられて圧迫死する可能性があるからだ
- **逆子**——腰角に子牛のお尻がきたらベルトを付ける。陣痛関係なしに一気に引っ張る

③へその緒の処置、初乳の飲ませ方

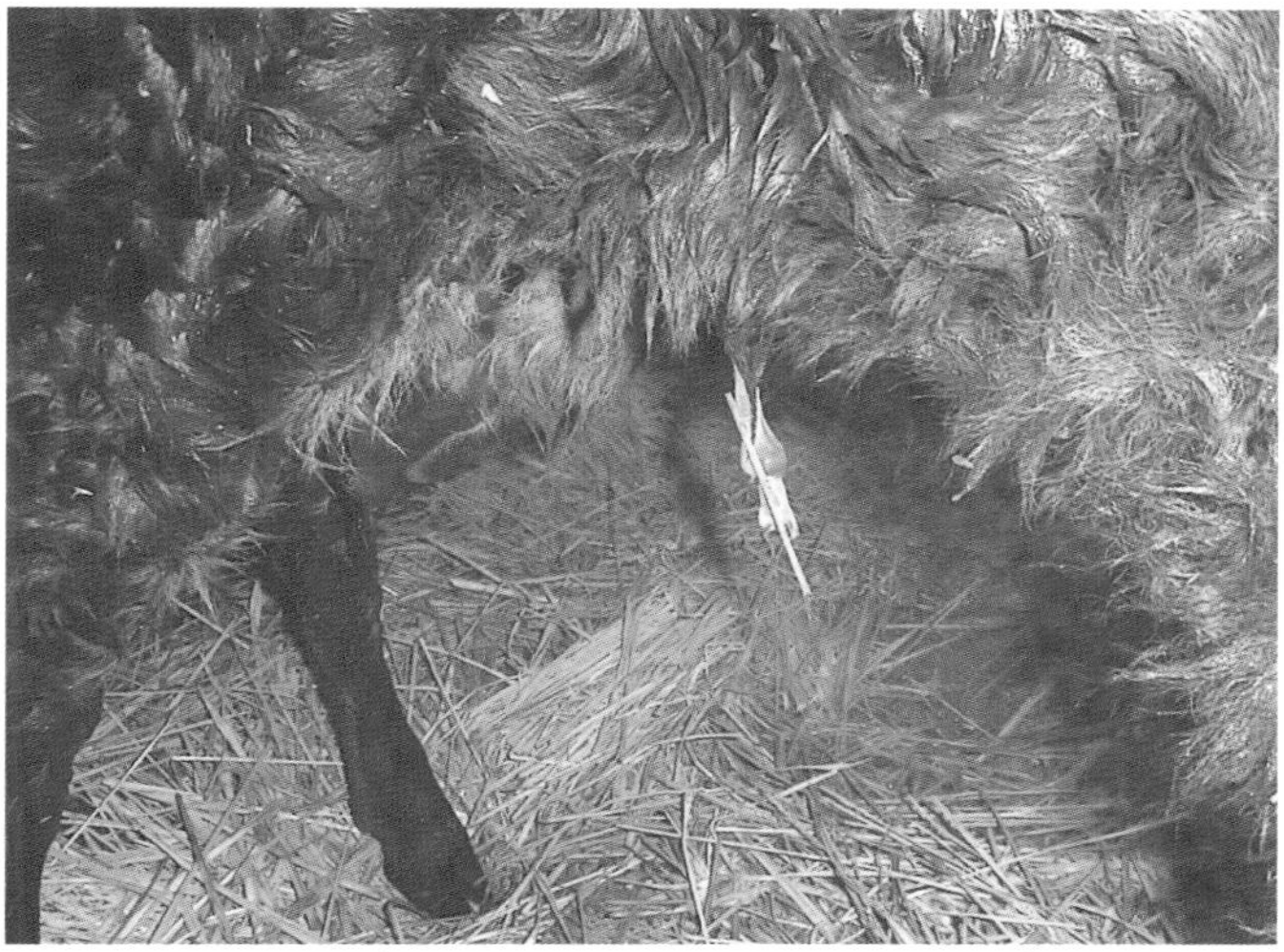

糸でくくったへその緒（イナワラが張り付いて見えにくいが……）。少し血が溜まっているが、これくらいなら問題ない

へその緒の処置

子牛の肺に酸素を送り、子牛が呼吸するのを確認したら、内田さんはへその緒の処置に取り掛かる。へその緒をそのままにすると、そこから菌が入って炎症を起こし、最悪子牛が死んでしまうこともあるからだ。

へその緒を根元（腹）から先端にかけてしごき、根元から5cmくらいのところを糸でくくる。あとはヨードチンキを霧吹きで吹きかけるだけ。

出血に気付く工夫

やり方はいたって簡単だが、へその緒からの出血には注意を払う。というのも内田さん、へその緒の処置をよくわかっていなかった時に、子牛を一頭出血多量で死なせてしまったことがあるという。

「へその緒から血が出てることに気が付けなかったんですね。それ以来、生まれた子牛が起立したら、敷料のイナワラを薄く足すようにしたんです」

敷料を足して床をきれいにすると、子牛の出血はもちろん、母牛の異常出血にもすぐ気が付けるようになった。ちなみに、内田さんはイナワラに住む納豆菌で悪玉菌の繁殖を防ぐ効果も狙っている。

へその緒のへりから血が垂れた場合や、へその緒に血が溜まった場合は、応急処置としてへその緒の根元を鉗子《かんし》で挟み、すぐに獣医師を呼ぶ。

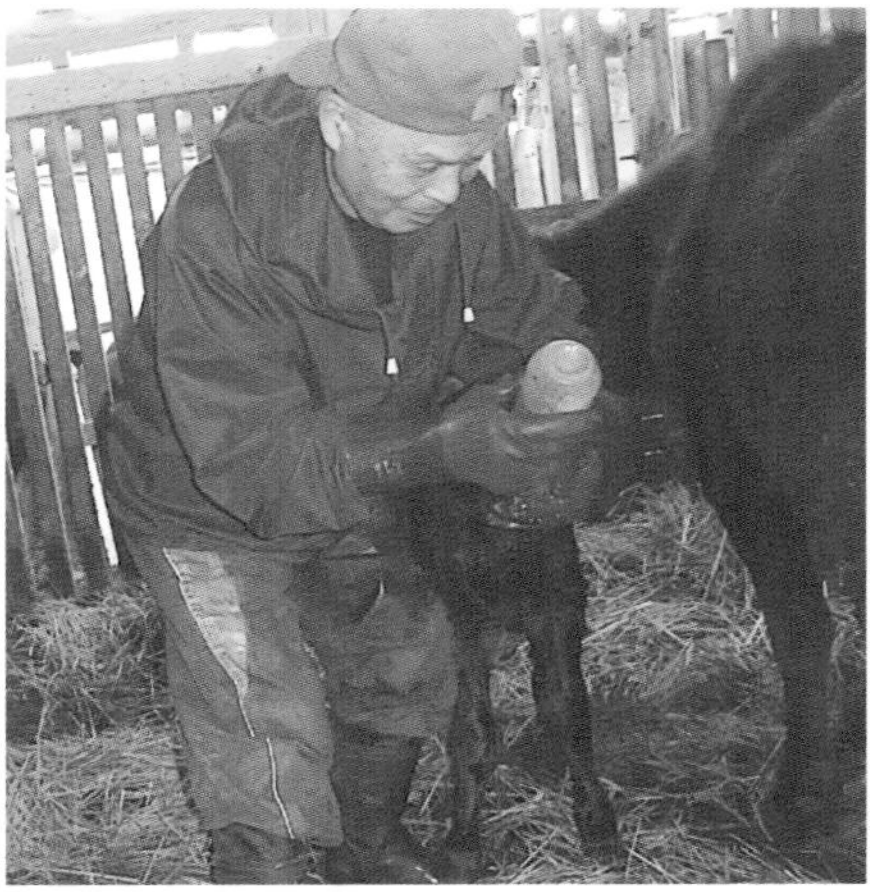

母乳を飲むのが下手な子牛に初乳製剤「カーフサポートダッシュ」を哺乳瓶で飲ませている様子

母牛の初乳を6時間以内に飲ませたい

へその緒の処置が済んだら、次は子牛に初乳を飲ませる作業だ。

初乳とは、母牛が分娩から1週間限定で出す特別な母乳のこと。普段の母乳よりもタンパク質やビタミンなどの栄養価が高く、病気に対する抵抗力を強める「免疫グロブリン」が豊富に入っているのが特徴だ。

内田さんには、初乳を飲ませるにも

初乳を飲むのが下手な子牛の対処法

パターン1

舌を丸めて初乳を欲しがるが、飲むのが下手な子牛

パターン2

舌を丸めない、初乳を欲しがらない子牛

↓

注射器で初乳製剤を10～30mℓずつ、全部で100mℓ飲ませる

舌を丸めない →

道具を使って子牛に浣腸。胎便が出ると初乳を欲しがるようになる

舌を丸める ↓

舌を丸める ↓

↓

哺乳瓶で初乳製剤の「カーフサポートダッシュ」を1袋分（200g）溶かして飲ませる

↓

母牛の初乳をゴクゴク飲む

6時間以内

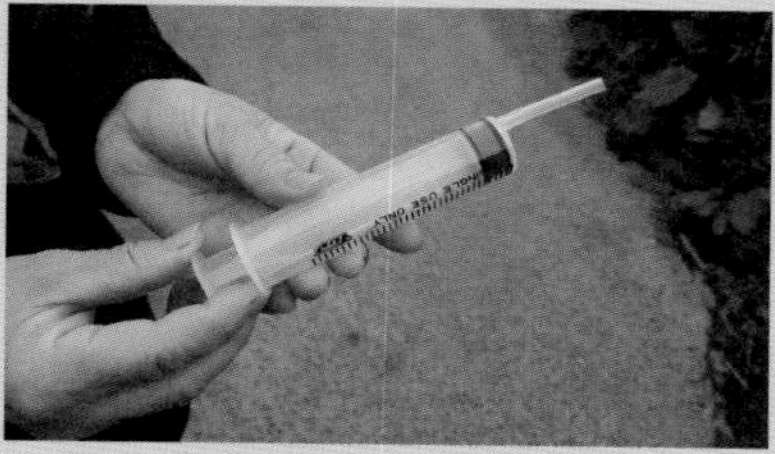

注射器。使う前に先端がはずれないか必ず確認

哺乳瓶。初乳製剤を1袋（200g）溶かして飲ませる。量は500～800mℓ

- 6時間以内に母牛の初乳を飲ませるため、へその緒の処置まで済んだらすぐにこの作業に取り掛かる。内田さんは分娩1～2時間後
- 哺乳瓶で初乳製剤を飲ませる大原則は、舌を丸めたら（U字にしたら）
- 母牛の初乳を上手に飲んでいても、11月～翌3月に生まれた子牛、初産・2産の母牛の子牛には、初乳製剤を1袋飲ませる
- 自然哺育・人工哺育どちらにするかの判断は、母牛が子牛の面倒を見るかどうかで決める。人工哺育にする場合は6時間以内に初乳製剤を2袋飲ませる
- 免疫グロブリンは6時間以内に100g摂取することが勧められている。初乳製剤1袋には約50g含まれている

自分なりのルールがあるようだ。

「初乳を飲むのは早ければ早いほどいい。うちでは6時間以内には確実に飲ませるようにしています」

生まれてすぐの子牛は、菌に打ち勝つ抗体を持っていないので、免疫グロブリンは必要不可欠。しかし、子牛の体は生まれてから24時間しか免疫グロブリンを吸収できない仕組みになっていて、時間がたつほどに吸収力が落ちる。特に、6時間を過ぎると吸収力はガクンと落ちる。だからこそ、内田さんはそれまでに子牛を母牛の乳に吸いつかせ、確実に初乳を飲ませたいのだ。

浣腸する道具。子牛のお尻に管を入れ（妻・京子さんが持っているところまで）、石鹸水を注入

はじめに述べたように、内田さんのほとんどの子牛は30分以内に起立して、1時間以内に初乳を飲む。ただ、たまに飲むのが下手な子牛、飲まない子牛がいる。そういう子牛を手助けして、6時間以内に初乳を飲めるようにするワザがあるという。

哺乳瓶と注射器で手助け

初乳を飲むのが下手な子牛、飲まない子牛への補助のしかたは16ページの通り。使う道具は哺乳瓶と注射器。これに初乳製剤の「カーフサポートダッシュ」を溶かして、子牛に飲ませる。母牛の初乳には劣るものの、初乳製剤には免疫グロブリンが含まれていて、子牛の免疫を高め、下痢をしにくい体づくりをサポートしてくれる。注射器と哺乳瓶を使って、初乳製剤の味や飲み方を子牛に覚えさせれば、自然と母牛の乳にも吸い付くようになる。と、ここで注意点がひとつ。

「哺乳瓶で飲ませる時の絶対条件は、子牛が舌を丸めて（U字にして）初乳を欲しがってから与えることです。無理に飲ませると誤嚥する可能性があります。舌を丸めない時は、注射器で初乳製剤の味を覚えさせて、欲しがるように仕向ける。舌を丸めて欲しがったら哺乳瓶で飲ませます」

なお、11月～翌3月に生まれた子牛、初産・2産目の母牛の子牛には、どんなに元気で母牛の初乳を自力で飲んでいても、このやり方で初乳製剤を1袋与える。冬に生まれた子牛は冬の寒さ対策のため、また初産・2産の子牛は下痢することが多いためだ。

また、母牛が子牛の面倒を見ず、人工哺育になった場合も初乳製剤の飲ませ方は同じ。ただ、初乳製剤1袋では免疫グロブリンが足りないので、内田さんは、6時間以内に2袋飲ませるようにしている。飲みきったら、母乳の代わりに粉ミルクを与えたらいい。特に、初産や2産の母牛、安福久母体の母牛は、子牛の面倒を見ないのが多いように感じているそうだ。

④カルシウム給与が強い陣痛の原動力

カルシウムで強い陣痛がくる

3時間以内に自然に第一破水しない場合は、「神の手」を使って人工的に破水をさせるが、「私は経験がないですが、神の手を使っても陣痛がこない母牛もいる」と内田さん。

内田さんによると原因は二つ。一つは、今の学問どおり6時間何もせずに待ってから介助する場合。お産が長丁場になると母牛の産む気力が落ち、そこから神の手を使っても強い陣痛がこない場合がある。もう一つは、母牛のカルシウム不足だという。

「カルシウムのもっとも重要な役割のひとつが体の筋肉を動かすことです。強い陣痛を起こすためには、カルシウムが不足しないようなエサ管理が必要です」

今回は、これまでのエサに加え、内田式お産介助法を確かなものにするために内田さんが母牛に与えているエサについて聞いた。

カルシウムとリンを追加給与

和牛でも乳牛でも、畜種関係なくいろんな本を読み漁る内田さん。お産にカルシウムが重要だと気付いたのは、牛の頭数を増やし、サイレージを与え始めた20年ほど前のこと。エサの栄養分について深く考えるようになったことがきっかけだ。

調べていくうちに、「カルシウムには筋肉を動かす役割があること」「乳牛に起きやすい低カルシウム血症」の存在を知った。低カルシウム血症とは、乳牛がお産後ミルクを大量に出し始めた時に、体内に分配するカルシウム量をうまく調節できずにかかる病気。起立不能になったり、子宮の運動機能が下がることで強い陣痛がこなかったり後産停滞になることもあるそうだ。和牛は乳牛ほど母乳は出ないものの、お産にはカルシウムが重要なのだと感じたという。

さらに別の本では、「カルシウムをルーメンや小腸でうまく吸収させるには、カルシウムの量に見合ったリンが重要」なことも知った。飼養標準や配合飼料の栄養成分表を見ると、リンとカルシウムの割合はどれも1対1・5〜2。この割合を崩さずにカルシウムとリンを補給するために、「エクセルリン酸カルシウム」という資材を与えるようになった。これもリンとカルシウムとの割合が1対2。時期は分娩2カ月前から分娩4カ月後まで。未経産牛でも経産牛でも、毎日ひと握り給与している。

ビタミンでカルシウムの吸収を助ける

「ただ、たくさんカルシウムをやるだけでは牛は吸収できない」と、内田さん。カルシウムをより効果的に吸収させるためには、ビタミンの摂取も重要だという。

「特にビタミンD_3が重要です。このビタミンは、小腸でのカルシウムの吸収を促進するなどの役割があるようです。牛に日光浴させれば不足することはないそうですが、体に留まるのは2週間から1カ月という資料もある。うちも分娩2カ月前までは放牧していますが、念のためにビタミンを与えるようにしています」

内田さんが使うのは「ボバインβリ

エクセルリン酸カルシウム。オールインワンから購入。母牛に毎日ひと握り与える

キッド」という資材。これには、ビタミンD_3のほか、粘膜を強くするビタミンA、細胞を強くするビタミンE、分娩後の排卵促進をするβカロテンが入っている。これを分娩前に3回（分娩2カ月前、1カ月前、10日前）与える。量は一回に30～50mℓだ。

なお、ビタミンは牛の肝臓に蓄えられる。そのため、肝臓につながる管に寄生する「肝蛭《かんてつ》」という虫の駆除は欠かせない。内田さんは「ファシネックス」というクスリを飲ませているが、分娩直前に使うと流産する危険があるので、産前産後1カ月を避けて使うようにしている。

カリの量にも注意が必要

そのほかにも、カルシウムを吸収させるためには、「カルシウムの吸収を妨げるカリが少ないほうがいい」「第一胃がやや酸性に傾いているほうがいい」と内田さんは考える。

内田さんは、分娩2カ月前から分娩4カ月後までは自給サイレージをやめて、輸入乾草の軸太スーダンとフェスクを半分ずつ混ぜて与えている（21ページの上の表）。母牛を増頭してサイレージが足りなくなったことが輸入乾草を使うきっかけだったが、今は内田式には輸入乾草が欠かせなかったのだと自信を深めつつある。

というのも、輸入乾草に比べて自給サイレージにはカリがやや多く含まれる。そのうえ、サイレージに含まれるカリはいつまでたってもなくならない。さらには、胃の中をアルカリ性に傾ける要素も持つ。なるべくカリが少ない輸入乾草を与えることで、カルシウムをよりたくさん吸収できるようにするそうだ。

「ちなみに、軸太スーダンとフェスクを半々に混ぜる理由は、お金を安くするためではなくて、フェスクに含まれるエンドファイト、軸太スーダンに含まれた硝酸態チッソをそれぞれ薄めるためです」

＊

こうしたエサ管理をすることで、難産にならない内田式が確実なものになる。内田式なら母牛も生まれた子牛も超元気。母牛にワクチンを打たなくても子牛の下痢は皆無だという。

大きくて丈夫な子牛が生まれる！

分娩前後の粗飼料は、長くて硬い草がいい

内田さんが分娩前2カ月から分娩後4カ月まで母牛に与えている軸太スーダン

資質系の子牛でも40kg超が当たり前に

「草に一番求めることは栄養価じゃない。練りを返す硬い草かどうかが重要なんです」という内田さん。約10年前から、分娩前後の母牛の粗飼料を、輸入乾草主体にした。分娩前後の経産牛には繊維がしっかりしている軸太のスーダンとフェスク、育成牛（初産まで）にはチモシーを長いまま与えるようになった。

すると、どういうわけか以前よりも明らかに大きくて立派な子牛が産まれるようになった。以前は生時体重が雄で35～38kgだったのが、粗飼料を替えてから、雄で40kgを超えるのが当たり前になったのだ（経産牛の場合）。資質系で体が小さいといわれる安福久や美津照重の子牛でも40kg超になることが珍しくない。

「替えたのは草だけ。配合飼料は以前よりむしろ減ってます」

練りを返している時に、胎子が成長する

子牛が大きく生まれるようになって、内田さんは自分の使う粗飼料について調べてみた。飼料成分表の数値を見ると、チモシーやスーダンは、良質のものならCPは7以上ある。だが、CPだけみれば安価なイタリアンストローでも6近くある。ただ、繊維の弱いイタリアンストローや、カッターで細断した草では牛が寝ない（座って反芻しない）。牛が反芻しない草を、内田さんは「流れる草」という。

「流れる草では絶対に牛の栄養になりません。牛が寝て練りを返している時は、立っている時に比べて腹の中の胎子への血流が2割増加することがわかっているんです。草を繊維のしっかりしたスーダンに替えることで、うちの牛は寝る時間がさらに増えました。そのおかげで子牛が大きくなったんじゃないかと考えています」

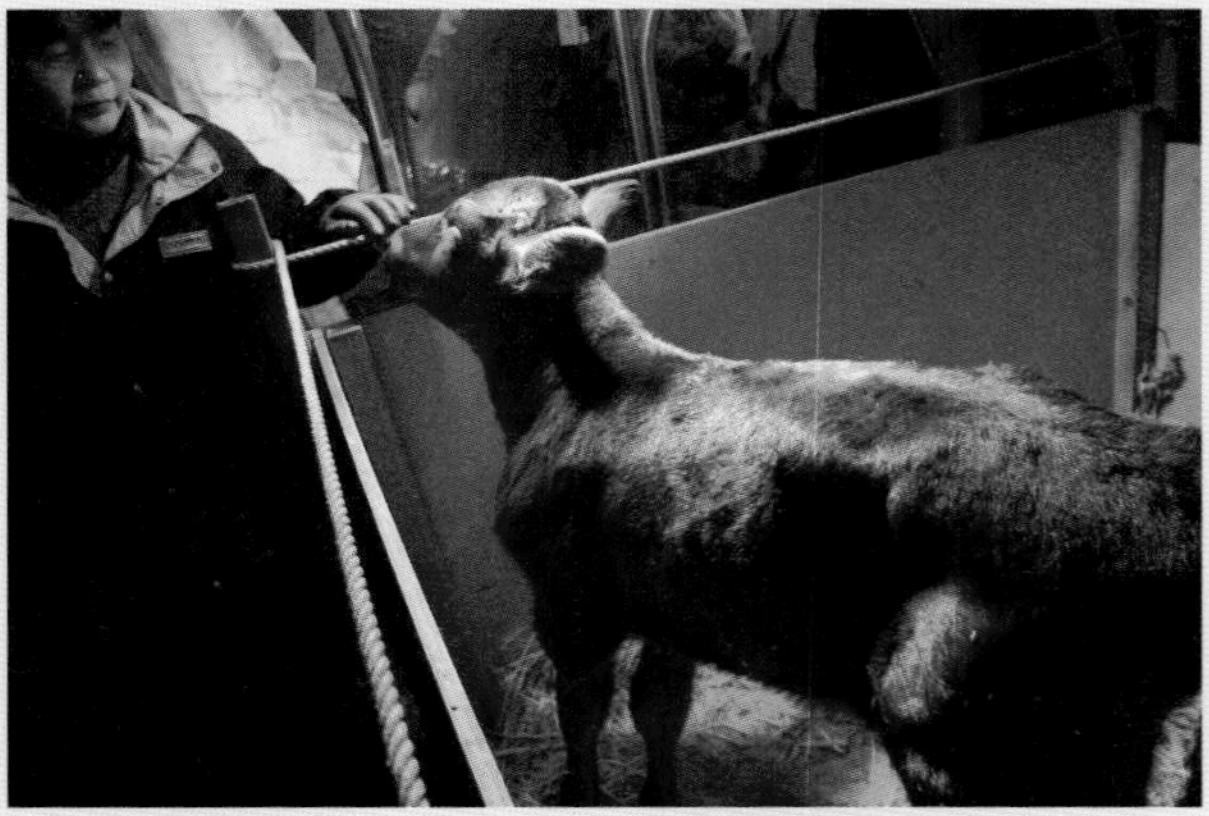

生後2週間の雄子牛。生時体高は78cmもあった

牛は繊維の強い草を食べる時は練り噛みの回数が増える。練り噛み回数の多い草は、反芻時間そのものも長い。内田さんが、細断しない長いままのチモシーやスーダンを食った牛の練り噛

みの回数を数えたところ、1分間に50～55回だった。対して細断した草（流れる草）は30～40回。

反芻の意味

内田さんは「練りを返すことで、想像を絶するようなことが胃の中で起きている」と考えるようになった。

牛は、反芻する時に、アルカリ性の唾液を大量に出す。この唾液が、配合飼料が消化される時に発生する揮発性脂肪酸を中和してくれ、ルーメンのpHを中性付近に保ってくれる。

微生物によるセルロース（繊維）の消化、タンパク質の合成、酢酸の合成は、pH6～7で一番活発になるといわれる。練りを返す草が常に胃の中にあることでpHが中性に保たれ、これまで活用しきれていなかった配合飼料や粗飼料の栄養が、よりしっかりと分解、吸収されるようになったのではないかと内田さんは考えている。

内田さんの母牛のエサの与え方（1日量）

		分娩2カ月前～分娩	分娩～2カ月	3～4カ月
未経産牛	濃厚飼料	ひと握り	1.5kg×2回	1kg×2回
	粗飼料	軸太スーダン フェスク チモシー	軸太スーダン フェスク	
経産牛	濃厚飼料	0.5kg×2回	1.5kg×2回	1kg×2回
	粗飼料	軸太スーダン フェスク		

- 粗飼料は飽食。維持期は自給の牧草サイレージを与える
- 濃厚飼料は高タンパク、高デンプンの乳牛用配合飼料（TDN75、CP17.5）。量は徐々に増減させる
- 他に、分娩2カ月前から4カ月後まで、リン酸カルシウム「エクセルリン酸カルシウム」を毎日ひと握り給与
- ビタミン資材「ボバインβリキッド」は分娩2カ月前、1カ月前、10日前に30～5mℓ給与
- 駆虫剤の「ファシネックス」は産前産後1カ月以外に使う

購入乾草のミネラル成分表（現物中の成分）

	Ca（%）	P（%）	K（ppm）
軸太スーダン	0.42	0.2	2.03
フェスクストロー	0.34	0.18	1.92

- 分析は飼料畜産中央研究所およびDairy Oneで実施。表はその一部を抜粋

分娩前後の母牛のエサの設計

内田さんの繁殖牛への飼料給与のメニューのポイントを紹介したい。

▼軸太のスーダンとフェスク

分娩前後の粗飼料は2種類の輸入乾草を使う。

スーダンには、軸が太くて硬いものと、軸が細くて軟らかいものの2種類がある。内田さんはそのうち軸太のほうを選ぶ。練りを返すことを重視しているためだ。CPは7前後と栄養価もそこそこある。

フェスクも繊維がしっかりしていていい。2種を混ぜる理由は、フェスクに含まれているエンドファイト、スーダンに含まれる硝酸態チッソをそれぞれ薄めるためだ。

ところで、練りを返す草の元祖といえば、イナワラだ。「昔、いろんな理屈がわかってなかったころでもみんなが上手に牛飼いできていたのは、ワラがあったから」と内田さん。ワラが十分に手に入るならワラ中心でもいい。だが、CPが低いので、牧草も組み合わせたほうがいいかもしれない。

▼草は長いまま与える

細断すると反芻時間が短くなってしまうのでもったいない。牧草や飼料イネの収穫で細断型ロールベーラを使う人は、切断長をできるだけ長くするか、細断せずにロールしたほうがいい。

▼昼間牛舎に行っても牛が鳴かない量

内田さんは朝晩2回、それぞれ約1時間で食い切る量を目安に与える。

草が足りているかどうかは、エサをやらない日中に牛舎に行くとわかる。牛舎に入った時に牛が立ち上がり、鳴いてエサを催促するようなら、量が足りないか、草の繊維が弱い。

▼分娩前の母牛には、夕方多めに

以前は昼間分娩にするために、分娩予定日2週間前から夕方1回給与にしていた。だが今は分娩前も1日2回給与にしている。夕方1回給与だと一気に食い過ぎて胃の負担が大きいと感じたのと、空腹時間をつくらず、24時間草が胃の中にあることで、より反芻時間を増やしたいと思ったからだ。

とはいえ、分娩前の牛には夕方の分を少し多めにしている。おかげで今でも昼間分娩の確率は高い。

▼分娩前の配合飼料は1kgで十分

「練りを返す草を十分にやっていれば、分娩前の配合飼料はいらんぐらいじゃと思います」と内田さん。とはいえ、ルーメン絨毛を退化させないために、分娩2カ月前からは、配合飼料（高タンパク、高デンプンの乳牛用配合飼料）を1kgだけ給与する。

練りを返す草で、カルシウムの吸収もよくなる

21ページで紹介したように、分娩前にはカルシウムを効率よく吸収させることが大切だ。ここにも、長くて硬い草が役に立つという。

ルーメン内のpHが中性付近に保たれ、ルーメンの活動が盛んになったところへカルシウムが豊富なエサをやれば、母牛はたくさんのカルシウムを吸収できると内田さんは考える。軸太スーダンやフェスクは、購入するたびに栄養成分を欠かさずチェック。他の種類の粗飼料よりカルシウムが多く、リンがバランスよく含まれている（カルシウムの半量）ことを把握したうえで買う。

安福久に増し飼いは危険？

「増し飼いが大事といっても、過肥の

育成後半の子牛にはチモシー乾草を長いまま食べさせる

牛には危険なんです」

特に注意したいのが、資質系の種雄牛の娘牛。たとえば、人気の資質系種雄牛「安福久」だ。「安福久母体はタネがつきにくい」といわれ、繁殖障害で1～2産で廃用になる母牛が多い。だが内田さんは「安福久母体を廃用するのは、育成で配合飼料をやり過ぎて過肥にするからです」とバッサリ。安福久などの資質系は体が小さいし、サシも入るが内臓脂肪もつきやすい。増体がいい体積系の牛と同じ飼料設計では太ってしまう。

1年1産、1発でタネが留まる牛

では、1年1産でき、1発でタネが留まるのはどんな牛なのか。内田さんは「草が食い込めるやせ型の牛」が最高だという。そんな牛には次のような特徴がある（3ページの写真も参照）。

▼肩に肉がついていない
肋張りバツグン、体下線がゆるい

内田さんの飼う繁殖牛の最大の特徴が肋張り。登録を取る段階（約20カ月齢）で胸囲が190cm近くある。これは成牛並みの数値。草をたくさん食べて、第一胃がずばぬけて発達している証拠だ。腹が大きい分、体下線は少し下がるが、いわゆる「垂れ腹」（子牛の時に下痢を多発した牛）ではない。

▼毛がフサフサ

・粗飼料十分―綿毛と長い毛が密集
・粗飼料まあまあ―綿毛のみ
・濃厚多給―ツルツルの毛

濃厚多給だと短くて黒光りする毛になる。これはルーメンアシドーシス気味の兆候だという。

▼栄養度3～4のやせ型

分娩2カ月前の体型で増し飼いメニューを替える

内田さんは、配合飼料の増し飼いをするかどうかを「分娩2カ月前の体型」を見て判断している。

やせている牛には配合を1～2kgやってもいい。草の食べ過ぎで太ってしまった場合、配合は0・5kg程度に（ルーメン絨毛を維持するためゼロにはしない）。それでも草を十分食べているから大きくて元気な子牛が産まれる。

配合多給で太った牛には、長く硬い草のみ与える。配合飼料をやるとさらに余計な内臓脂肪がついて、難産や繁殖障害の危険が増すためだ。腹腔内脂肪が胃を圧迫して草は十分に食えないため子牛は小さいが、難産よりまし。

草を食い込める育成牛の育て方

草をしっかり食い込める、草育ちの繁殖牛に育てるにはどうしたらいいか。

▼大きくて元気な子牛を産ませる

分娩前はスーダン乾草を主体にやって、大きくて元気な子を産ませる。内田さんの子牛は生後1時間以内に立ち上がって初乳を飲み、病気にほとんどかからない。乳質が変わると下痢になることがあるので、離乳まで草の種類は替えない。

▼配合飼料は少なめに

スターターは最大4kgやるが、離乳後は育成配合を一日3kg、7カ月齢以降は2kgに減らす。分娩2カ月前からは成牛用を0・5kgだけ。主役は草。

▼チモシー乾草を飽食

離乳～初産は、チモシー乾草を飽食させる。スーダンより高級だが嗜好性がよく、繊維も強くて腹づくりができ、タンパクも高いので発育もいい。

内田式お産介助法で分娩事故がゼロになった

◎宮崎・海野善文

口蹄疫から復興、新婚、なのに難産多発

私は、繁殖和牛を10頭飼養し、和牛の人工授精業務も行なっています。

口蹄疫で全頭を入れ替えた2011年、復興が始まり、結婚もし、育成牛の待ちに待った初産を迎える時のことでした。朝から産気づいた母牛から、いくら待っても子牛の肢が見えてこず、午後に慌てて獣医に電話して引き出してもらいましたが、死産でした。他の牛のお産はもっとひどく、肢は出てきたが、いくら引っ張っても顔が出てこず、また慌てて獣医に電話すると「他の治療でだいぶ遅れる」と言われ、他の獣医に電話しても繋がらず、結局母子ともに死なせてしまいました。

途中、肢が出たまま憔悴しきっている母牛を見て何もできなかった自分が、ただただ情けないやら、悲しいやら、そんな気持ちでいっぱいでした。

その後も難産は続いたので、本やインターネットを活用してお産に関する情報を集めまくりながら、助産の経験を少しずつ増やしていきました。

その間に長女が生まれ、それがまたお産介助の重要性を考えるきっかけになりました。というのも、妻が13時間の陣痛に耐えた挙句、子供の頭が出ず、先生から「命の危険がある」と言われ、泣く泣く帝王切開に踏み切ったのです。無事出産できましたが、その時の妻は顔面真っ青で本当に死んでしまうんじゃないかと思いました。女性にとってお産は命がけの行為だと思いました。

そして16年、『現代農業』で「内田式お産介助法」の記事を読んで、やっと自分が求めていた方法が見つかったと思いました。

筆者（47歳）

早めの介助の効果

▼分娩がラク、母子が元気

それからは記事の通り、分娩が心配な母牛には「しっぽを上げてグルグル歩く状態になったら（陣痛開始）、産道に手を入れて状態を確認。マッサージするようにして刺激し、破水させる」ようにしました。すると、その後1時間ほどですんなり産んでくれるようになりました。子牛も元気ですぐに立ち上がってくれます。お産後の母牛の回復も早く、次の発情も順調に来るような気がします。

それまでは分娩兆候があっても、その後の第一破水や第二破水、子牛が出てくるまで、牛任せで待っていました。早めに手を入れてやることで、牛にとっても人にとってもお産がラクになる。まさに内田さんの言う「神の手」です。

分娩前日からの作業の様子

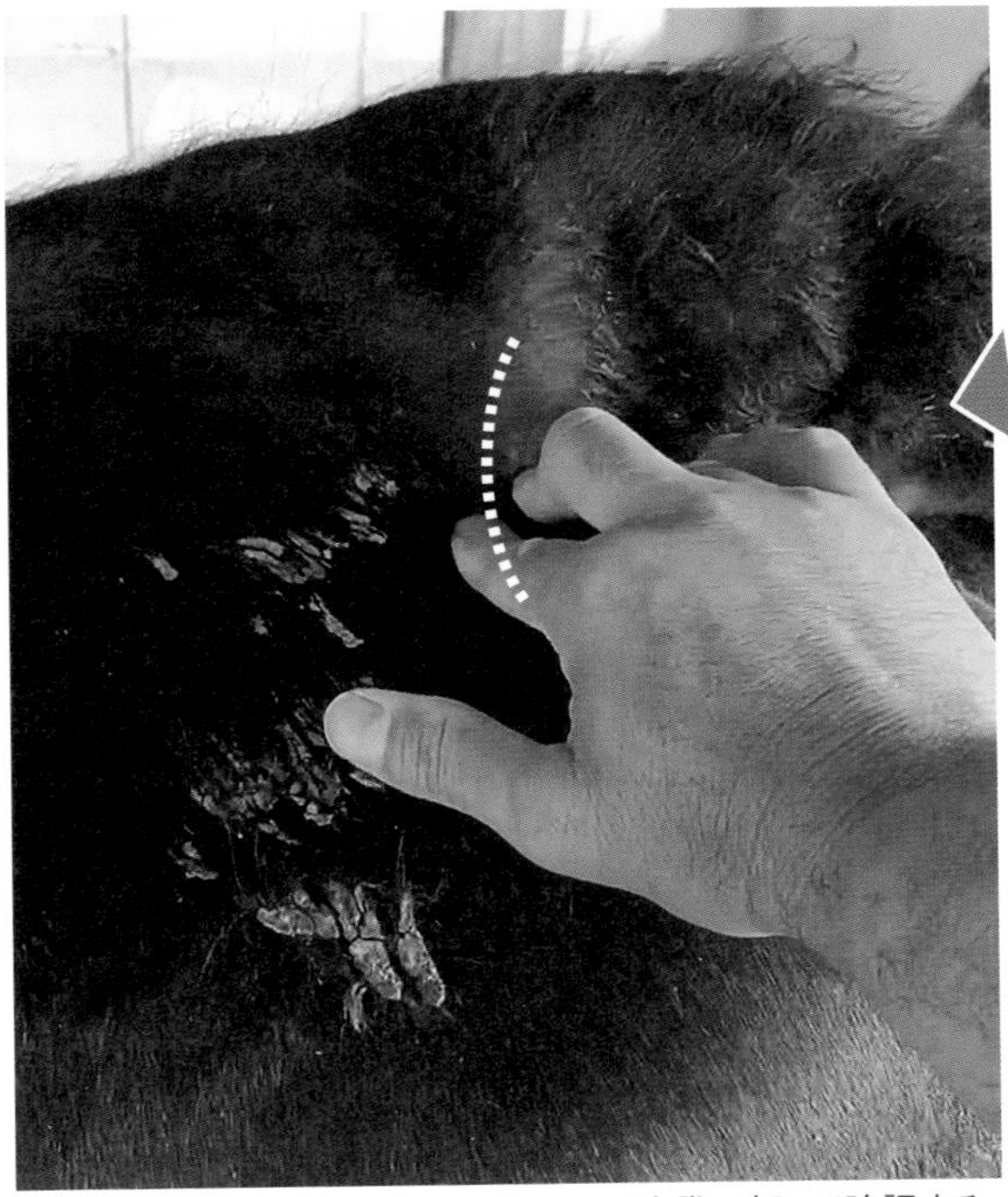

2～3cmの筋（骨盤の靭帯）のあたりを実際に押して確認する。通常期の牛は硬い筋がある。この時は通常期と比べると柔らかくなっているが、まだ筋に手ごたえがある状態

分娩の
約35時間前
（4月20日　7：30頃）イ

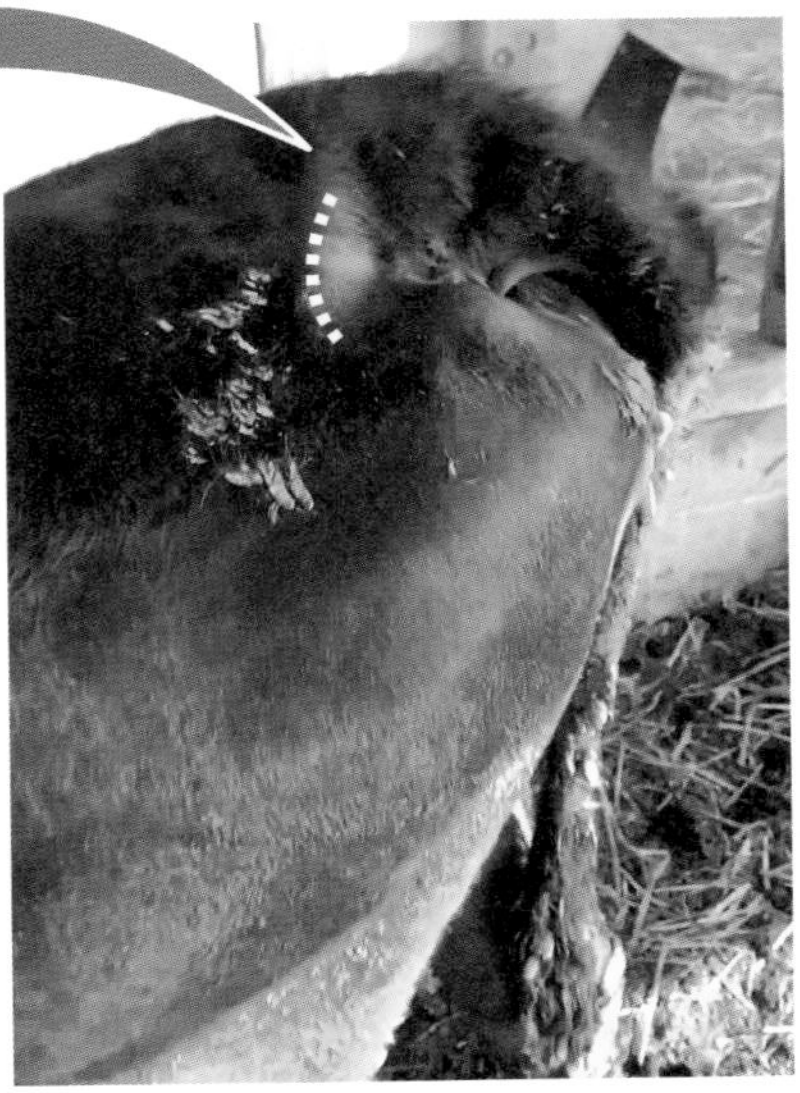

今回が5産目の繁殖牛。尾の付け根がかなりへこんでくる

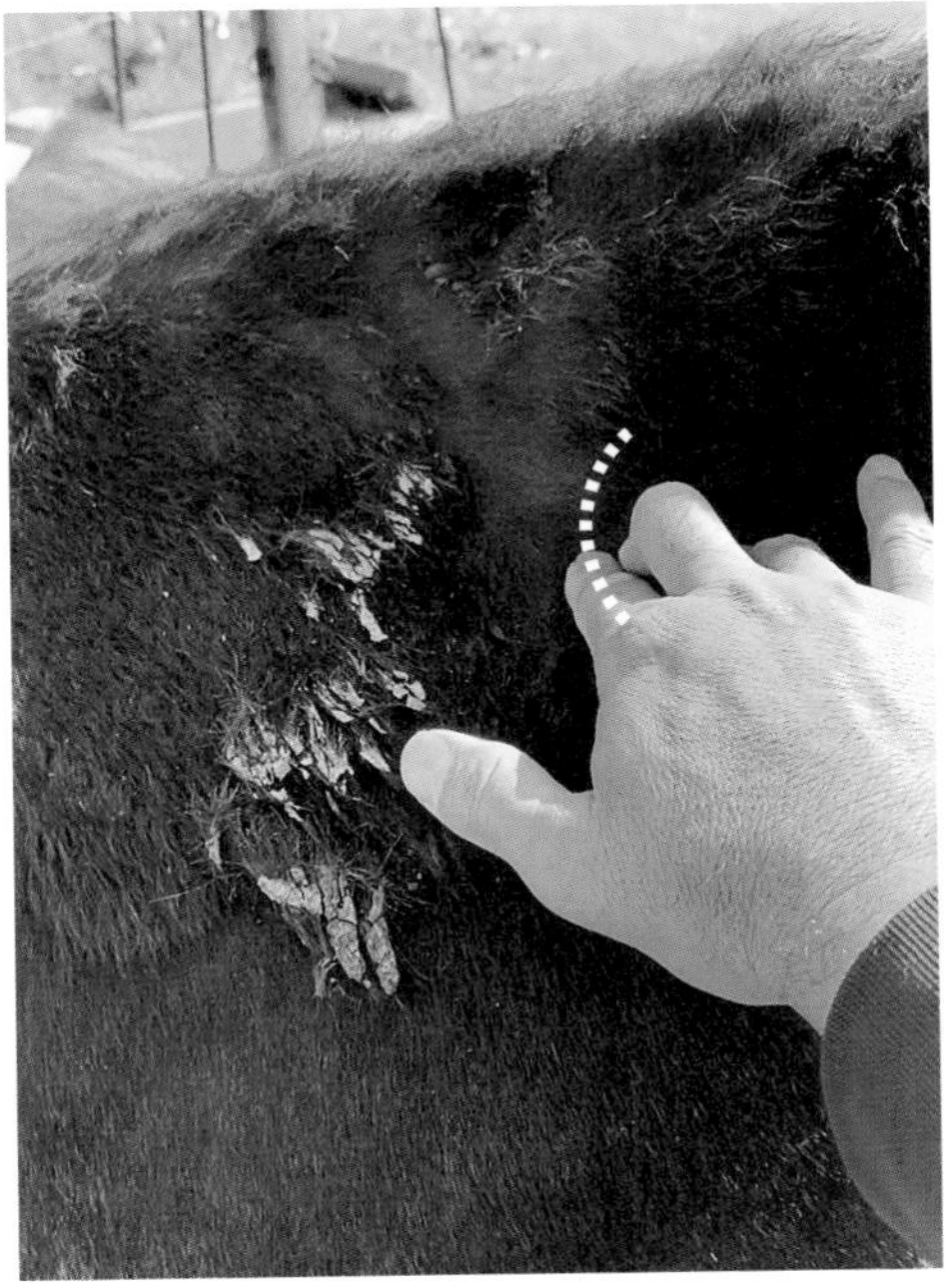

約11時間前
（4月21日　7：30頃）イ

筋を押して確認。筋が消えたように感じられなくなった。この筋の硬さや位置は牛によって微妙に違うが複数触るうちにわかるようになった。

お産が近いので、外の分娩房（牛舎脇の放牧場の一角に広めにつくってある）に牛を移動。放牧に慣れさせた経産牛のお産の場合は、晴れていれば、なるべく外の広々としたところで産ませてあげたい

約2時間前
(16：30頃)

放牧場に面したエサ場に設置した監視カメラの画像。人工授精業務で出かけている途中にスマホで、分娩前の牛の様子を確認。もし異常行動があれば家族に伝える。カメラは3000円ほどのもので十分、牛舎や放牧場の何カ所かに設置している

約1時間前
(17：30頃)

産道をマッサージする

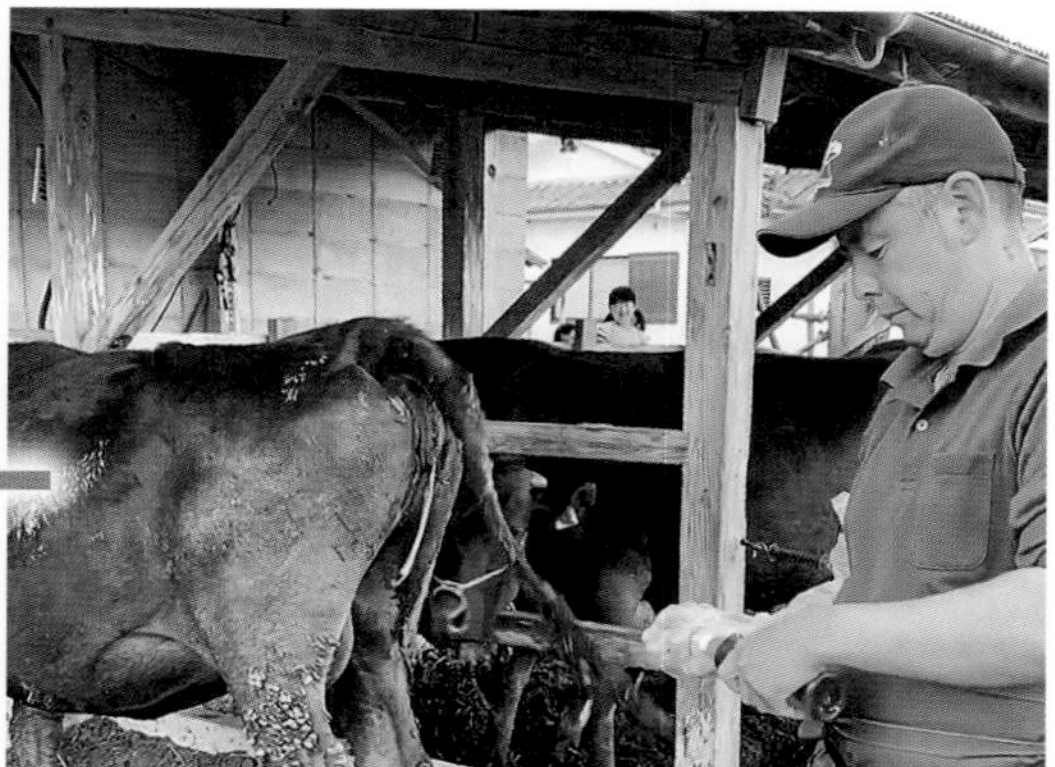

すでに尾を上げてグルグル歩き回っているが、第一破水はまだの状態。まず直検手袋をして、産道に入れる前にローション（食器洗剤の容器に入れている）を塗る

腕を奥まで入れ、まず子牛の肢や顔の向きに異常がないか確認。そして手を握って、拳を下向きにしたり上向きにしたりしながら産道全体をマッサージする

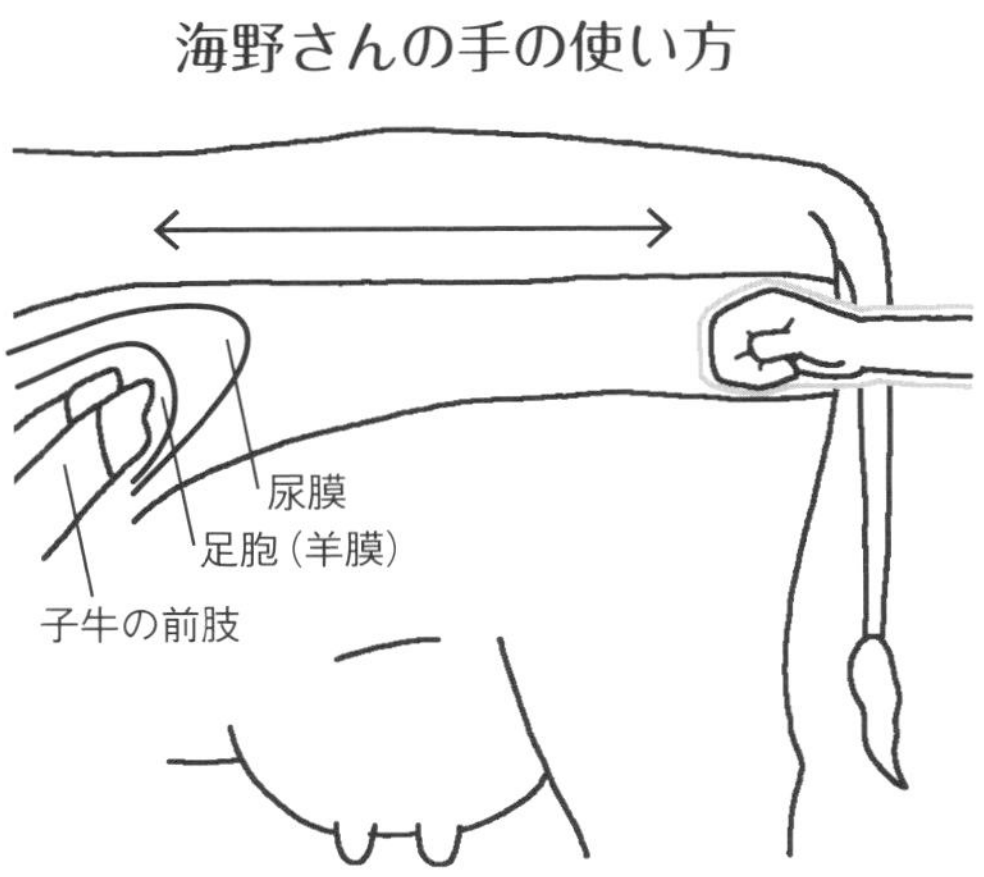

拳は下向きや上向きにしてマッサージする。子牛はもっと産道に乗っていることもある

途中で尿膜が出てきて第一破水した様子。だんだん張りが出てきて腕を押し戻されるような感覚になる。マッサージは5分ほど行なった。この日はマッサージ中に第二破水もした

出産
（18：30頃）

マッサージ後、少し離れたところから牛を見たりカメラの画像で確認。無事に生まれ、母牛が子牛を舐めている。この1時間後に子牛のへその緒の処置をして牛舎内に母子ともに戻した。その後、母乳を飲んだことを確認して家に戻った。念のため夜中2時頃にスマホで親子の様子を確認した

海野さんが撮影した動画がルーラル電子図書館でご覧になれます。「編集部取材ビデオ」から。

http://lib.ruralnet.or.jp/video/

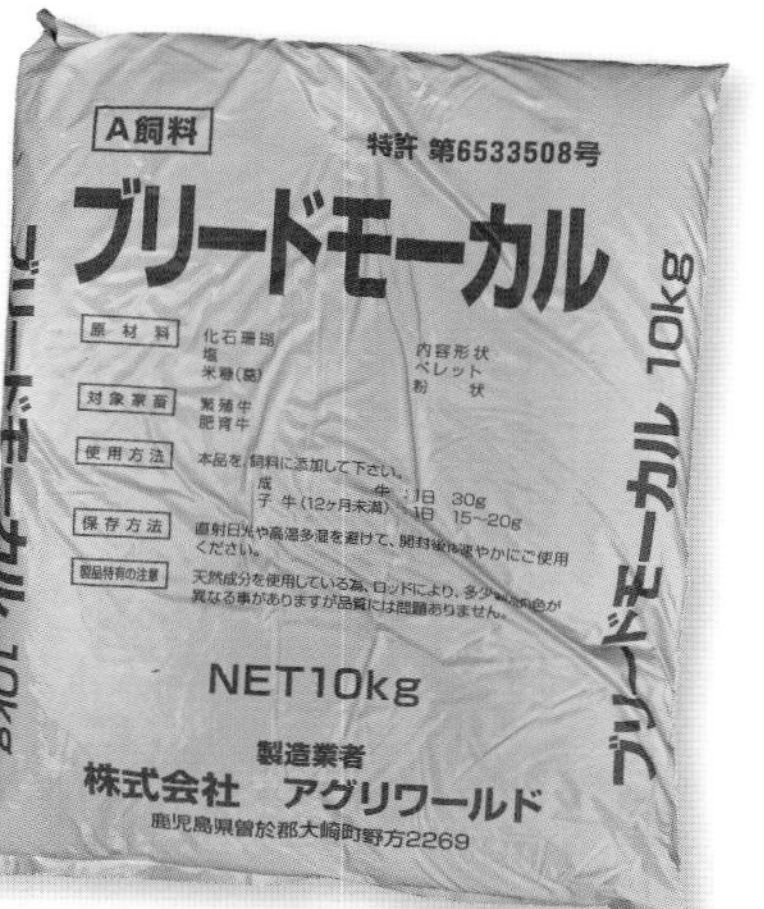

カルシウムやセレンが入ったA飼料「ブリードモーカル」。繁殖牛や子牛のエサに加えている

自分なりにですが、内田式介助を始めてからは分娩事故は起きていません。

▼陣痛が強くなり、難産防止

産道をマッサージしていると、だんだん産道の張りが強くなるのを感じます。つまり牛の陣痛が強くなります。

農家のなかには、たとえばお腹の中の子が血統的に大きい可能性があると不安になり、獣医さんに分娩促進剤を打ってもらう方も多いようです。注射を打つとだいたい2日以内に分娩しますが、万が一難産で、獣医さんも忙しいと手遅れになる可能性もあります。

そんな時でも産道をマッサージすることでかなり陣痛が強くなるので、分娩の兆候が出ていたら積極的にするほうがいいと思います。

▼異常や個体差もわかる

産道に手を入れると、子牛に手が触れ、前肢か（後ろ肢なら逆子）か、顔がまっすぐ向いているか（横向きなら姿勢の異常）もすぐわかるので、早めに対処できます。

なかにはマッサージをしてもなかなか陣痛が強くならない牛もいます。もともと陣痛が弱いなど、牛ごとの性質がわかって次の分娩時に活かせます。

分娩兆候を見たら手を入れる

私も内田式を知る前は、陰部から子牛が見えるまで見守り、肢が出てきたら引っ張るのが「お産」でした。お客さんに聞いてみても、破水か肢が出るのを待っていることが多いようです。

いまでは、お産の兆候（尾っぽを上げる、巣づくり行動をするなど）が見られたら、牛を保定して産道に手を入れ、子牛の状態を確認します。おおよそ分娩1時間前です。産道に人間が手を入れるくらいでは、母牛や子牛に負担はかかりません。

子牛の体位と母牛のイキみに集中

具体的には、子牛の頭や肢の向きなどに異常がないか確かめつつ、拳で産道の上下、産道が緩んでスペースがあれば左右も、5～10分マッサージします。

反応は個体によって違います。早い牛だと2～3分でイキみ始めます。産道の張りが強くなり、手を入れても圧によって押し戻されるような感覚です。

この段階で子牛を包む袋（足胞《そくほう》など）が外に出てきたら破らずに、マッサージを止めて手を抜きます。母牛を自由にさせ、1時間ほどそっと見守ります。するとたいていは順調に破水し、無事出産します。母牛がすぐに起き上がり子牛を舐め、子牛も立って初乳を飲んだら一安心です。

分娩はそっと見守る

よそでマッサージをしてあげた時、失敗もありました。ある農家のところで産気づいた牛にマッサージをし、他の現場へ行ってから1時間後に戻ってみると、その農家は牛の前に張り付いて観察していました。

「そこにいたら牛が気にしてしまうやろが！」と、すぐ牛から離れさせましたが、結局お産に時間がかかって難産になり、分娩後の母牛は立てず、子牛は死んでしまいました。

　お産の時に見守ることは大事ですが、牛から見えないように目立たず待機する必要があります。これからはウェブカメラも必須だと思います。出先でも牛の状態を確認できるからすごく助かります。

お産にカルシウム、セレン

10産目の繁殖牛から生まれた双子

「早めの介助」のほかに気を付けていることは、分娩前後の牛にミネラル入りのサプリメントを給与すること。

　うちでは3年前から、カルシウムやセレンが入った「ブリードモーカル」を使っています。おかげで子牛を包んでいる胎膜がかなり丈夫になり、頭がひっかかることなく出てくるようになったと感じています。ただし、生まれたら母牛がすぐに舐めてあげたり人の手ですぐ膜を破ってあげないと、子牛が窒息死するリスクもあると思います。いまのところ自分にはこれによる事故の経験はありませんが、注意したほうがいいですね。

「○○任せ」をやめた

ところで、自分の牛の分娩経験は２００頭ほどで、大農場で働いている方や獣医さんほどの経験はありません。またそれぞれの規模や環境、牛の性質が違うことを考えると、結局は牛任せ、獣医任せ、授精師さん任せではいけない。自分で学ぶしかできない仕事なのだなと感じています。

　そんな中、７００頭もの経験値をもった内田さんのお話は勉強になります。また今はＹｏｕＴｕｂｅで牛のお産を検索すると、田中一馬さん（兵庫県、『現代農業』で多数執筆）のチャンネルをはじめたくさん動画が出てきて、自分が体験していない胎盤剥離などの難産を見て知識として蓄えられます。いざ自分の牛がその状況になった時に、知らないよりかは冷静に対応できるはずです。

手を入れたら双子だった！

　つい先日も分娩がありました。10産目のベテラン牛さんだったので「マッサージはしなくてもいいかな」とは思いつつ、それでも一応マッサージをしました。約30分後に生まれ、母牛は子牛を舐め始めたのですが、どうもいつもとは違う様子でした。母牛はふつう、子牛を産んだらすぐ立ち上がるのに、そのそぶりがない。子牛を舐めている時も、数回後ろを向く仕草を見せていました。陰部を見ると尿膜がまた出ていました。

　違和感があり念のためもう一度産道に手を入れてみたら、なんと！　もう1頭中にいました!!　そのまま子牛を引っ張るとすぐに生まれました。母子ともに元気ですが、もし何もなかったらお産に時間がかかったり、2頭目に気付かなかったりして、悪い結果になってしまったかもしれません。やはり確認は大事だと、改めて思いました。

お産介助、手を出すタイミング

◉宮城・菅原邦彦さん

「分娩といえば、うちの場合の問題は難産になった時の対処だな」と菅原さん。というのも、菅原さんのところでは、ずっと分娩事故が起きていなかったのだが、数年前に長年勤めていた従業員が独立して新体制になった後、急に事故が続いてしまったことがあったのだ。たとえば……。

鼻づらだけ出たまま30分

ある1頭が破水したのを確認してから、あとは若いもんと研修生に任せていた時のこと。若いもんといっても何度もお産を経験してきたし、菅原さんは安心して別の牛舎でしばらく作業をしてから、もうそろそろ子牛が出てきたかな? と思って見に戻った。

「そしたら『まだ鼻づらしか出てこないんです』と言って待っていた。いつからこうなんだ? って聞いたら『30分か、1時間か……』。えっ! なんだそりゃ、ダメだぞ! と言って慌てて介助したが、遅かった。いや子牛はなんとか生きて生まれたが、口が曲がってしまって……」

鼻づらだけ出ていた、とはどういうことか? 正常な分娩では、産道からまず子牛の前肢が伸びた状態で出てきて、次に頭が前肢に載っかった状態で出てから、肩が出てくる。しかし、お腹の中で子牛の前肢が折りたたまれた状態など体位が正常でないと、母牛の骨盤に当たるなどしてそれ以上出てくることができない。

菅原さんがすぐに産道に手を入れてみると、案の（左ページ右下の図）定、前肢が2本とも折れ曲がっていた。だから鼻のほうが先に出かかっていたのだが、産道の入り口（陰門）より外に進まず、ちょうど子牛の口のあたりがギュ〜と締めつけられていた状態だったのだ。

自力でおっぱいが吸えない

「子牛は出ようとして、母牛も出そうとして、お腹の奥から外へ向かって押してくるが、もうすぐというところで進まない」

そこで菅原さんが手を入れ、いったん子牛を奥に押し戻してから、前肢を2本ともまっすぐに伸ばしてやると子牛は出てきた。しかしよほどの力で口が締めつけられていたのか、子牛の舌が機能しなくなってしまっていた。

「自力でおっぱいが吸えないんだよ。だからこういう分娩は要注意なのよ。当時の若いもんの見立てでは『まだ肢が出てなかったから待っていた』らしいが、『ばかもん! 普通の分娩で肢も出てない時に鼻が先に出っか。肢が出てたらとっくに生まれてたわ』って叱ったわ。正常位なら前肢2本が先に出てくる。もし『鼻が先に出てきたよ』って教えられれば、すぐに走ってって助産したよ。30分でもこんな状態が続いたら終わりだもの」

菅原さんは、通常なら子牛が離乳するまで母牛につけておく自然哺育をしているが、その子牛には人工哺育でミルクを飲ませた。育成飼料に早めに切

分娩時の胎子の姿勢いろいろ

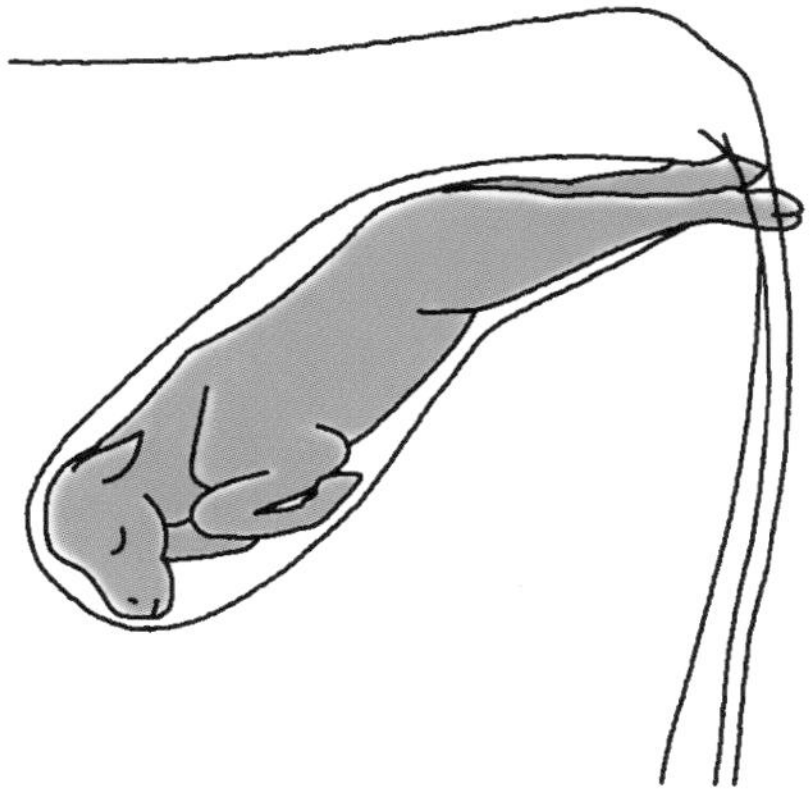

逆子で後ろ肢が先に出てくる様子。逆子だと出てくる途中でヘソの緒が切れて、子牛が窒息する恐れもあるのですぐに牽引が必要

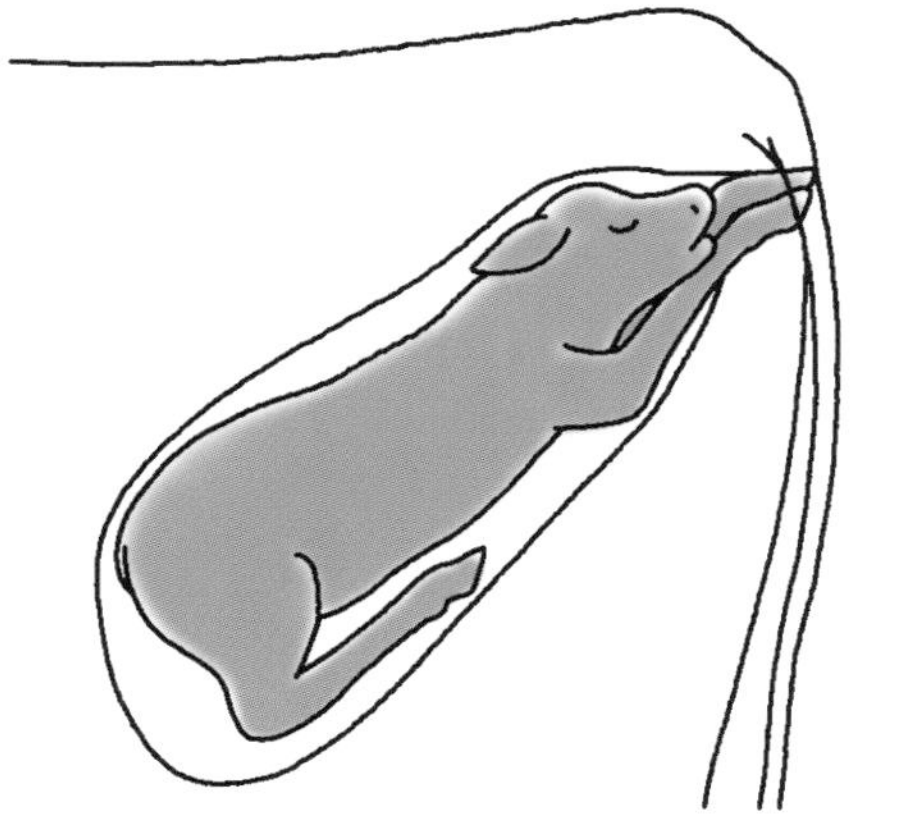

子牛が正常な体位で出てくる様子。両前肢を伸ばし、頭を前肢に載せて出てくる

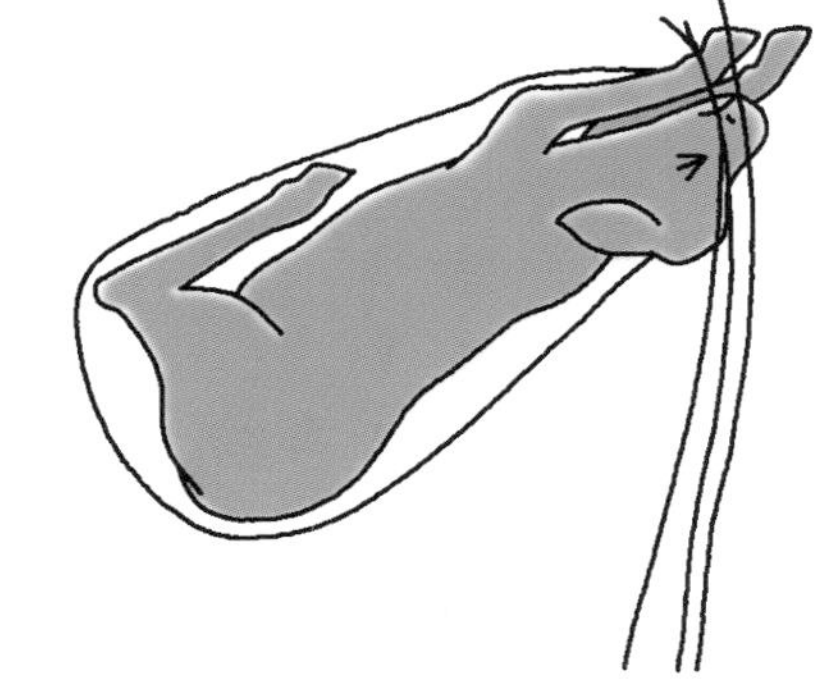

仰向け状態の様子。正常位の場合よりも産道や骨盤に引っかかりやすく、母子ともに負担が大きい

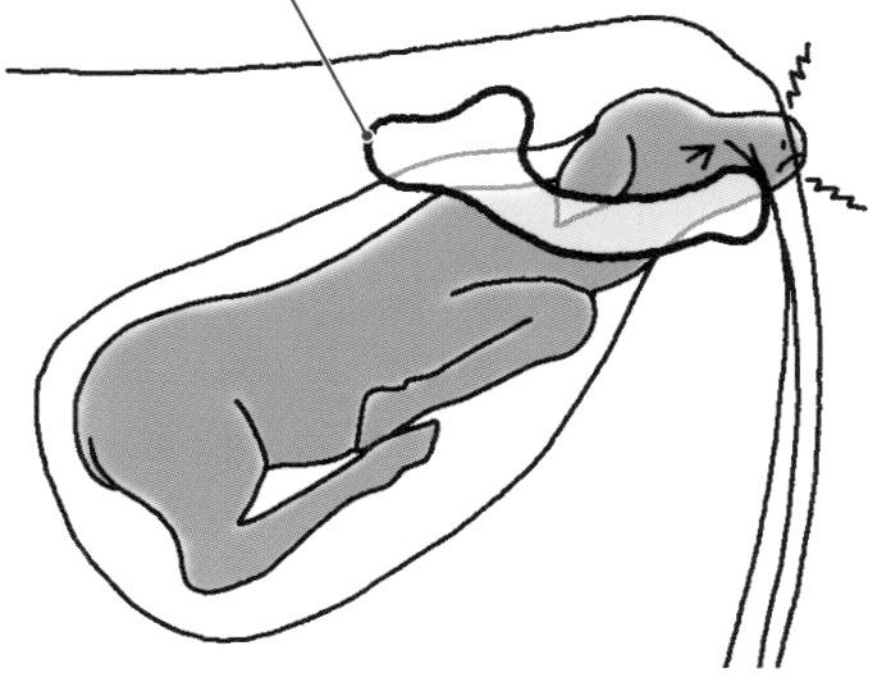

前肢が折れ曲がっている様子。肢が母牛の骨盤などに当たって子牛が出られない

り替えて管を使って食わせたりもしたが、その子牛は結局50日齢ほどで衰弱して死んでしまったという。

破水したら目を凝らす

他にも、分娩時にやはりお腹の中で肢が曲がった状態が長く続いたため、誕生後にうまく立てなくなってしまった子牛もいた。これも介助のタイミングが遅れてしまったことが影響した。

「とにかく破水していよいよ分娩が始まったら、目を凝らして見てないといけない。前肢が出るか。それとも後ろ肢か、鼻が出てくるか。後ろ肢なら逆子。後ろ肢が出た瞬間にヘソの緒が切れるから、すぐ引っ張って出さないと子牛が酸欠で死んでしまうし」

腹這いか、仰向けか

前肢から出てきたとしても、通常は頭を伏せた腹這いの状態で出てくるはずなのに、天井を向いた仰向けで出てくる場合や、逆子でかつ仰向けで出てくる子牛も、「ここ三十何年かやってきて、たま〜にある」という。この仰向けで出てくる場合は、腹這いで出てくる場合よりも産道に引っかかりやすく、母子ともに負担が大きい。菅原さ

胎子の肢の感触で子牛の向きを知る

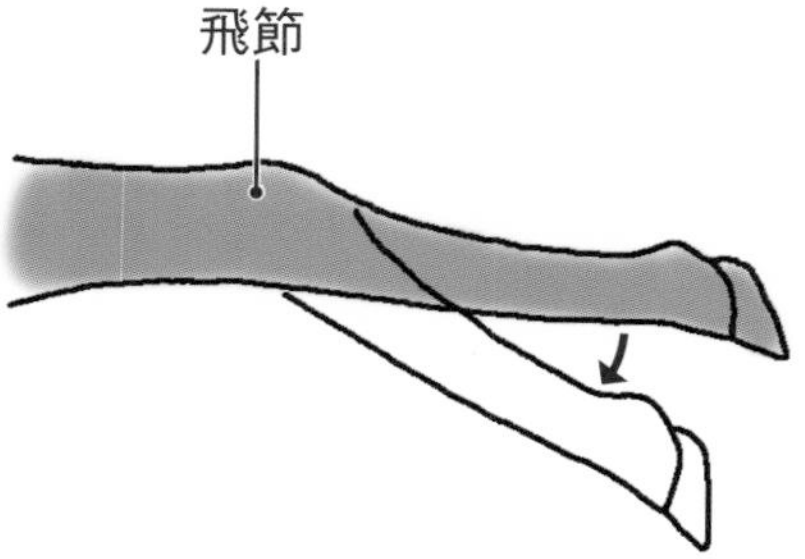

子牛が後ろ向き（逆子）・腹這いの場合

蹄底が上向きで、関節（飛節）より下の肢が下に折れる
（逆子で仰向けの場合は、蹄底が下向きで、飛節より下の肢が上に折れる）

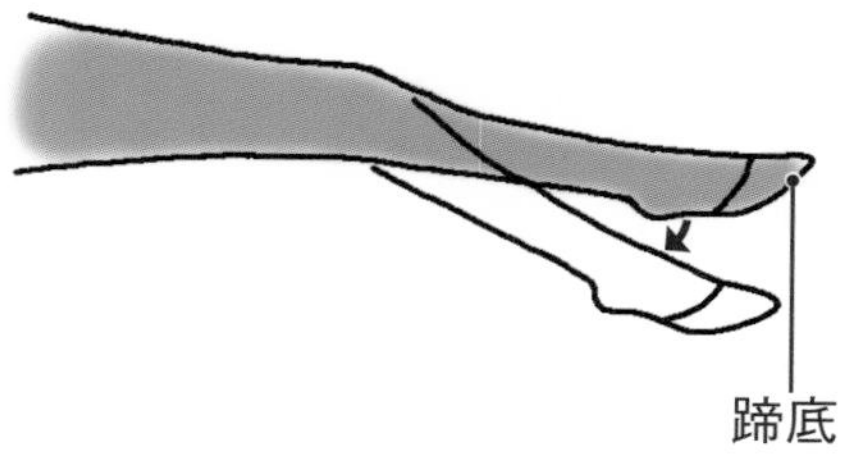

子牛が前向き・腹這いの場合

蹄底が下向きで、関節から下の肢が下に折れる
（仰向けの場合は、蹄底が上向きで、関節から下の肢が上に折れる）

んの場合、子牛をいったん中に押し戻して、頭や肢をつかんでクリッと回して背中を上にしてやる。

「お天道様を向いているより、やっぱり正常な下向きにして出してやったほうが、母牛も子牛も人もラク。どうしても仰向けで出てきてしまう時は、産道に手を入れて頭を支えながら出してやる。頭が折れるのが怖いから」

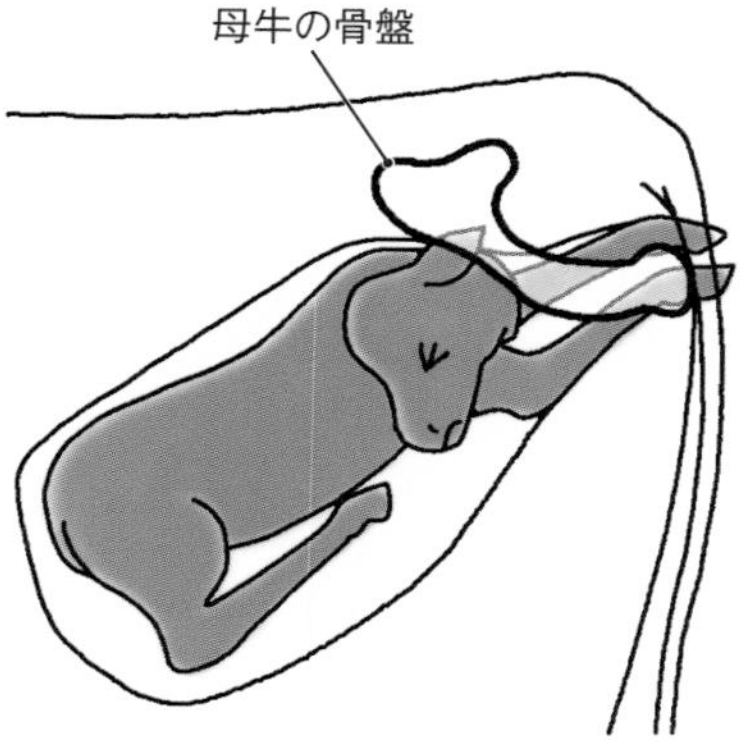

頭（顎）が横を向いていると、骨盤に引っかかったり産道からスムーズに抜けにくくなったりして、子牛が出られない

前肢か後ろ肢か押してみる

「そもそも『なんかおかしいな』と思ったら、俺だったらもう早々に産道に手を入れる。たとえば一次破水したのに2時間たっても出て来ないのは、なにかある。一次破水する前に手を入れて確認することもある」と菅原さん。

早めに手を入れることで、子牛が前肢を向けているのか後ろ肢なのかもわかる。頭に触れれば確実に前向きだが、肢だけしか触れないとよくわからない。そんな時菅原さんは少し肢を押して、関節を曲げてみる。

たとえば、蹄底（蹄が地面に当たる部分）が下向きで、かつ肢を押した時関節から下の肢が下に折れるなら、腹這いで前肢が向いている。もし蹄底が上向きで、関節（飛節）から下の肢が下に折れるなら腹這いだが、逆子で後ろ肢に触っていることになる。蹄底が上向きでも関節から下の肢が上に折れたら、仰向けで前肢が向いている。

菅原さんの感触では、後ろ肢を押した時のほうが、カクンとすぐに曲がりやすいと感じている。

頭が横を向いていないか

手を入れれば、頭がまっすぐ向いているかもチェックできる。たとえば頭が下向きで腹這いでも、斜めを向いていると、やはり産道からうまく出てこられない。

実際、少し前にも、子牛の市場がある当日の朝6時に分娩が始まっていた牛がいた。菅原さん1人が市場に出かけ、昼過ぎに帰ってきて、「『出たかー？』と見に行ったら、『まだ出ねえ』って。『なにぃ～！』とまた見に行って手を入れたら、産道の中で頭が横向きになっていて、顎が産道の中で引っかかってしまっていた」

お腹の奥からはすごい力で押されているから、頭がなかなか動かせない。菅原さんが牽引ロープを頭にかけようにもうまく引っかけられなかったので、すぐ獣医さんに電話して来てもらった。

「獣医と一緒に、とにかく子牛を中へ押してやって、押してやって、押してやって……なんとかいったん奥に戻してやってから、顎の向きをまっすぐに直してやって、獣医がもってきたロープをかけて引っ張って……おかげでその子牛は生きてますよ。でももう少し早く気づいていれば、ここまで大変じゃなかったはず」

ところで、この時に獣医さんが使ったロープは、なんと車の牽引ロープだという。菅原さんが持っている市販の牽引ロープはやわらかめのもので、通常はそれで事足りるのだが、子牛の角度によってはロープが入りにくい。

そういう時は、太くてやわらかすぎない牽引ロープを使ったほうが、かえってスッと産道に入って子牛の肢や頭に引っかけやすいこともあるようだ。車の牽引ロープはビニールで覆われているので、子牛を傷つけることもないし、安いので、菅原さんは今後自分でも用意しておこうと思っている。

いつも難産の牛を意識する

頭が横向きだったその子牛は無事だったが、その母牛はいつもなぜか子牛が異常な体位になりがちで難産を繰り返していたという。

この時はよっぽど難産で苦しかったのか、分娩中に後ろ肢で人間に「回し蹴り」までしてきた。危険なので菅原さんは前肢を1本固定した。すると3本肢になるから絶対に蹴られなくなる。また胴の部分も巻いて、体が寝ないように天井から固定してやった。

この牛はもともと産道が狭いのか、導入牛なのでこれという理由は菅原さんにもわからない。ただ、難産の傾向がある牛であることがわかってからは、早めに手を入れるなり、PG（分娩促進剤）を打つなりして、なるべく母体に負担がかからないように気を付けるようになった。

このように、毎回のように手をかけてやらないと分娩できない牛はたまにいる。だから菅原さんは、分娩前後の何時頃にどんな様子だったか、状況を克明に記録しておく。万が一、子牛が死産でも、それが自然死だったのか、助産したけどダメだったのかなどもメモしておくと、分娩の時に「ああこの親はまた難産になるかもしれないなあ」「PGを打っておこうかなあ」と、他の牛の時よりも気を付けられるようになる。

初産の場合はなるべく自力で

ただし、初妊牛のお産の時は、菅原さんは極力手は出さず、自力で分娩させるようにしている。

「よっぽど時間がかかったり、牛がベタッと腹這いになったり、四つ肢投げ出して『もうだめだあ～』ってなったら、どうれ、出してやっかんな～と引っ張ってやるけど」

初産は骨盤や産道の入り口が緩むのに、たしかに時間がかかる。また、牛に「助産癖」がつくという報告もある。毎回助産をされていると、牛はそれが正常分娩だと思い込み、自力で娩出する努力をしなくなるというのだ。

適切にお産の介助をして分娩事故を防ぐことはもちろん大事だが、

「なるべくなら手をかけたくない。そのほうが結局、牛にとってもいいんだ。だから自然分娩ができる牛に育てて、母牛群を揃える」

というのが、菅原さんの信条だ。

尾の付け根のくぼみが深くなったら分娩2日前

◎長崎・松山靖徳さん

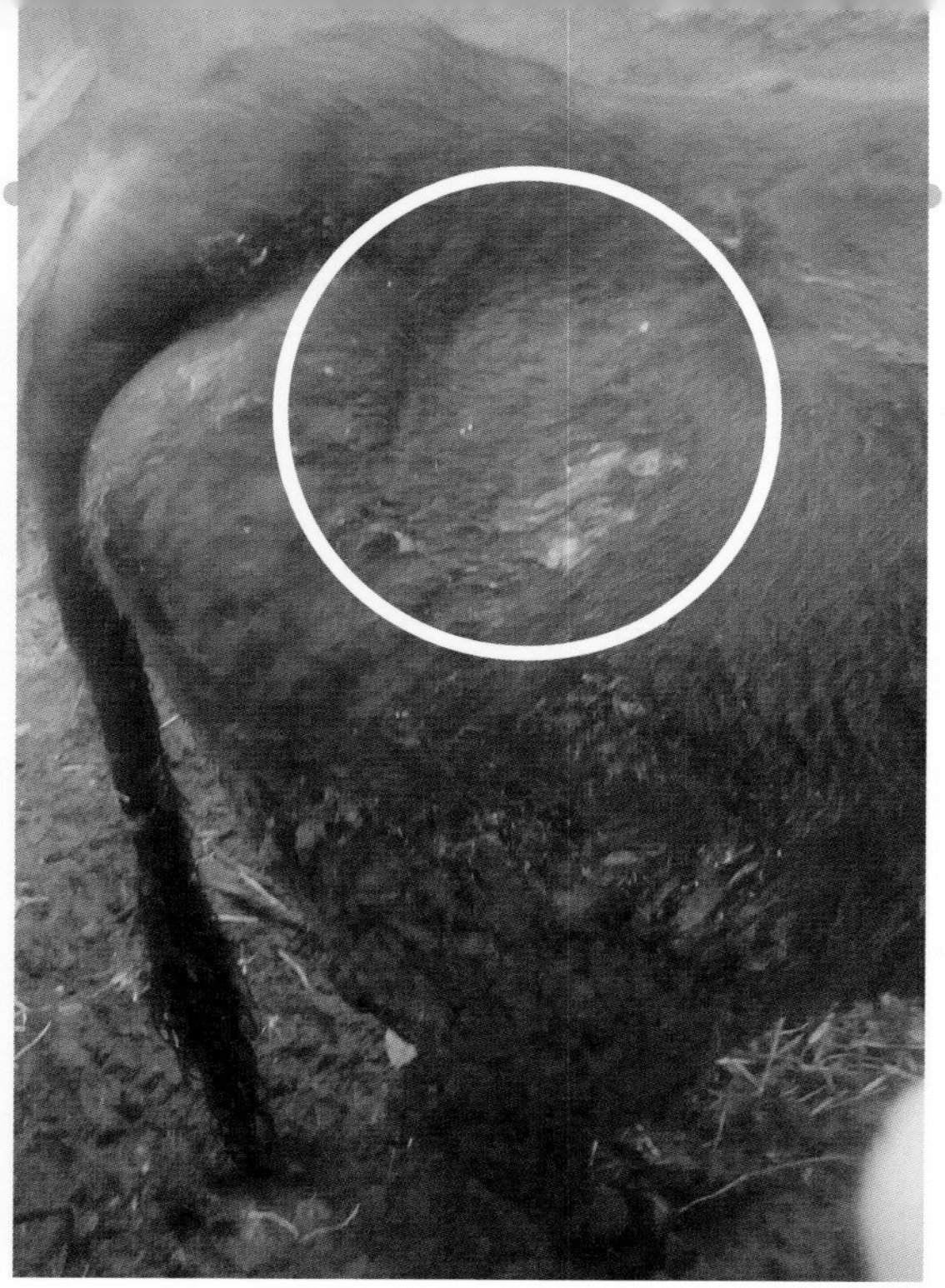

尾の付け根がかなりくぼんできた様子。この牛は2日後に分娩した（すべて松山靖徳さん撮影）

見逃すと事故を防げない

繁殖和牛28頭を飼いながら、人工授精師をしています（66歳）。つい最近、お客さんのところで分娩事故がありました。「牛の様子がどうもおかしい」というので見に行ったら、牛が前肢で自分のお腹をポンポン蹴っていました。これはもうお産がとっくに始まっていて難産になっている証拠。人間だってお腹が痛かったら押さえるでしょう。牛も分娩でなかなか産まれずキリキリ痛んだら、お腹を気にして異常な行動をとる。牛はモノを言わないけれど、人間にわかるように行動しているんです。結局、子宮捻転で子牛は死産でした。

これはまさに分娩の合図を見逃した結果。介助が遅かった。支障なく産まれてくる場合は見逃しても問題ないが、こういう異常なお産もある。分娩兆候をつかんで最初から観察していれば、手遅れになる前に獣医さんを呼べたはずです。

分娩兆候の見方

▼分娩予定20日前に分娩房へ

分娩日は、種付け日から２８５日後の「分娩予定日」を目安にしていますが、これはあくまで平均日数。実際の分娩日は前後にかなりブレます。私は早産に備えて、分娩予定日の20日前になったら、牛を広い分娩室に移しておきます。

▼尾の付け根がくぼんでくる

私がもっとも分娩兆候の目安にしているのは、尾の付け根のくぼみです。この地域では「尾口が切れる」とか「尾止めが切れる」とよく言います。

分娩が近づくと、骨盤の靱帯がゆる

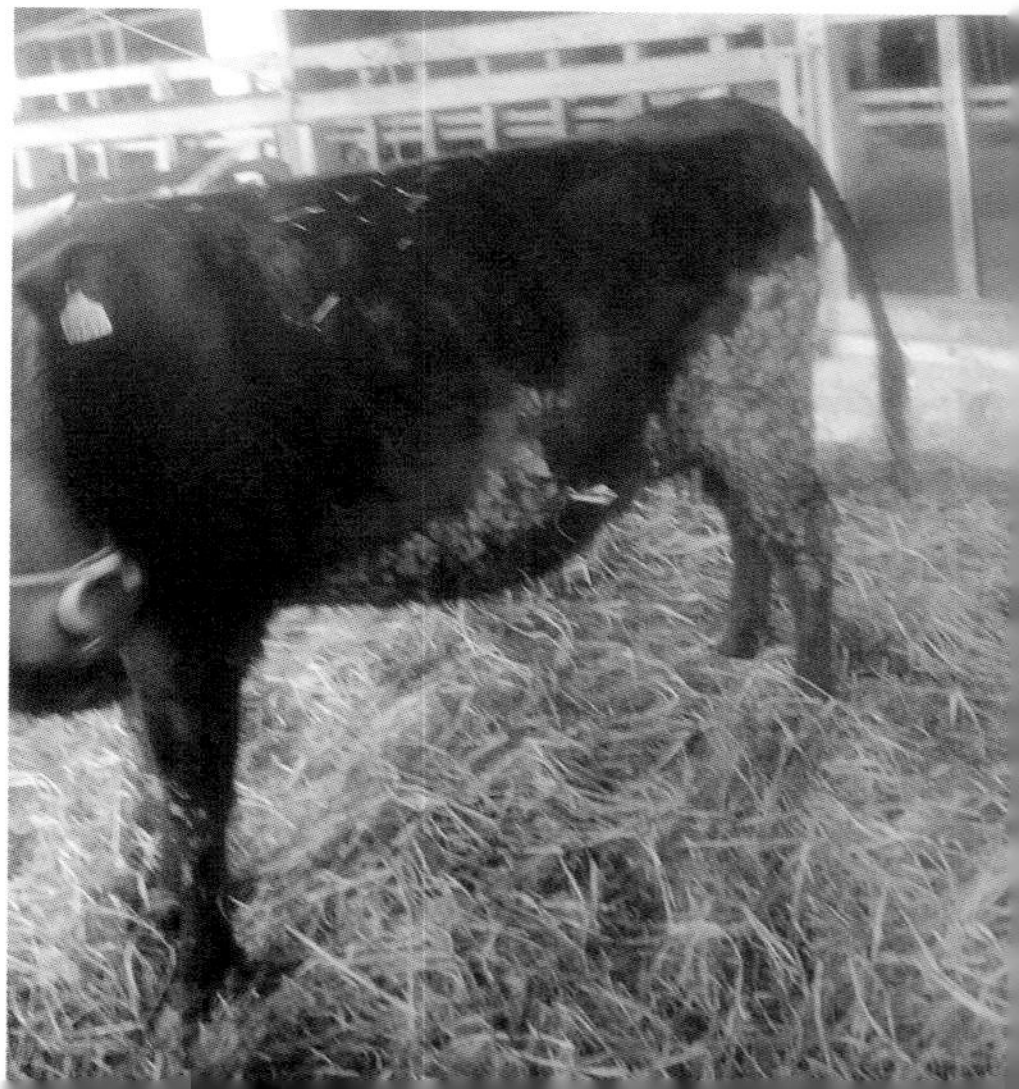

分娩当日。分娩が近づき、尾を少し上げながら分娩房内をぐるぐる歩き回る

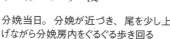

んで、尾の付け根がだんだんくぼんできます。右ページ上の写真はかなりくぼんだ状態です。ちょうど分娩の2日前の牛の様子です。

時には、予定日より2週間も早いのに、くぼんでくることがあります。それは早産のサイン。早産だからいろいろ注意しなければ、と気構えることができます。

▼乳房、粘液、便が変化

また、分娩1日前には乳房、粘液、便の状態が変わり、半日前からはエサを食べなくなります。当日は右ページ右下の写真のように尾を上げながらぐるぐる歩き回るようになります。

＊

牛は1年に1回しか産まない生き物です。牛が出してくれるサインを見逃さなければ、早産でも難産でも、たとえ介助が必要でも手遅れにならず、必ず事故を防げると思います。（談）

松山さんの分娩前のサインの見方

分娩予定日の20日前
分娩房に入れる。分娩日が近づくにつれ、尾の付け根がだんだんくぼんでくる。

分娩2日前
尾の付け根がかなりくぼむ。

分娩1日前
乳房が張ってくる。粘液がロウを垂らしたようにスーッと垂れてくる。便が緩くなり、ベタベタした形状の糞が出る。

分娩半日前
エサの食い方が変わる。食べなくなる。

分娩当日
分娩房の中を、外回りでぐるぐると歩き回る。分娩が近づくと、尾を上げながら歩くようになる。

分　娩
一次破水、二次破水後に胎子が出てくる。一次破水して1時間ほどたっても二次破水しない、あるいは胎子が出てこなかったら獣医を呼ぶ。

昼間分娩でお産を見逃さない

◉岩手・岩城二美さん

繁殖和牛を5頭ほど飼っている岩城二美さん（68歳）。以前は、分娩が夜中になってもなるべく立ち会うように努めてきたが、見逃して必要な介助が間に合わず、分娩事故が起きてしまうことがあった。

そこで数年前から始めたのが「昼間分娩」。エサの時間を夕方1回のみに変更するだけで分娩時間が日中になると、NOSAI岩手の講習会で聞いたのだ。

岩城さんのやり方はこうだ。分娩10日前になったら、普段は朝夕にエサを与えているところを、夕方1回に朝の分も合わせて与える。その結果ほぼ100％、昼間分娩が続いている。

「ほとんどが遅くとも18時までには生まれる。夜中に生まれることはまずないな。見逃さないから介助しなきゃいけない時もできるし、手遅れになる前に獣医さんに電話できる。分娩事故がゼロになったんですよ」

朝、エサをもらえない分娩前の牛は歩き回ったり鳴いたりするが、「かえってそれも運動になっていいのかもしれない。近頃は付けた種によっては大きな子牛が生まれるが、お産も大変じゃなくなった気がするな」

なぜ夕方1回の給与で昼間分娩になるのか、ホルモンの関係かどうかなど、詳細については未だ明らかにはなっていないが、各地に事例がある。

牛歩計測＆増し飼いで1年1産

◉宮崎・松下克彦

分娩間隔３４０日

私は現在53頭の経産牛と8頭の育成牛を飼育しています。

11年前に増頭してから、分娩間隔は毎年３４０～３５０日で推移しています。和牛繁殖の経営安定のためには、生産率が大きく影響すると思っています。経営規模が変わらない場合は、経費も毎年ほとんど変わりません。経費の大部分が母牛の維持管理費ですから、利益は、子牛が生まれて市場に出荷できた頭数によって大きく変わります。牧場内の母牛頭数に対して、子牛を何頭出荷できたかが出荷率です。私は毎年１００％を目標にしています。

私の場合、子牛は早期離乳（５～７日間）で母牛と離し、人工哺育で飼育します。母牛は、分娩後20日経過後にＡＩ（人工授精）を開始して、ほぼ40日目までには初回授精できるように心がけています。初回で受胎しない苦労する牛もいますが、今では初回受胎率は70％を超えています。

このように1年1産以上できるようになったのは、飼料分析などだけで判断・調整できる話ではありません。私が実践している「牛歩」システムによる発情管理、そして分娩前後の「増し飼い」など飼育管理で気を付けていることについて書かせていただきます。

「牛歩」で発情を見逃さない

まずは発情の兆候を把握することです。私は㈱コムテックの「牛歩」（牛歩計を牛に装着し、歩数の変化で発情期を判断するシステム）を使って、母牛のデータ管理に役立てています。授精内容、妊娠鑑定、飼育管理、お産の状況等を随時、「牛歩」のサーバーにデータ入力しています。これらを活用すれば、的確な授精期を判断することができます。発情を見逃がすことはほとんどありません。

筆者と発情開始時期を知らせる「牛歩」システム。牧場では牛舎が5㎞ほど離れているので、「養牛カメラ」や「牛温恵」も使って、常にスマートフォンやタブレットで母牛を監視

毎日良質な牧草をたっぷりと

「牛歩」システムで発情が把握しやすくなるといっても、やはりよりよい発情を来させることが大事です。では、どのように飼育するか。

私は母牛にはまず、常日頃から良質な牧草を十分に食べさせることが、特に肝心だと思います。牧草は雨にさらさないように収穫して、繊維質とタン

夕方のエサやりは粗飼料が中心。増し飼い・維持期ともに、2時間あっても食べきれないくらいの量をドサンと与える。10年前とくらべて牛は大型化して700 ～ 800kgの母牛もいるが、濃厚飼料の量は変わらない。そのかわり粗飼料は2倍与えるようになった。粗飼料はすべて自給。牧草地9haを3回転させてつくる

パク質が劣化しないように気を付けています。

粗飼料は、春のイタリアングラス＋エンバク＋二条大麦のロールと、夏草のロール、それにWCSを日替わりで与えています。特に私の地域で使っているWCSは繊維質が少ないので、繊維の多いロールと組み合わせて与えています。繊維の多い牧草をたくさん食べることで、しっかり反芻してストレスなく過ごしている気がします。

増し飼い期は肥育用のエサで補充

配合飼料（濃厚飼料）の給与については、通常は繁殖用の飼料（高タンパク、低カロリー）を1日800g。分娩40日前からは増し飼いをして、繁殖用の飼料2kgに肥育用の飼料（高タンパク、高カロリー）1kgを足して与えます。これを分娩後20日まで（最初の発情が来るまで）続けます。

お産前の1カ月は胎子が一番栄養を必要とする時期ですし、母体もやせすぎないように、カロリーを上げる必要があるのです。この時期に母牛に栄養を十分与えることが、産後の発情にも影響を与えていると思います。

肥育用のエサを使い始めたきっかけは、じつは偶然です。もう廃用牛として最後に肥育して出荷しようとしていた母牛に、肥育牛用の飼料を与えていたら、少しぽっちゃり型のほうがいいのか、とたんに発情も受胎もよくなったのです。それまではやせ気味の母牛のほうがいいのではと思っていたのですが、エネルギー不足だったようです。

最近の和牛は不妊になりやすい⁉

受精後の妊娠鑑定は、共済組合の事業により受精後30日目に1回目、60日目に性別判定と最終確認をしています。30日で妊娠鑑定できても60日目で早期に流れている場合があるので、同じ牛に2回実施します。

未受胎牛とお産後40日でも発情が来ない牛についてはホルモン治療します。できるだけ空胎ロスをなくして、コスト削減できるようにしています。

このように私の牧場では母牛の管理を徹底していますが、母牛群の中には、妊娠しにくい牛がいるのも事実です。その牛の対応法を少しだけ書きます。

最近の和牛は改良が進み、どうしても内臓脂肪が付着してしまう牛が多く、

8月9日に発情した牛の「牛歩」グラフ

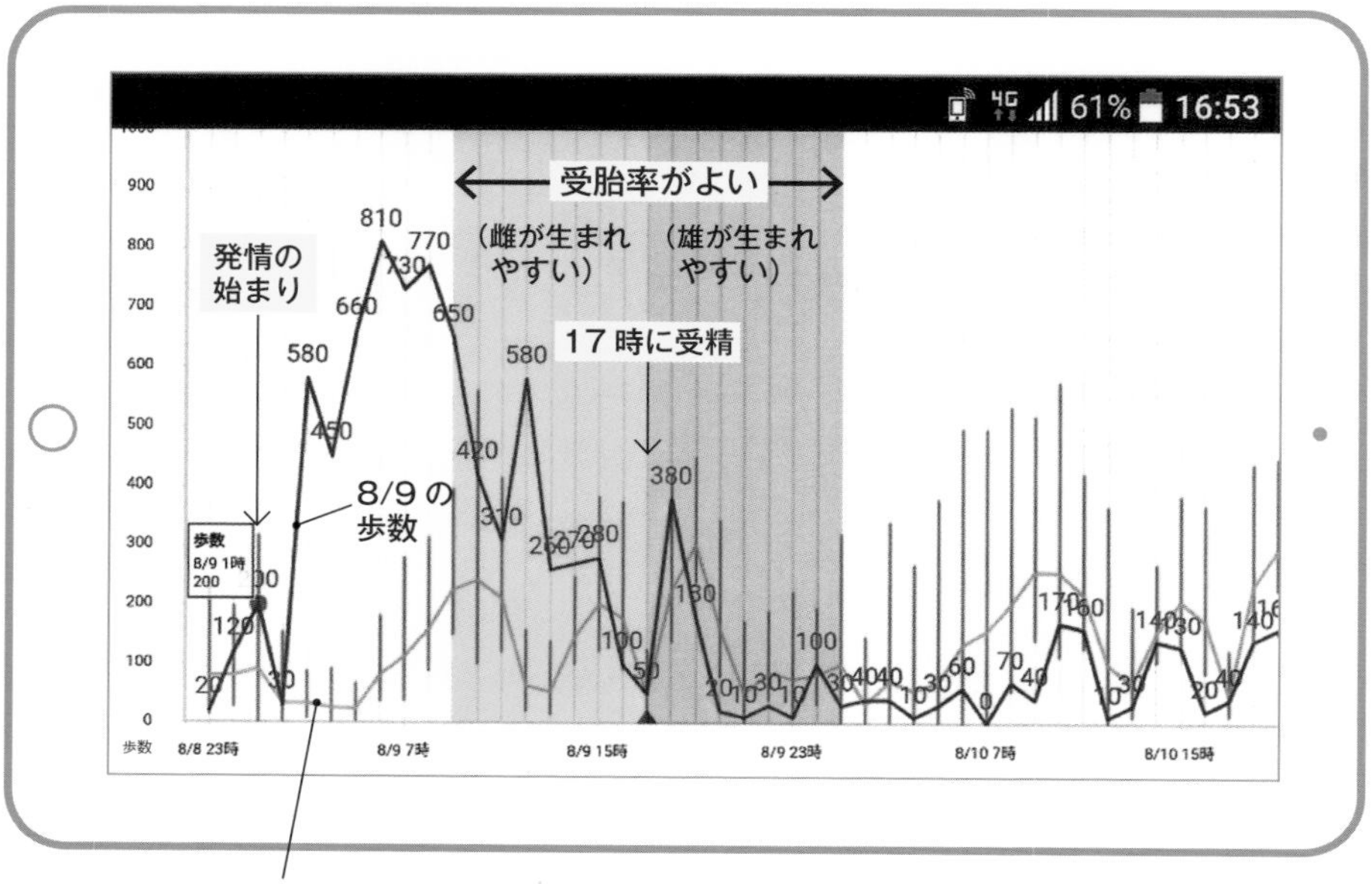

牛は発情時期に運動量が3〜6倍になる。「牛歩」はこの特性を利用して、牛に歩数計を付けて日々の歩数を監視し、発情周期を発見するシステム。この牛の場合、9日の1時に歩数が急増したことから、発情開始と判断。受精適期といわれる16時間後の17時に受精した。ちなみに発情後8〜16時間で受精すると雌が、16〜23時間で受精すると雄が生まれやすい

サシの入る牛に限って不妊牛になることがあると思います。その対策に私は、「リーシュア」（ビタミン剤）を、産前1カ月から産後の受胎確認までエサに添加しています。サプリメントを与えることで肝機能が改善し、過肥を防ぎます。

＊

これからは経営のためにも、1頭でも多くの子牛を生産することが大切ではないでしょうか。それには母体の細やかな管理、そして各農家での飼料設計や微量栄養素の補充を再度見直し、母体のストレスがないように改善するとよりよい方向に向かうと思います。

分娩前から病気に強い子牛をつくる

松下さんのところでは、増し飼いがうまくいくようになってから、子牛も変わったという。実際に松下さんの農場を訪ねて詳しく聞いてみた。（編集部）

小さくて弱い子牛ばかりだった

さっそくですが松下さん、増し飼いで母牛の栄養を補給すると、子牛にはどんな影響があるんですか？

「そりゃもう、子牛が元気になって、その後の伸びも、ぜんぜん違ってくるよ」とじつに明快な答え。

「冬に生まれても風邪もひかず元気。DG（1日増体重＝［出荷時体重－生時体重］÷日齢）も平均0・9以上になったし。結局、生まれる前から子牛の育成は始まってるってことです」

だが、最初から増し飼いをしていたわけではなく、始めたのは7〜8年前

超音波検査で性別を判定

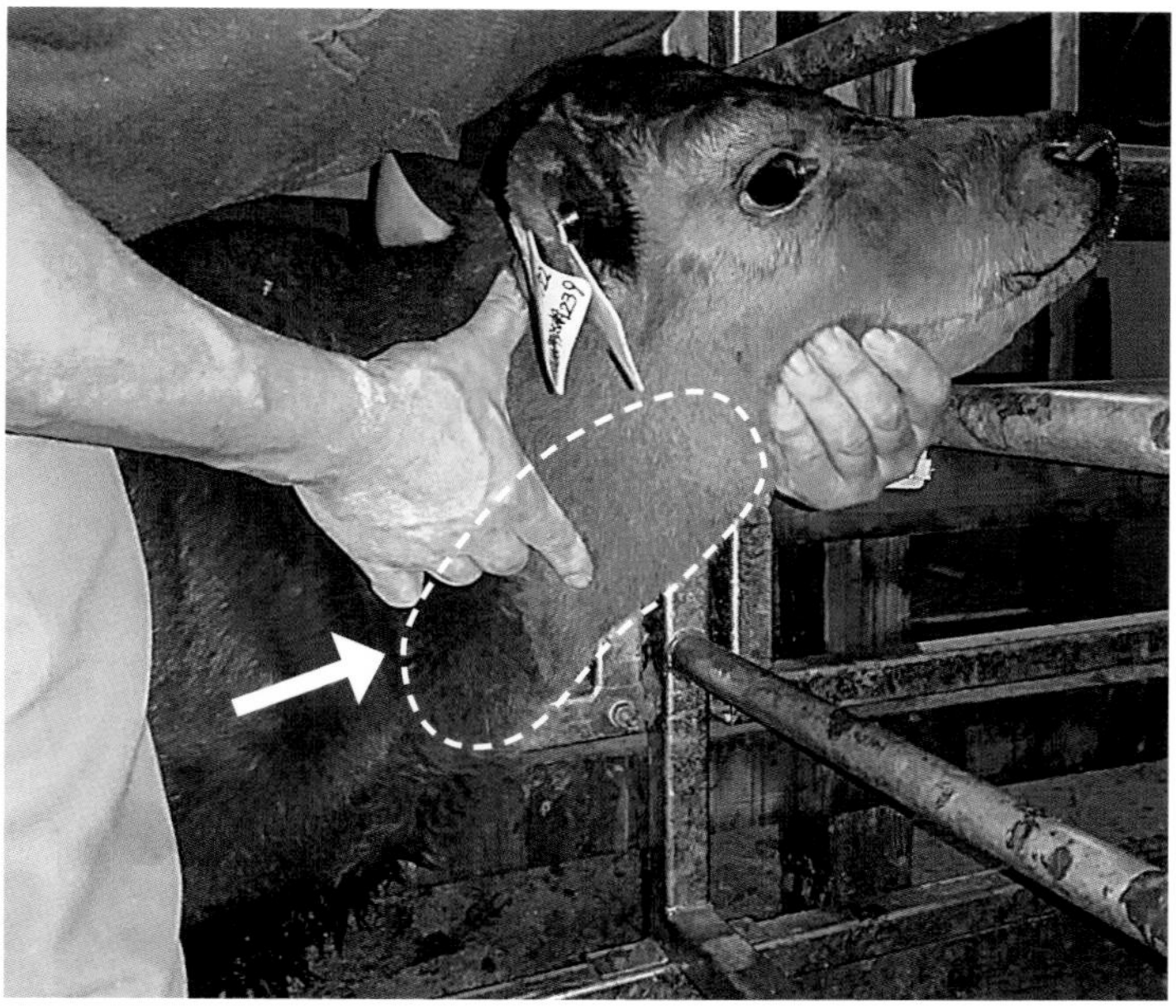

胸腺（矢印）が厚くて首が太い子牛（生後20日）。抵抗力があって元気な証拠（松下克彦さん提供）

からだそう。

「増し飼い前の子牛の失敗例ならたくさんありますよ、全部話してもいい（笑）。11年前にJAをやめてスタートしたばかりの頃は、とにかく生まれる子牛がめちゃめちゃ小さかった。いまでこそ40kgの子牛が普通に出てくるけど、当時は30kgでも大きいほう。痩せてて毛づやの悪い子ばかりで、病気に弱い。ミルクも飲まんし、ほんとによく死ぬんですわ」

結局、セリに出すまで思うように大きくならず、「210kgの子牛を、平気のへの字で出してた」という。つい最近のセリでは化粧肉もつけずに350kg（260日齢）の子牛を出した松下さんが、そうだったとはオドロキだ。

「毎回あまりにちっちゃい牛ばかり出していたから、セリに行くと『あらあ～また〝松下ブランド〟の牛が来たねえ』って言われたくらい。増し飼いは知っていたけど、『増し飼いすると子牛に白痢、下痢症が出る』といった昔の感覚があったのでやらなかった。当然、母牛の種付きも悪かった」

子牛の胸腺に注目！

増し飼いをするようになってから子牛が病気に強くなったとのことだが、子牛が病気に強いかどうか、見るポイントがあるという。

「一番に違いが出るのは、子牛の首のあたりに出る胸腺です。免疫を保持するための組織なんですけど、増し飼いをした牛の子はここがぐっと厚く発達していて病気に強い。失敗ばかりしていた頃の虚弱の子なんて、首が薄くてペラペラ。そういうのが当たり前って思っとったわけですけど、お腹の中にいる時に母牛の栄養が少ないとそうなる。生まれた時に胸腺を見れば、ああこの子は強いなとか、この子は弱いから注意しないとダメだなとかすぐにわかりますよ」

化粧肉がつく理由がなくなる

牛の体は生後3カ月が勝負というのが松下さんの考えだ。この時期にきちんと骨格や筋肉ができた子牛は、腹づくりができてその後も順調に大きくなることがわかっている。

「それを考えたら、まずは胸腺のしっかりした子牛を生まないといけない。病気にさせずにいいスタートダッシュをさせてあげることが大切。そのためには基本的に、免疫力を上げてやらんといかんなということに、増し飼いをしてから初めて気付いたんですよね〜」

ある程度は大きく生ませて勢いをつけてやることも大事。

そうして子牛が順調にエサを食えていれば、出荷前（7カ月齢以降）にあわてて濃厚飼料をドサッと与える必要もないから、皮下脂肪やムダ肉、いわゆる化粧肉もつくことはないという。

母牛のエサの配合（体重500〜600kgの場合の目安）

		維持期	増し飼い期	
			分娩前約40日間	分娩後約20日間（初発情まで。子牛は5〜7日で早期離乳）
濃厚飼料	配合飼料	●繁殖用 →1日800g（高タンパク、低カロリー。1kg65円）	●繁殖用 →1日2kg ●経産牛肥育用 →1日1kg（低タンパク、高カロリー。1kg45円）	
濃厚飼料	追加しているもの	●醤油粕、ヘイキューブ（高タンパク） ●ビタミン ●硝酸カルシウム　など		
粗飼料		●イタリアン＋小麦＋エンバクを混播した乾草ロール、あるいはパールミレット（トウジンビエ）の乾草ロール →日替わりで飽食（約50頭あたり1日1ロール）		

維持期の時から、配合飼料に醤油粕などを加えてタンパクを補強することを意識。増し飼い期は、さらに肥育牛用の配合飼料を加えてカロリーを補強する。粗飼料はすべて自給。

増し飼いで使う経産肥育牛用の配合飼料

市販の繁殖用配合飼料に、醤油粕やヘイキューブを加えてタンパクを上げる

「病気をせずにいいスタートダッシュがきれた子牛は、間違いなく、すうっと大きくなってくれます。だからやっぱり、へたに化粧肉をつけないためにも、できるだけ増し飼いしたほうがいいよね」というのが松下さんの結論だ。

普段は高タンパク&低カロリー、増し飼いでカロリーアップ

松下さんは維持期の時から、良質の粗飼料（一番草）を飽食にしてたっぷり食べさせつつ、タンパクが不足しないように意識している。具体的には、繁殖用の配合飼料1日800gに、ヘイキューブや醤油粕などを加えている。

増し飼いは分娩40日前くらいから開始。草は同様に飽食させる。濃厚飼料のほうは繁殖用の配合飼料を2kgに増やす。さらに、経産牛肥育用の配合飼料を1kg加える。

「つまり維持期は高タンパク、低カロリーにして肥えさせ過ぎないようにして、増し飼い期は全体的に高タンパク、高カロリーになるようにします」

分娩後の増し飼いは20日ほど。松下さんは子牛を生後5〜7日で親から離して人工哺育するので、授乳のための増し飼いは必要ないが、最初の発情が

増し飼いする牛は分娩舎に移して管理。分娩舎は1区画3×6mと広めにつくった。母牛のストレスがたまらないし、分娩の時も事故が起きにくく、介助もしやすい

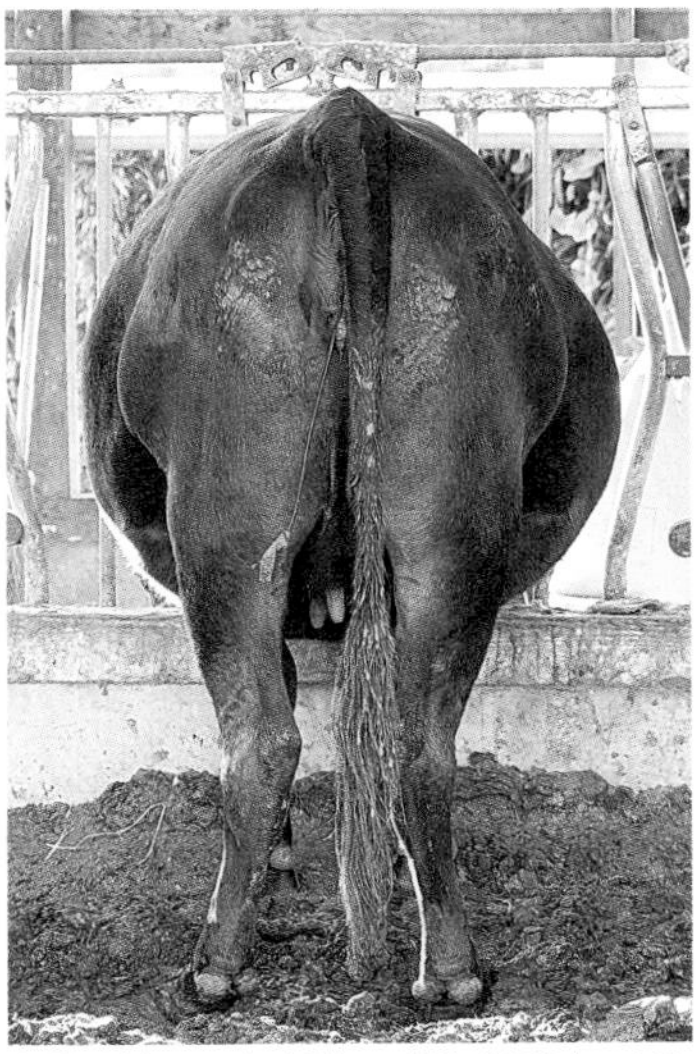

分娩を控えた初妊牛。「牛温恵」で分娩の徴候を検知

来るまでは続ける。もちろん、牛によって量や期間は加減する。

「草のCP（粗タンパク）などの変動もあるので、たとえば『ちょっと毛づやが悪いな』とか『前回なかなか発情が来なかったな』って思う牛には、もうちょっとエサを増やしておこうとか、もう少し続けてみようとか考えます」

増し飼いは心配じゃない

なるほど、増し飼いが子牛にいいことや、やり方がいろいろあることには納得。でも「いいことはわかっていても、やっぱり不安」という人は多いですよね？

「そうでしょう、私もそうでした。母牛が過肥になったり、難産になるんじゃないか。子牛が下痢しやすくなるんじゃないかって。でも、自分でやってみて全部違いました。ああ最初から増し飼いしてれば、今頃もうちょっと儲かってたのに、って思ってます（笑）」

太くても難産とは限らない

エサをやり過ぎて心配なのが難産。しかし松下さんが「これは大きくて太っているわ～」と思う牛でも、獣医さんがびっくりするくらい分娩はうまくいくし、健康な子牛が生まれる。太っている牛は発情が来にくいのではと心配する声も聞くが、次の発情もちゃんと来る。

ただ8～9産のベテラン牛なのに難産だったな、出てきた子牛がさすがに大き過ぎたな、ということもたまにはある。そんな時は松下さんは次回からの増し飼いの量を減らす。

「逆に、増し飼いしても全然効果が出ない牛もいるんです。夏と冬はカロリーを消費するので、春や秋より多めにやるし。細かく言えば1回1回違うので、出てくる子牛と母牛の様子を見て、次はどうするかを判断しています」

「普段から草をたくさん食える母牛をつくっているから、配合飼料の量も増やせるんです。増し飼いのことを考えると、結局、牛飼いの基本に立ち戻ることになるんですよね」

増し飼いで胸腺が太い子牛が産まれる

◉出雲将之

免疫機能を高める重要な役割

皆さんは「胸腺」という臓器をご存じだろうか。『大辞林』にはヒトの胸腺について次のように記述されている。

「脊椎動物のリンパ組織の一つ。ヒトでは胸骨上部の後ろ側にあり、リンパ球と網状の上皮細胞からなる葉状の器官である。リンパ球の分化増殖に関与し、免疫機能の中枢的役割を担う。ヒトでは思春期まで増大を続けるが、その後退縮して脂肪組織に置換される」

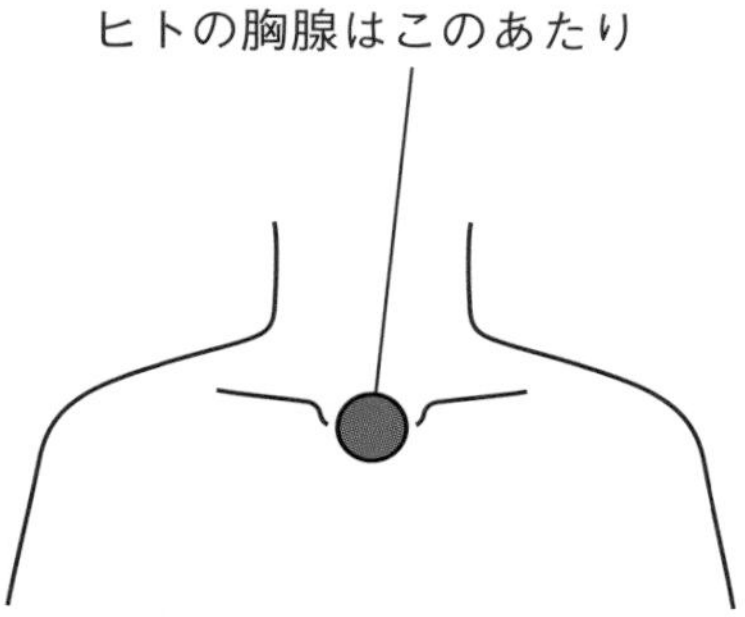

このように動物の免疫機能に重要な役割を果たしているのが胸腺だ。牛の場合、胸腺は図１のとおり、子牛の胸部と頸部の２カ所ある。頸部にある胸腺は、触診でその大きさを確認することができる。触るとまるでタラコのような触感でやわらかい。成牛になると退化する。

胸腺が小さいと病原体に弱くなる

胸腺はどんなふうに「免疫機能の中枢的役割」を担っているのだろうか。

免疫の機能には①細菌・ウイルスの侵入物を認識する、②侵入した病原体に対して白血球が攻撃する、③侵入者である異物を記録して将来の侵入に備える、の三つの働きがあり、粘膜、リンパ節、末梢血などの防御器官で行なわれる。この免疫システムを担うのが、骨髄や胸腺、リンパ節などでつくられる免疫細胞だ。

特に重要なのが骨髄からつくられるリンパ球だ。これが胸腺に移動して「T細胞」と呼ばれる、侵入物を認識する免疫細胞になる。それ以外のリンパ球は骨髄から血液中に出て成熟し、侵入した病原体と戦う抗体をつくる「B細胞」という免疫細胞になる。ところが、B細胞はT細胞の指示がないと抗体をつくれない（図２）。

胸腺が小さいとT細胞が少なくなる。するとT細胞の指示を必要とするB細胞がつくる抗体も少なくなる。その結果、虚弱で病気に弱い子牛になってしまうことにつながるのだ。

増し飼いで子牛の胸腺が発達する

胸腺が子牛の免疫機能を高めること、丈夫な牛に育つために重要な役割を担っていることが、なんとなくおわかりいただけただろうか。

つまり、大きな胸腺を持って産まれた子牛ほど丈夫となる。産まれた時の胸腺の大きさは個体によって違うが、理想は体重×０・４％の胸腺で、体重が35kgであれば１４０ｇの胸腺があることが望ましい。また絶対的に大きいほど、免疫機能が高いともいえる。

便宜上、胸腺の大きさは44ページの表1のようにスコア1～3に分類できる。スコア値が大きいほど病気に対する抵抗力が強くなる。

では胸腺の大きい子牛をつくるためには、どういう管理をすればよいのだろうか。それには、胎子の段階からその発育に見合うように、繁殖牛の栄養を充足させることが重要である。母牛の妊娠末期（分娩2カ月前）の栄養状態が、胎子の免疫システムの成長に影響があるとされている。

妊娠末期に栄養が不足すると、子牛の胸腺が十分発達せず、胸腺スコアの低い子牛が生まれやすくなる。胸腺が小さい子牛は、下痢や肺炎を発症する確率が高まる。

胸腺スコアを高めるためのポイントは、次のとおりだ。

①分娩2カ月前から母牛へ増し飼いを行なう。特に粗タンパク（以下CP）の充足を意識する。

②肉牛農家の場合、乾草はCPが低いものが多いので、特にCPを補充するような飼料を与える。

分娩2カ月前から増し飼いで栄養改善したことによって、実際に子牛の発育がよくなった事例を紹介したい。

▼母牛のエサのタンパクを強化

ある繁殖農家の場合、栄養改善前の母牛から生まれた子牛は、疾病が多く発育が十分ではなかった。子牛の胸腺スコアも低く、特に生後すぐの子牛は虚弱傾向にあった。

そこで分娩2カ月前からの飼料給与内容を、表2のように見直した。飼料設計をしたところCPの充足率が低かったので、ルーサンペレット（アルファルファ）を活用し、100～120％となるように設計して給与した。

図1　子牛の胸腺

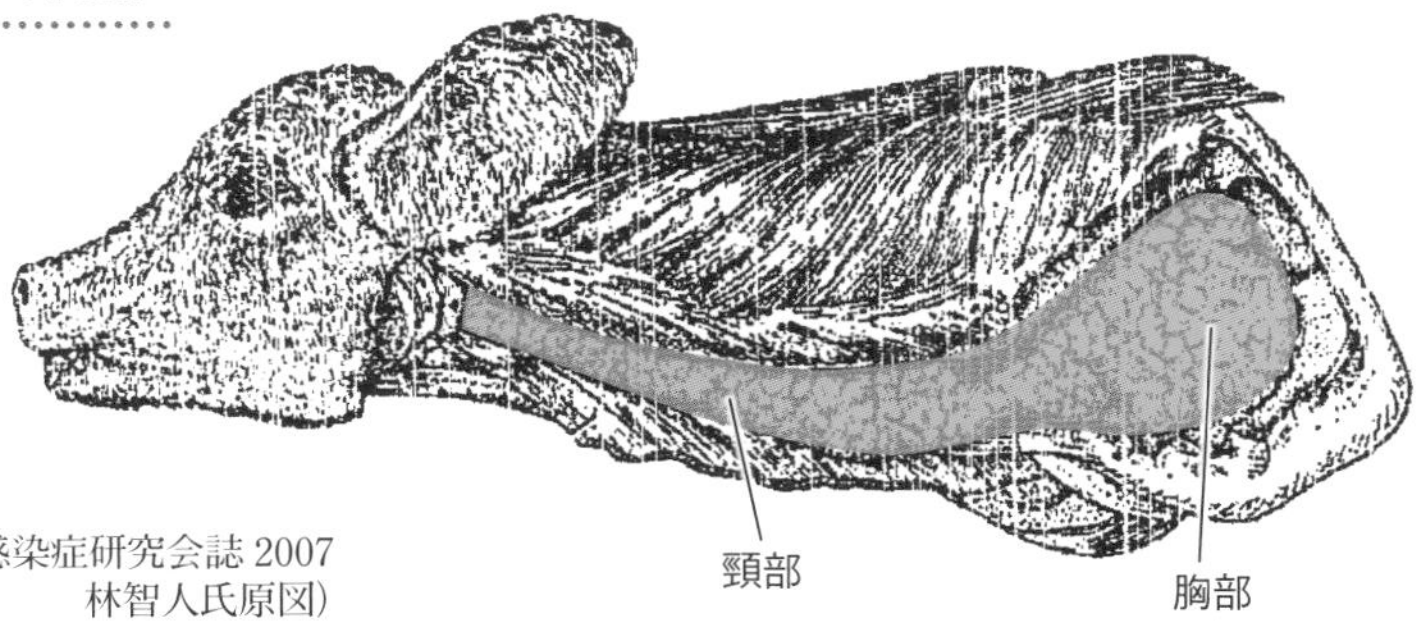

（日本家畜臨床感染症研究会誌 2007
林智人氏原図）

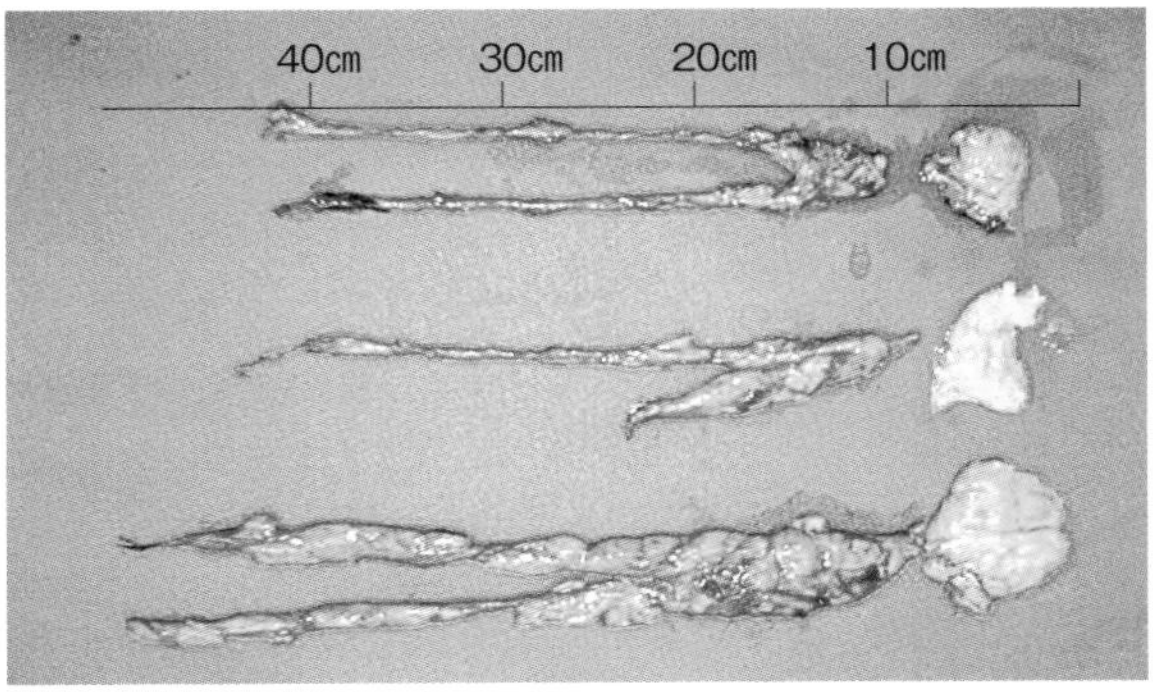

生後30日齢前後のホルスタイン雄牛3頭の胸腺を解剖して摘出したもの。重量は上から45g、30g、162gと個体によってかなり差がある（北海道肉牛研究懇話会提供）

図2　胸腺の働き

骨髄でつくられたリンパ球が、胸腺を経由してＴ細胞となり、Ｂ細胞に抗体をつくらせる

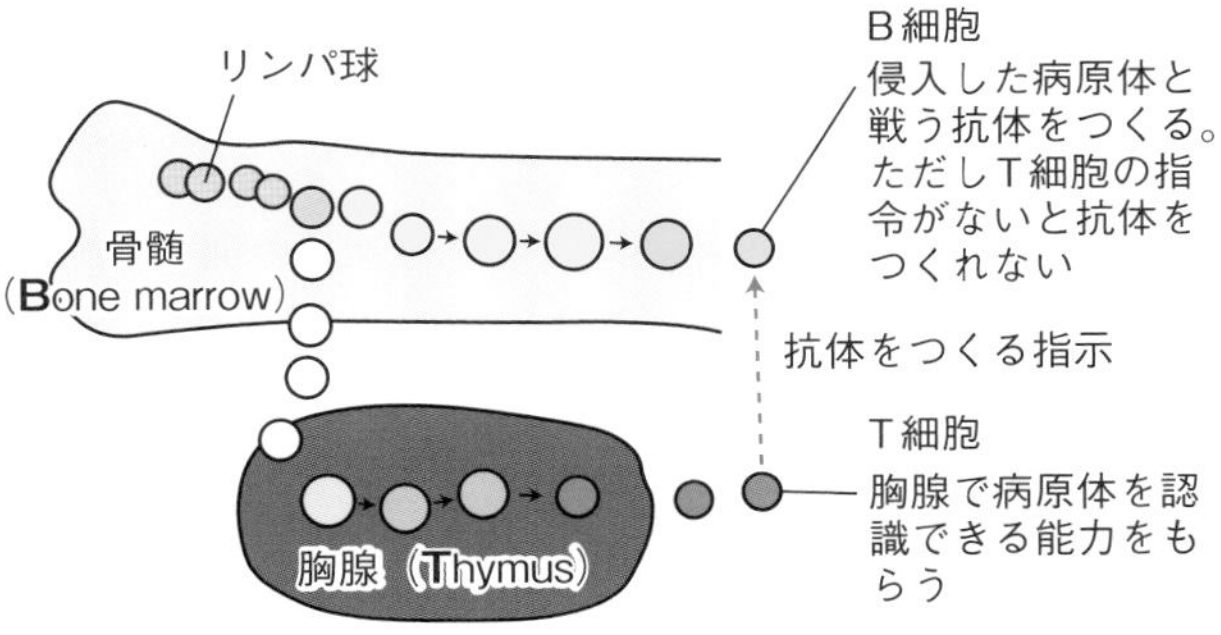

改善後、産まれた子牛の胸腺スコアは表3のように改善前より高くなり、子牛の発育が良好となった。「生まれてすぐ子牛が起立するようになり、ミルクの飲み方が強くなった」と農家は手応えを感じている（北海道日高振興局発行資料より）。

筆者の経験上、和牛繁殖農家が使用する乾草は、マメ科草があまり入っていないためCPの低いものが多く、充足率は低くなる傾向にある。CP割合の高い配合飼料を選んで給与するなどして、CPを補うことをお薦めする。

特に胎子の栄養要求はアミノ酸が主体となり、アミノ酸の構成物がタンパク質であることからも、CPの充足率を100％以上にするような飼料設計が必要となる。

▼太り気味でも増し飼いは必要

写真の繁殖牛は、BCS（ボディコンディションスコア。太り具合を1〜5で評価）で3・5程度の若干太り気味ではあったが、筆者のアドバイスで分娩2カ月前から増し飼いを実施してもらった牛群である。増し飼いしてもそれ以上太ることはなく、「お産がラクで、なおかつ丈夫な子牛が生まれるようになった。やってよかった」との

表1　胸腺スコアと大小の特徴

胸腺スコア	触感	大きさ	色（臓器）
スコア1	触知　難	小（5〜50g）	白っぽい
スコア2	触知　可	中（51〜100g）	↓
スコア3	触知　易	大（101〜180g）	真っ赤

スコア値が大きい子牛ほど、病気への抵抗力が強い

繁殖牛へのエサの改善前と改善後

表2　母牛への飼料給与量の充足率

		改善前		改善後	
		分娩予定2カ月前	分娩予定1カ月前	分娩予定2カ月前	分娩予定1カ月前
充足率（%）	乾物	100	100	100	100
	TDN	110	113	118	121
	CP	72	82	109	121

乾物やTDN（可消化養分総量、エネルギー）についてはほとんど変えず、CP（粗タンパク）の充足率を100〜120%になるように、エサを改善した

表3　子牛の胸腺スコア

		改善前	改善後
頭数		11	25
胸腺スコア	平均値	1.67	2.16
	1.5以下の割合	54.5%	8%

改善後は、大きい胸腺の子牛が増えてスコアの平均値が上がり、小さい胸腺の子牛（スコア1.5以下）は激減した

BCS（ボディコンディションスコア、標準値は3）が3.5と太り気味の繁殖和牛群も、増し飼いでタンパクを補充した結果、過肥になることもなく丈夫な子牛を産むようになった

評価をいただいた。

和牛は脂肪がつきやすい体質であることから、「配合飼料を増給すると太ってお産時に難産になるかもしれないから増し飼いしたくない」という意見を聞くことがある。しかし妊娠末期には、繁殖牛の維持に必要な栄養以外に、胎子の発育に必要な栄養を追加しなければならない。CP割合の高い配合飼料で補給することは、決して繁殖牛に過剰な栄養を摂らせることにはならないので、胎子のための増し飼いと考えて給与してほしい。

タンパクを強化した飼料の設計例

表4は『2008年版日本飼養標準』における繁殖牛の妊娠末期の養分要求量を示した。

繁殖牛は維持期に比べると、妊娠末期はTDNで25%増し、CPは2カ月前で40%、1カ月前には50%増しの養分を付加する必要がある。CPの要求量が特に多いことがわかる。

これに基づいて飼料計算した結果を、表5と表6に示した。乾草はチモシー（開花期）の数値を用いた。

表5は繁殖牛用配合飼料（CP13・5%）を与えた場合で、この給与量ではCP充足率は分娩予定2カ月前が105%、分娩予定1カ月前が99%となった。表6は繁殖牛用配合飼料CP強化型（CP17%）を用いた場合で、CP充足率はそれぞれ115%、109%となる。

CP充足率は表5では不足がちとなるので、表6のようなCP強化型の配合飼料を給与することが望ましいと考える。

（出雲畜産技術士事務所代表）

表4　繁殖牛の妊娠末期（分娩2カ月前）における養分要求量

		分娩予定2カ月前	分娩予定1カ月前	維持期
養分要求量（kg）	乾物	7.54	7.54	6.54
	TDN	4.10（125）	4.10（125）	3.27（100）
	CP	0.711（140）	0.782（150）	0.515（100）

＊カッコ内の数字は維持期を100とした時の割合（%）
妊娠末期は特にCPの要求量が増える

飼料計算例

表5　繁殖牛用配合飼料（CP13.5%）を給与した場合

		分娩予定2カ月前	分娩予定1カ月前	維持期
飼料給与量（kg）	乾草	7.0	7.0	8.0
	繁殖牛用配合	2.0	2.2	—
充足率（%）	乾物	102	105	104
	TDN	113	116	115
	CP	105	99	106

表6　CP強化型配合飼料（CP17%）を給与した場合

		分娩予定2カ月前	分娩予定1カ月前	維持期
飼料給与量（kg）	乾草	7.0	7.0	8.0
	繁殖牛用配合（CP強化型）	2.0	2.2	—
充足率（%）	乾物	102	105	104
	TDN	114	118	115
	CP	115	109	106

CP充足率は表5だと維持期より少なくて不足がち。表6のようにCP強化型の配合飼料を給与して補充すると、維持期との差がついて増し飼いの効果が高い

増し飼い期の配合飼料は維持期の8倍増

◉群馬・小黒陽子

筆者と哺育牛

女性グループで勉強会

私は、群馬県沼田市で、和牛の繁殖と獣医業をしています。診療所には、獣医師の主人と私の他に2人の獣医師、ヘルパー1人、事務員1人の計6人が働いています。繁殖和牛は、成牛4頭、育成牛6頭を飼養しています。私の担当は、和牛管理、人工授精、繁殖検診、採卵業務です。

さて群馬県では、畜産協会のサポートのもと、畜産に携わる女性が集い、研修、勉強会などを行なっています。その集いの中で、参加者全員で勉強した内容を参考に、現在当牧場で行なっている増し飼いなどの飼養管理について紹介させていただきます。

増し飼いは通常期の8倍以上

当牧場は、基本的に自然哺育を行ない、人工哺育はしていません。例外は、母牛が牛伝染性リンパ腫陽性の場合と子牛が虚弱の場合です。前者は、昨年すべて陰性牛に揃えたため、心配なくなりました（おかげで成牛の頭数がさみしくなってしまいましたが……）。後者についても、分娩2カ月前から増し飼いをするようになってからは、心配がなくなりました。

当牧場は、粗飼料は、イナワラとチモシーが主体で、イナワラが不足した場合は、イタリアンストローを与えています。ルーサンも少量与えますが、

小黒さんの分娩前後の増し飼いのやり方

〜1カ月前	1カ月前〜1カ月後（分娩）	1カ月後〜2カ月後	2カ月後〜3カ月後
増し飼いスタート。2日で300gずつ、徐々に増やすことで、牛の胃（ルーメン）に負担をかけないようにする	ピーク時は4～5kg	離乳前に受胎したら半分の2～2.5kgに減らす。減らす時は一気に減量	子牛は生後2～3カ月で離乳させる。離乳したら通常期の600gに戻す。離乳前に受胎していない場合は、受胎するまで半量を続ける
イナワラ6kg＋チモシー、ルーサンなど。イナワラが不足した場合はイタリアンストローを使う			

分娩前後の約4カ月間、増し飼いをする。配合飼料は、分娩前は徐々に増やし、分娩後は受胎や子牛の離乳の状態にともなって減らす。粗飼料は基本は一定

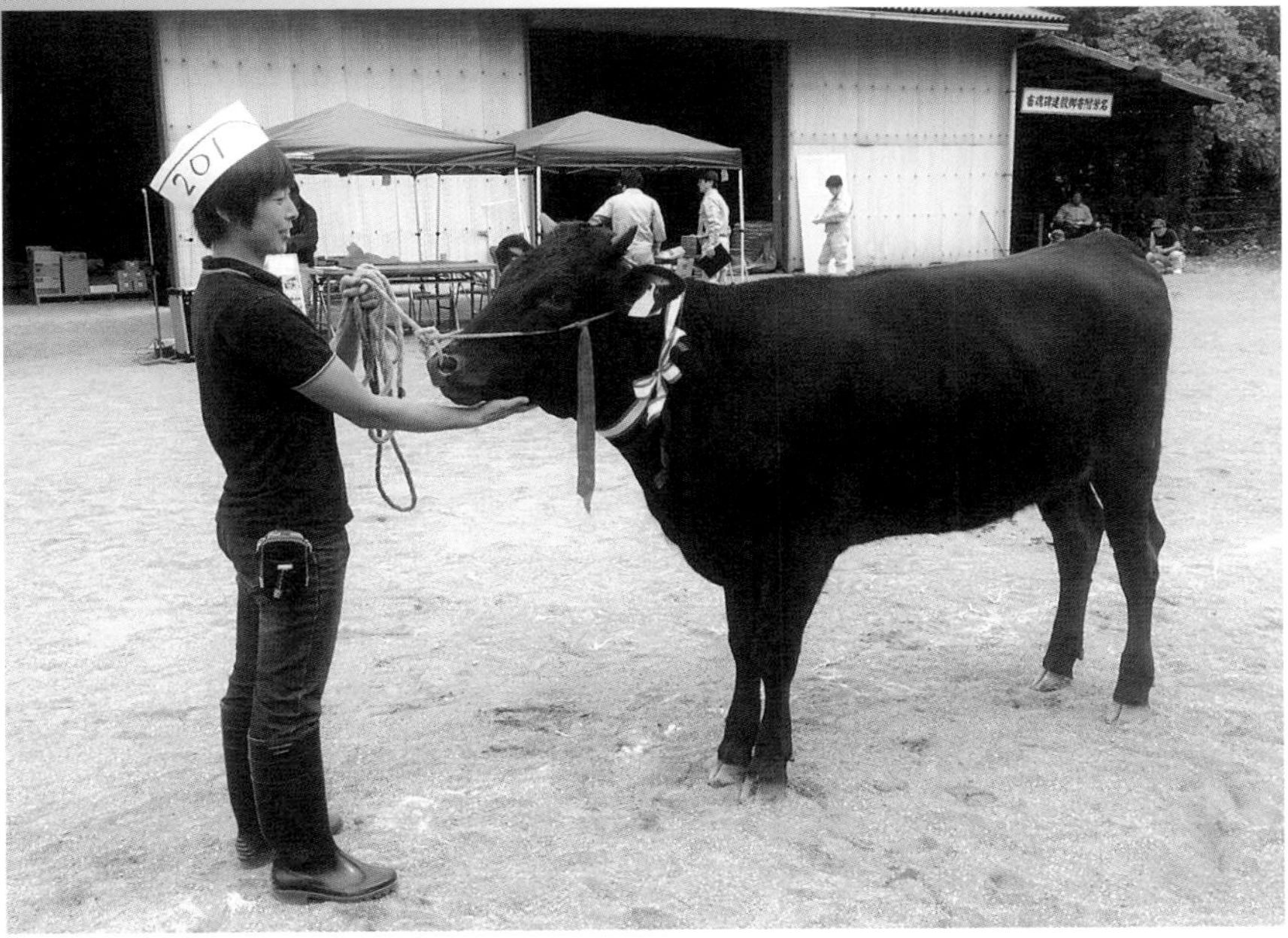
2017年、初めて地区の共進会に出品し、名誉賞を受賞した育成牛。尻長や寛幅がある（お尻が大きい）のが特徴。肋張りもよい。この後、2産していずれも50kgもの大きな子牛だったが、介助の必要がなくスムーズ。乳もよく出た

カビが生えやすいので、梅雨時はやめます。

通常期の繁殖牛用配合飼料は、１日約６００ｇです。分娩予定日をピークに設定し、ピーク時は通常期の８倍、４～５kg／日を与え、受胎するまでガッツリ食わせます。

妊娠末期の配合飼料の給与量について書かれたものを見ると、多くが２～３kg／日での給与を推奨しており、当牧場でも以前はそうしていました。しかし、子牛の下痢や肺炎が多く増体もいまひとつだったため、給与量をいろいろ試してみました。その結果現在の量に落ち着きました。

前述の通り、この増し飼い方法にしてからは虚弱な子牛はいなくなりました。自然哺育の場合、子牛をふっくらさせるためには、これくらい強気な給与が必要だと考えています。ただし、牛によっては５kg／日の配合飼料は多過ぎることもあります。残飼が出たり便が緩んだりした場合は最大４kg／日にとどめています。このあたりは個体差があるので注意して給与しています。

また分娩後の初回発情、２回目の発情の卵胞は、分娩約１カ月前に発育し始めます。分娩前に栄養が不足している場合、発情回帰の遅れや泌乳量の低下をまねくと考えられます。つまり、分娩前の増し飼いは、次の妊娠の準備と泌乳の準備としても重要なのです。

離乳は、生後２～３カ月を目安にしています。離乳前に受胎すれば、受胎した時点で、ピーク時の半分くらいまで落とします。そして離乳したら、通常期の６００ｇ／日にします。増量する時は、徐々に行ないますが、減量する時は一気にしています。離乳時に、まだ受胎していない場合は、半分くらいのまま受胎するまで給与し、受胎した時点で６００ｇ／日にします。

胸腺の大きな子牛をめざす

なぜ分娩２カ月前から増し飼いをするのでしょうか？　これについては、二つの大きな目的があります。

まず一つめは、胸腺の大きな子牛を

繁殖牛の分娩前後 / 1日当たりのエサの量	2カ月前
繁殖牛用配合飼料	通常期600ｇ
粗飼料（イナワラ、チモシーなど）	

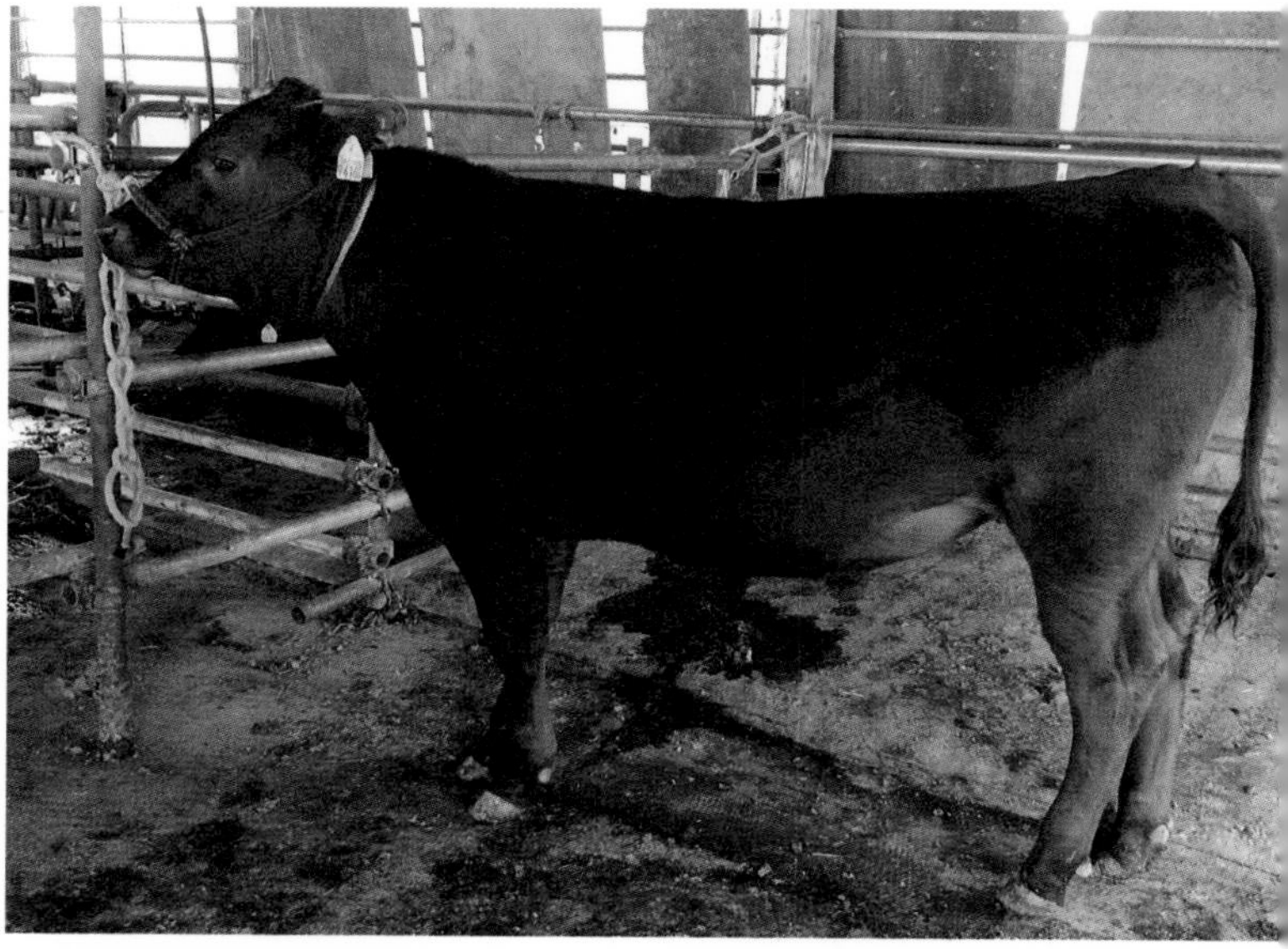

大きな疾病がなく順調に育ち、ムダ肉も付くことなく、293日齢、381kgで出荷した去勢牛

つくるためです。母牛に十分な栄養を与えることにより、胎子の胸腺も成長するのです。

特に粗タンパク（CP）を充足させることが重要です。胎子の成長は、妊娠期間の最後の3分の1に急激に起こります。特に牛では、妊娠220～240日にかけて、胎子の成長率が高く、妊娠230日に最大となります。

「母牛が太り気味なので、難産が心配……」という方もいると思います。しかし、前述した通り、分娩60日前の増し飼いは胎子のための増し飼いなので、母牛がそれ以上太ることはないと思って大丈夫です。

乳を出せる母牛にする

増し飼いの目的の二つめは、母牛の乳量を上げるためです。

当牧場では、自然哺育を行なっているため、母牛の乳量は子牛の発育と密接に関係しています。運がいいだけかもしれませんが、牛を飼い始めてからの約15年間、1頭も乳の出ない牛に出会っていません。したがって、うちの子牛たちはすくすく育ちます。増し飼いのおかげで、十分な乳量が出ているからだと思います。

また、健康な状態で生まれてきた子牛が順調に発育するためには、泌乳量が重要であると同時に、乳汁中のビタミンA含有量も大切だと考えています。そのために、当牧場では母牛へのビタミン剤の添加を通年行なっており、乳成分だけでなく、発情回帰と受胎性にも、ひと役買っていると考えています。

数は少ないですが、分娩後、人工哺育にすると決定した場合はその時点で、母牛の配合は半分に減らします。「お母ちゃん、立派な胸腺を持つ、丈夫な赤ちゃんを生んでくれてありがとう」と感謝しつつ、半減します。そして、受胎したら600g／日にします。

自然哺育でも受胎性がよい

このような方法で増し飼いをし、完全自然哺育をしていますが、分娩後の発情回帰も受胎も良好です。ただ複数回採卵をした後は、受胎性が低下してしまいます。したがってそれらの牛の分娩間隔は、かなり長くなってしまっているのが現状です。

採卵をしない牛では、自然哺育を行なっていてもほぼ初回授精で受胎しているので、安心しておすすめできます。何より、子牛が元気にすくすく育つのが最大の利点といえます。

今後は、複数回の採卵のリスクの中でも、初回授精で受胎させることができるように改善できればと考えています。

（群馬県沼田市㈱ＭＹＤＳ・㈱しらさわ牧場）

牧草の不断給餌で、牛が自分で食べる量を調節

◎山梨・八重森秀武さん

牧草サイレージを不断給餌するためのエサ場。単管をT字やL字金具で組み合わせて柵をつくった。分娩前後の母牛は一日中ここで食べ続ける

乳を飲める子牛はやっぱり強い

八重森秀武さんは現在81歳。清里高原で長年酪農を営み、すべて自家育成で長命連産（平均8産）を実現してきた。60代後半からは繁殖和牛も自家育成で増やし始め、２０１６年に搾乳を引退した後は、繁殖和牛と子牛の育成に専念している。

いまは繁殖牛が13頭いる。

「子牛の育て方はいろいろ試したねえ。特に哺育中、子牛が風邪をひいたり下痢をすると、てきめん、成長がものすごく遅れますからね」

乳牛の場合は、子牛が生まれたら3日～1週間で母子分離して、子牛は人工哺育するのが基本だ。八重森さんも以前は和牛の子牛も乳牛と同様に人工哺育をしていたが、いまはもっぱら自然哺育をしている。

「人工哺育と自然哺育、どちらがいいかは一つの理由じゃ決められないが、とにかく母乳をしっかり飲めている子牛は強い。どうも失敗が少ない」

八重森秀武さん

そのためにはもちろん、母牛が質のよい乳を十分に出せることが前提だ。

「だから、母牛にはきちんとエサを食べてもらうことが大事なんです」

配合飼料は通常期と同じ

八重森さんはかつて搾乳牛を家周りの放牧場で年間放牧していた。いまはそこで和牛を親子放牧。牛は舎飼いよりエネルギーを使うはずなので、八重森さんも母牛への増し飼いではさぞや配合飼料をしっかりやるのではと思いきや、「配合飼料の量は変えないんですよ。厳寒期に少し増やすくらいかな」。

分娩前後、草の食い方が変わる

八重森さんは、粗飼料を不断給餌している。内容は自給牧草のサイレージ。オーチャードとレッドクローバ、コワい（硬い）草としてケンタッキーを混播で栽培しており、そのロールを、放牧地内につくった柵の中に入れておく。

不断給餌だから、牛は通常期だろうが分娩間近だろうが、いつでも食える状態にある。だが分娩の2カ月前から分娩後の授乳量が特に多い1カ月間は、

食い方がまるで違うという。
「それはもう、いっつもエサ場にいて、一日中食べている。受胎して間もない牛は、ある程度食べてしまえばあとはエサ場から離れているけど。分娩近くになるとお腹の要求量がどんどん増すから、ずうっと食べてる。そういう牛は、はしっこい（素早い）。他の牛をはねのけてでも食べる。でもそれでいいんでしょうね、他の牛はそんなにいらないわけだから。それにね、粗飼料をほんとにきちんと食べていれば、配合飼料をむやみには食べたがらない。そのかわり、牧草サイレージは絶対に空っぽにしちゃいけない」

　粗飼料を大量に食うことで、母牛は要求量が満たされ、バランスが取れているようだ。

特注の配合飼料にフスマやカルシウムなどを混ぜたもの。母牛用だけでなく、子牛用の配合飼料としても使う

牧草の他にイネWCSも与えるが、こちらは不断給餌にすると太り過ぎるので量を決めて与えている。

　粗飼料を不断給餌にして、「いつも腹が太鼓になっている状態」を目指している八重森さんの牛は、たしかにどれも肋が張っている。だからこれだけたくさんの草が食えるし、消化器系がうまく働いているのかもしれない。

草を中心にして少しの配合で補う

　さて、八重森さんが量は変えないと言っていた配合飼料の中身だが、じつは内容に大きな特徴がある。一般的な繁殖和牛用の配合飼料ではなく、乳牛用（搾乳用）の配合飼料と、和牛子牛用のスターター（哺育子牛用濃厚飼料）を、半量ずつミックスしたものなのだ。一般的な繁殖和牛の配合飼料よりも、粗タンパク質（CP）や可消化養分総量（TDN、カロリー）が、それぞれ1・1～1・3倍はあり、栄養が高いことになる。牛の食い付きもいい。

　八重森さんはこれをエサ屋さんに特注で混ぜてもらう。そこにさらにフスマやカルシウムなどの添加剤を混ぜて与えている。

八重森さんの分娩前後のエサのやり方

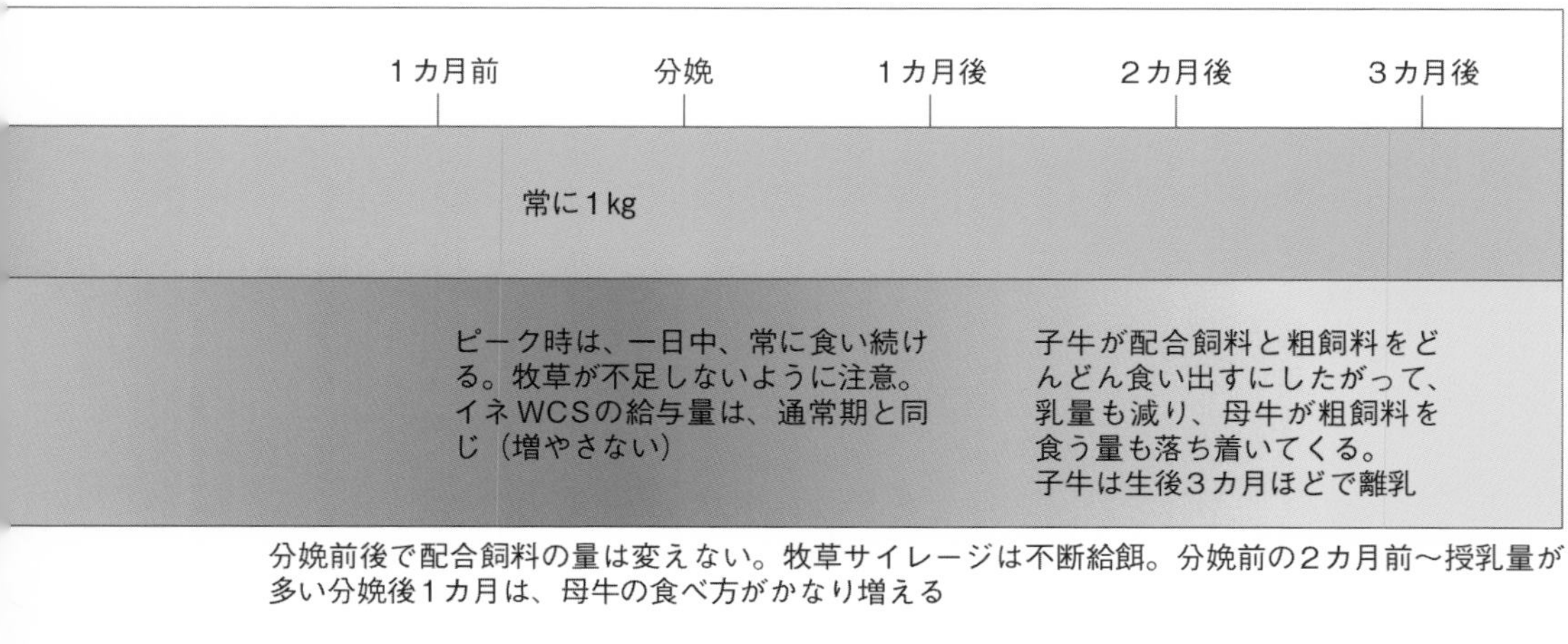
1カ月前
分娩
1カ月後
2カ月後
3カ月後
常に1kg
ピーク時は、一日中、常に食い続ける。牧草が不足しないように注意。イネWCSの給与量は、通常期と同じ（増やさない）
子牛が配合飼料と粗飼料をどんどん食い出すにしたがって、乳量も減り、母牛が粗飼料を食う量も落ち着いてくる。子牛は生後3カ月ほどで離乳
分娩前後で配合飼料の量は変えない。牧草サイレージは不断給餌。分娩前の2カ月前～授乳量が多い分娩後1カ月は、母牛の食べ方がかなり増える

育成牛

子牛専用のエサ場
放牧で自然哺育する時は、母牛が子牛の配合飼料まで取らないように防ぐ必要がある。八重森さんは、放牧場内に子牛しかくぐれないゲートを単管で設置し、子牛専用のエサ場を確保している。この囲いは可動式で多目的。人工授精や妊娠鑑定時はゲートを広げて母牛を入れて確保する

量は1頭当たり、1日1kgほど。それほど多くはないが、これを365日与えているからか、和牛にしては毛艶がよすぎるぞ、とよく言われるそうだ。

八重森さん自身、繁殖和牛用のエサだけで加減していた時よりも、状態がいいと感じている。あるいは繁殖和牛用だけを使うなら、もっと大量に必要になるのかもしれない。

「ともかくこれで繁殖が非常に順調にいっているし、便の状態もいい。野外分娩で事故がなくて、丈夫な子牛に生まれて成育もいい。草を中心に考えて、少しの配合で補ういまのエサのバランスが、和牛には非常にいい影響を与えているのかなと。エサを数字的に分析するのはできないが、結果がある。迷わずよしとしています」

労力的にもやさしい

八重森さんは、子牛を約100日齢でスモール市場に出荷する。子牛は生後3カ月ほどでその後の骨格や筋肉量が決まる。だからこそ余計に成育に気を使う。

「たかだか100日だが、そこでどういう育ち方をしたかが相当影響する。この間どこかでけつまずいた牛は、後から手をかけてもなかなか体重がのらないし草も食えない。小規模ならなおさら事故のない飼育が最優先」

子牛はいつもだいたい決まった肥育農家が買っていき、肥育過程の伸びがよかったと連絡が来る。

放牧で、母牛に子牛を付けながらしっかり母乳を飲ませ、粗飼料を不断給餌しながら、配合飼料を少量やる。

「この方法の利点は、私みたいな年寄りでも意外と気楽にできて仕事が続けられること。昔はエサの種類や量をいろいろ切り替えたこともあるが、このほうが労力的にも負担が少なくて非常にラク。私のやり方はそういうふうに切り変わった、ということでしょうね」

繁殖牛の分娩前後 / 1日当たりのエサの量	2カ月前
配合飼料（搾乳牛用配合飼料＋スターター＋フスマなど）	
粗飼料（マメ科牧草＋ケンタッキーのサイレージ、イネWCSなど）	牧草サイレージは不断給餌。イネWCSは固定量（やり過ぎない）

繁殖和牛にとっての「良質な粗飼料」とは?

◉佐藤知広

イタリアンライグラスのロール

和牛繁殖の分野にも、増し飼い（クローズアップ）の概念が浸透してきました。今回はTDN（可消化養分総量、エネルギー）○%、CP（粗タンパク質）○%といったカタい話は置いといて、粗飼料の話を中心に、「こんな感じ」という概念や感覚的な部分をお伝えしたいと思います。

一口の積み重ねは大きい

言うまでもなく、牛にとって草は主食として毎日食べるものです。私たち人間にとっての米、パン、麺類などと同じです。

牛は大きな反芻胃（ルーメン）の働きのおかげで、草を食べて肉をつくることのできる動物です。まずルーメン内に無数に棲んでいる微生物が草の成分を分解利用します。牛はその過程でできる揮発性脂肪酸（VFA）をエネルギー源として、世代交代して寿命がきた微生物そのものをタンパク源として摂取します。もちろん草の栄養素としてのタンパク質もあるので、両者の合わせ技で大きな牛の体が維持されているのです。

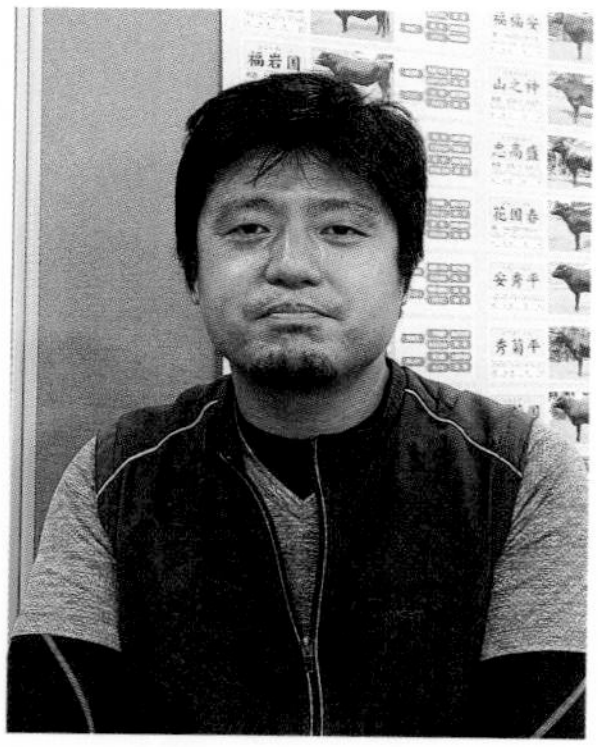
筆者。宮崎県・NOSAI宮崎の獣医師。産業動物臨床17年

繊維がしっかりしていればどんな草でも満腹感は変わりませんが、日々当たり前のように食べる草だからこそ「良質」である分だけ後々大きな結果につながります。

微生物には担当の草がある

さて、草を食べるのは牛でも、消化・分解するのはルーメン内の微生物の役割です。彼らはそれぞれ担当する草が決まっており、食べている種類によってその組成割合は異なります。これらは子供の頃理科の教科書で見たような細胞分裂でゆっくり増えるので、草の種類を急に変えると、その担当の微生物が増えて十分に消化できるようになるまで7～10日かかってしまいます。牛はその間、ひそかに栄養不足になって発情が弱くなったり、下痢をしたりすることもあります。イタリアンライグラスからオーツヘイに替えたとか、同じ乾草ロールでもロットが違うだけで影響することもあります。逆に牛に何かしらの不調があっても、エサが変わったせいだとわかっていれば心配いりませんね。

飼料イネは黄熟期での収穫期のため結実度合いが顕著。エネルギー（炭水化物）が高く、タンパクが低い。同じイネ科のイタリアンライグラスやローズグラスと見た目は似ているが、中身はまったく違う。たとえば一般的な値で、飼料イネ（WCS、専用品種・黄熟期）はCP（粗タンパク）5.8%、TDN（エネルギー）54%。イタリアンライグラスはCP12%、ローズグラスはCP15.6%（いずれもサイレージ、一番草・出穂期）。（乾物中の割合、『日本標準飼料成分表2009年版』参考）

粗飼料でよくある失敗・勘違い

牧草は大きく「イネ科」と「マメ科」に分けられます。

▼サイレージは乾かし過ぎると2次発酵

イネ科はイナワラ・イタリアン・オーツヘイ・エンバク・チモシーなど、繊維分が多く主食となるものです。イタリアンなど種類によってはタンパク成分が高いものもあります。収穫期によっても成分は異なります。イタリアンも開花前の出穂期の刈り取りが推奨されていて、刈り遅れるとリグニンという牛が消化できない成分が増加してしまいます。

サイレージにする場合は、多少なりとも発酵熱でビタミン類の低下は否めませんが、嗜好性や保存が目的なので、2次発酵（変敗）しないように水分含量を落とし過ぎないことが大事です（50～60%で正常な乳酸発酵になる。30～40%に落として巻くと、開封後に2次発酵しやすい）。

「しっかり乾かさんと重くて扱えん！」と力説される方がいらっしゃいますが、大概はベールグラブでスタンチョン前にドンッ！と置いた後は、牛にやる分だけ手で剥いでいくものなので心配いりません。

ラップを開けた途端に2次発酵が始まって、たちまちカビだらけになってしまえば、もはや飼料としての役を果たしません。見えない部分の弱いカビでも、それに抵抗するために体力が削られますので、牛にしてみれば食べながら修行しているようなものです。

▼マメ科はあくまでサプリメント

一方、マメ科はアルファルファやクローバなどタンパクが豊富で、そのままでは扱いにくいのでヘイキューブ等の形態が多いです。増し飼いや産後の立ち上がりなど、ここぞという時のサプリメントとして頼りになりますが、エストロジェン（性ホルモンの一種）の成分を含むため、長期間のやり過ぎは繁殖障害の原因にもなるので気をつけてください。

▼飼料イネはイタリアンと違う

近年よく耳にする飼料イネWCS。ここ数年であっという間に広がった印象があります。繊維が長くロールにして扱いやすいこともあり、イタリアンの代わりとして与えている場面もよく見かけます。

　ここで注意したいのは、これらの栄養価は炭水化物（デンプン）が多く、茎葉中のタンパク含量がほぼ期待できないという点です。イタリアンの代替飼料として単味で与えると、タンパク不足・エネルギー過多になってしまいます。濃厚飼料、フスマ、ヘイキューブ（ヘイクラッシュ）等のタンパク飼料で補正する必要があります。

▼トウモロコシは高エネルギー

　さらにコーンサイレージもよく使われていますが、こちらはイネWCSよりさらにエネルギーが高いので、やり過ぎは（潜在性の）ルーメンアシドーシス等に直結します。コーンロール（トウモロコシ細断ロールベールサイレージ）の技術も普及し、濃厚飼料の部類に見られがちですが、あくまでも粗飼料であり、炭水化物（エネルギー源）です。

　刈り取りやサイレージに相当労力がかかることもあり、正直言うと私自身は家族経営の和牛繁殖農家には不向きだと考えています。「手間がかかったからこそ、収穫したコーンサイレージが残るのはもったいない」「匂いがするから牛もよく食べる」「購入飼料を節約できる」といった心理が働くのでしょうか？　当てはまる農場ではどの牛も軟便で、繁殖障害はほぼ「嚢腫《のうしゅ》」によるものです（後述）。

　誤解のないように補足しますが、トウモロコシそのものが悪いわけではなく、うまく使えてないのです。乳牛では同じ量を食べて効率よく牛乳を出してもらう必要があるので、コーンサイレージ様々です。しかし、これが和牛の代謝量では消費しきれず、過剰なエネルギーがいろいろと不都合をもたらしてしまうのです。思い切ってコーンサイレージをやめた例では、前述のような問題はキレイさっぱりなくなり、増し飼いの時期など、必要に応じて圧片飼料等を添加することで充分まかなえます。

エネルギーとタンパクは肉じゃがと火加減の関係

　ここで「エネルギー」と「タンパク」について少し解説します。

　皆さんの子供の頃、給食の献立表をおぼえていますか？　あるいはお子さんやお孫さんの学校のものをご覧ください。メニューの横の欄に「①力や熱になるもの」「②血や肉や骨になるもの」「③体の調子を整えるもの」といった感じで料理の材料が分類されているのをご存じでしょうか？

　これを牛のエサに置き換えると、大まかに①が穀類や糖質（炭水化物）のエネルギー、②が濃厚飼料や大豆粕等のタンパク、③は草の繊維分やミネラル・ビタミンとなります。トウモロコシも①に入るので、たくさん食べても身に付かず、体を燃やすだけということです。

　また「高タンパク・低エネルギー」などと表現される両者のバランスについては、たとえ話として肉じゃがを煮込む時を思い浮かべてみてください。鍋の中の具材をタンパク、コンロの火加減をエネルギーとします。具材が少ないのに強火でガンガン焚いては中身が焦げついてしまいますし、鍋いっぱい具材が詰まっているのにチョロチョロ弱火では生煮えです。名付けて「肉じゃが理論」！　他におでんでもカレーでもよいのですが、イメージ的にはそういうことです。

　イネWCSやコーンサイレージ偏食によるエネルギー過剰の状態では、

ルーメン発酵が加速し、アシドーシス（身体の酸性化）の状態になります。その結果、子宮粘膜がただれ、卵子が焦げつき、発情はよいのになかなか受胎しなかったり、嚢腫を繰り返したりといった悪循環に陥ってしまいます。

牛にとって「良質な草」とは？

牛にとって良質な草は、栄養豊富でみずみずしく、草の香りがして繊維分が硬すぎず、要は豊かな草原にある草です。そして大事なのは、ずっと同じものを食べ続けられるということです。ルーメンが安定していれば、余計なエネルギーを使う必要がなく、病気知らず医者いらず、よい発情が来て元気な子牛をポンポン産んでくれます。

草に質を求めたらいくらでも上があります。しかし、施肥をしっかりして播種～育成が順調でも、いざ収穫となると天候に嫌われ、出穂期を大幅に過ぎた刈り取りになってしまったり、何日も雨に濡らしたりと、運も味方に付けないとなかなか理想の草を収穫するのは至難の業です。そもそも毎年同じ成分の草をつくるのは不可能です。

牛の飼料におけるタンパクとエネルギーのイメージ
農家に説明する時にいつも使っている図。牛の濃厚飼料（タンパク）は鍋の中の具材、穀類や糖質（エネルギー）は火力にたとえられる。具材と火力のバランスが悪いと、焦げついたり生煮えになってしまう。牛のエサもタンパクとエネルギーのバランスが大事

イマイチな時こそ臨機応変に

大事なのは、その年の草の質がイマイチだと実感できる時（特にタンパク不足）に、それを見越して臨機応変にエサのメニューを組み直すことです。「去年がこうだったから」「ウチのやり方はコレだから」というような固定観念はとても危険です。そこにあるもので牛が充分栄養を摂れて、良好な繁殖成績や子牛発育につながれば、農場経営も安心できます。必要ならば購入飼料も活用しながら、目標達成へ向けて文字通り手を替え品を替え、効果を確かめながら実践したパターンが多いほど、将来のアクシデントにも対応しやすいでしょう。

以上をまとめると……

①イネ科の乾草、トウモロコシは炭水化物＝エネルギー。サイレージかどうかにかかわらず、やり過ぎは体を燃やしすぎる。イタリアン、オーツヘイ、チモシーはタンパク含量が比較的多い。

②飼料イネ・WCSはイタリアンと同じではなく、エネルギー過多になりやすい。タンパク添加を忘れずに。

③牛のパフォーマンスを見て粗飼料の質を推測し、自家産に固執せず、必要ならば購入飼料も有効に使う。

飼料設計で出た数字は理想値です。特に草は毎回重さを量るわけにはいきません。それぞれの粗飼料の特性を知って、栄養の使われ方をザックリと理解できれば、あとは「さじ加減」！　皆さんの牛飼いセンスを信じて、牛たちと向き合ってみてください。エサやりの時間がもっと楽しくなりますよ。

（NOSAI宮崎　西諸東部家畜診療所所長）

こんな牛がいたら要注意！エサ不足のサイン

◉佐藤知広

外見からわかることがある

動物は人間とちがって正直です。痛い時は痛そうにするし、熱がある時はキツそうに寝ているし、下痢や鼻水は隠すことなく出しっ放しです。

同じようにエサの成分が不足したりバランスが悪い時、牛はサインを出している。いくつか紹介します。

▼舌遊び

舌遊びとは、飼槽にエサがなくなって、舌を口から長く出して左右に動かしたり、舌先を丸めたりする行動です。粗飼料不足あるいは、量は食べていても繊維長が短すぎて反芻するのに不十分な時に見られます。この動きは膝丈の牧草を舌で絡め取ってむしる動作です。長ワラや乾草ロールを細断せずにそのままあげると治まります。

▼土を食べる

山や土手を活用した運動場で見られ、赤土を好むことが多いようです。言うまでもなくナトリウム・カルシウム・マグネシウム・カリウムなどミネラル分の補給です。鉱塩などを添加してください。

▼毛がボサボサ

被毛や皮膚の原材料はタンパク質です。タンパク質不足や、トウモロコシサイレージなど炭水化物が多いエサに偏ってエネルギー過剰状態になると毛がボサボサしてきます。ビタミン不足を指摘されることもありますが、もっと根本的なエサのバランスの不均衡に原因があり、「低タンパク・高エネルギー」の影響が現われたものです。飼料メニューを見直して1カ月ほどすれば毛艶が戻ってきます。

▼去勢子牛の陰毛が白い

排尿障害はなくともアソコの毛が白くなることがあります。まだ大きな石ができていないだけで、尿石症予備軍であることは間違いありません。リンとカルシウムの不均衡がきっかけになりますが、そもそも濃厚飼料のやりすぎが原因です。雌牛でも毛が白くなる

舌遊びは、粗飼料不足や、繊維長が短いことに起因する反芻不十分な時のサイン

ボサボサの毛並みは、タンパク質不足や過剰エネルギーの時のサイン

ことはありますが、雄との構造の違いでオシッコが詰まることはほとんどありません。しかし、小さな尿結石が大量に膀胱内にあれば、粘膜が荒れて膀胱炎になってしまい、頻尿・血尿・排尿痛・食欲不振といった症状がみられることがあります。

発情にも給餌の栄養が影響

一方で私たち獣医師は、繁殖診療での卵巣・子宮の状態から得られる情報もあります。同じ「発情が来ない」場合でもその原因は一つではなく、ホルモン剤に反応するならほぼ正常か発情兆候の見逃しです。

栄養的に足りないと「卵巣萎縮」や「卵巣静止」、多かったり偏っていたりすると「卵巣嚢腫」や「子宮内膜炎」といった症状が出ます。診療しながら給餌内容を聞くと「あぁやっぱりね」と合点することがよくあります。

栄養補充はタイムラグがある

いずれにしても足りない成分を補うのは、料理の味付けと一緒です。味が薄い時は、塩をふって（ミネラル強化）ひと混ぜすればすぐに味見ができます。鍋の具材を足したり（タンパク強化）コンロを強火にした場合（エネルギー強化）は、足した分だけ煮えるまで少し時間がかかりますね。実際に牛本体のパフォーマンスに現われるまでにもタイムラグがあり、ミネラル強化は早ければ1週間以内で変化が見られますが、タンパク・エネルギー強化は1カ月半〜2カ月かかるので、やったことを信じて根気強く待ちましょう。結果として半年〜1年後、農場の売り上げ増・コスト減という数字で現われてくるはずです。

「○○が足りない」という時は濃厚飼料に目が行きがちですが、日々の粗飼料の成分が如実に反映します。そこで初めて「草のタンパクを上げる」「圃場のカルシウム・マグネシウムを高める」という必要性を実感でき、そもそも「良質な粗飼料は土壌改良から」という話になります。

＊

牛に症状が出てしまった時は添加剤や治療で一時的に補正しなければなりませんが、将来を見据えて今から根本の原因解消に取り組むか否かで、次年度以降の経営がずっと楽になりますよ。

（NOSAI宮崎　西諸東部家畜診療所所長）

牛ごとの発情の見極め方

◉宮城・菅原邦彦さん

菅原邦彦さん（65歳）と自家産で育成したひばり（父は茂福久：宮城の種雄牛、母はみお1：宮崎から導入、母の父は耕富士、母の祖父は美穂国）

発情を見逃さないことが大切なのは言うまでもないが、牛によって見分けるポイントが違うという。

そこで宮城の菅原邦彦さんに、母牛（繁殖牛）ごとの発情の見方について尋ねた。

いつも同じ発情とは限らない

発情のサインとしてまず押さえておきたいことは「外陰部が緩む」「透明の粘液が垂れる」「乗駕の跡がある」などがある。だが、「その基本を知っていても見落とすことがあるのさ。最近もいたんだよ、発情が鈍い牛。鈍いっていうのは、たとえば発情が弱くて、一応いまかな?と思って種付けしても受胎しなかったり。なかなか発情が来ないなと思っていたらもう過ぎていたり……。しかもこれまでずっと順調だった牛が、急にわかりにくくなったんだよ」

えっ、そうなんですか?　……まずはその話から。

ベテラン牛に起きた問題

▼エサが合わなくなって卵巣嚢腫に

菅原さんは、繁殖牛を約30頭（育成牛含む）、子牛で約14頭を飼っている。

昨年7～8月のこと。この期間に分娩した牛のうち何頭かが、なぜか発情が来なかったり受胎率が悪かったりしたのだという。獣医に調べてもらうと卵巣嚢腫になるなどして発情がこなかったり種が止まらなくなったりしていた。

卵巣嚢腫の原因はいくつかあるが、一つは濃厚飼料が多すぎるなどして栄養バランスが悪いことが挙げられる。ただ菅原さんは、分娩前後のエサのやり方を特に変えたわけでもなかった。しかしよくよく考えてみると、同時期に分娩した牛でも、初産～4産の比較的若い牛は特に支障が出ていない。調子を崩したのは全部5産以上のベテラン牛だったのだ。

「つまり5産以上の牛には、いままでのエサが合わなくなったということ。といっても明らかに太ったり痩せたりしたわけでもなかったから、判断が難しかったが……」

▼草を替えて発情回復

エサが合わなくなった、というのはどういうことなのだろう。

菅原さんの繁殖牛へのエサのやり方は、分娩前の増し飼いはしないが、分

菅原さんのいまのエサのやり方

	増し飼い期 （分娩後2カ月間。授乳中～初発情～人工授精）	維持期 （受胎～分娩）
濃厚飼料 子牛育成用の配合飼料を使用。繁殖牛用の配合飼料よりタンパクやカロリーが高い	3kg	1kg
粗飼料 イタリアンのサイレージとワラを使用。イタリアンの種類でワラとの比率を変える（数字は容積の比率）。粗飼料全体の重量は牛の体重の約2%を目安にしている	• イタリアン1番草（7～12月に給与）の場合、イタリアン7に対してワラ3 • イタリアン2番草（野草入り。1～6月に給与）の場合、イタリアン8.5に対してワラ1.5	

菅原さんが9月に刈り取ったイタリアンライグラスの2番草のサイレージ。イタリアンのほかヒエ、アザミ、オオバコ、エノコログサ、ヨモギなどの野草がたくさん入っており、栄養価は5月に刈り取る1番草のイタリアンより低いが、牛は喜んで食う

娩後は授乳と発情のために増し飼いする。1日の濃厚飼料は維持期の3倍。粗飼料は変えないが、イタリアンライグラスのサイレージとワラの他に、昨年まではマメ科のアルファルファを毎日500g与えていた。さらに7～12月は毎年、5月に収穫したイタリアンライグラスの一番草のサイレージを与えている。一番草は、二番草よりも栄養価が豊富だ。

ワラについては昨年、台風19号の影響で出来が悪かったため、割合を減らしていた。つまり粗飼料の栄養がより多い状態になっていたのだ。

「おおよそ初妊牛～4産の牛は、まだ体をつくっている状態。だからエサの要求量がデカイ。でも5産すると、もう体ができあがっていて成長しないので、栄養が多過ぎて卵巣に影響が出てしまったのかもしれない」

菅原さんの繁殖牛は東日本大震災の影響を受けて総入れ替えし、その後も更新を続けたので、少し前までは若い牛が揃っていたが、現在では5産以上のベテラン牛が増えていたのだ。

その後、菅原さんは粗飼料で使っていたアルファルファをやめたうえで、イタリアンの一番草を与える時期は量を少なめにし、ワラを多めに与えるようにしたところ、どの牛も発情が回復したという。ベテラン牛だけでなく、若い牛もそれで順調だ。逆に二番草（菅原さんの場合は野草がかなり混じっている）を与える時期は量を多めにし、ワラを少なめにするやり方が、いまの牛群にはちょうどよいことがわかった。より栄養価の低い、イタリアンの二番草に野草が混じったサイレージを与えるようにしたところ、発情が回復したという。

導入牛と未経産牛は注意深く見る

一方で若い牛でも、自分のところで初めて種付けをする牛は、どんな発情行動を見せるのかがわからないので当然注意が必要だ。

菅原さんは繁殖牛をつなぎ飼いしているので（タイストール）、発情していてもお互い乗駕することはない。それでもたいていの牛は発情すると、首を激しく動かしたり、頭を隣の牛のほうに突き出したりして、挙動不審になる。

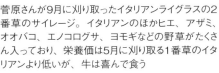

「でも牛にも性格があるのさ。発情が来ても、しら～っとした顔でおとなしくしてるやつもおる。特によその子牛を市場で買って導入した牛や、自家育成でも未経産牛は『発情は来るもんだ』なんて思って、なんとなく見ているだけでは見逃してしまう」

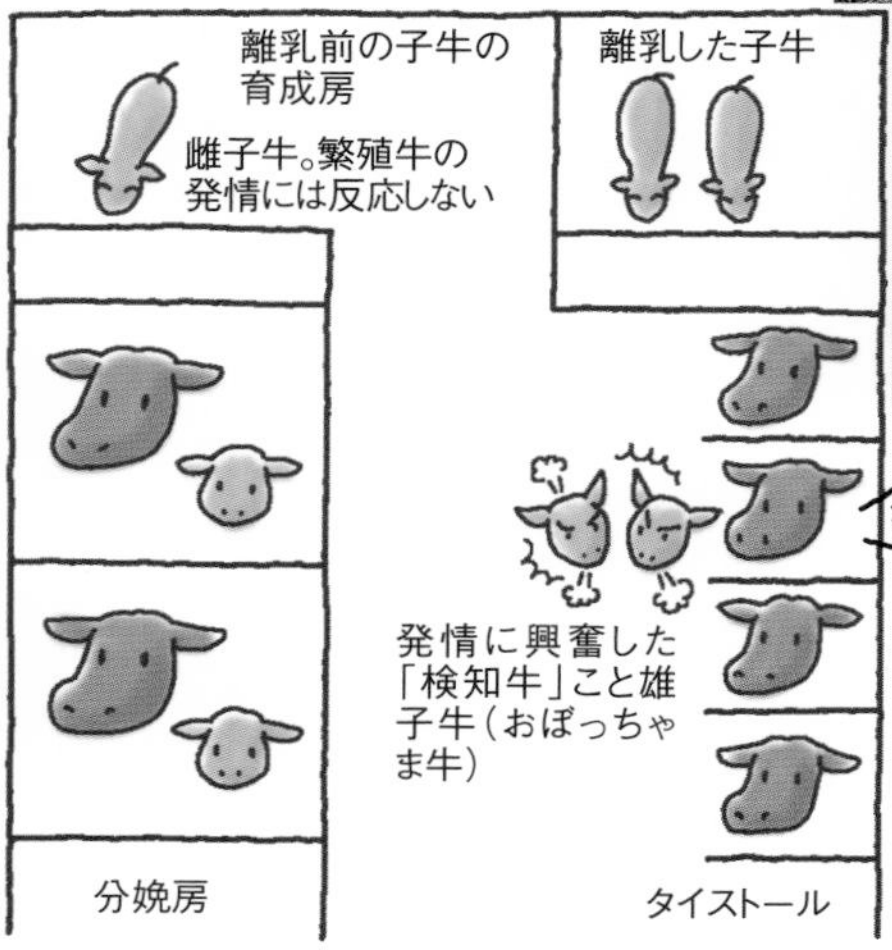

菅原さんの牛舎と見取り図
離乳前の雄子牛でも、自分の親や親以外の繁殖牛が発情すると、敏感に検知。後ろでしつこくウロウロしたり乗駕したりする様子があったら、その繁殖牛の発情のサイン。
上の写真では発情牛がいないので敷料がきれいだが、繁殖牛がいると後ろに雄子牛がたむろするので、そこだけ敷料がグチャグチャになる

だから菅原さんは導入牛や未経産牛の場合は特に注意深く見るようにしている。発情がそっけない牛でも、2回くらい種付けするうちに、微妙な兆候がわかるようになるという。それに「どうも発情が弱い牛だな」と思っても、お産を重ねるごとに、強い発情行動を示すようになる牛もいるそうだ。

血統や育ちでも発情を見極める

▼「諒太郎」の血筋は種付けを延期

ところで、牛の発情周期は約21日。一度見逃すと21日待たなければならないので、なるべく早いタイミングで種付けしたい。ところが菅原さんは「受胎のためには、発情のタイミングを選ぶことも大事。時には延期する」と言う。

菅原さんは通常、牛が12・5～13カ月齢になったら最初の種付けを行なう。しかし、たとえば増体系の「諒太郎」の血が入った未経産牛は、最初の発情で種付けしても受胎しないことが続いたそうだ。

「体は他の牛より大きいが、どうやら生殖機能が体の成長スピードに追い付いていないのかもしれない」と、晩熟の傾向がある牛もいると見ている。その場合は、14カ月齢まで待ってから、種付けするほうが1回で付くそうだ。

▼南育ちの牛は種付けを早める

逆に、種付けを早める牛もいる。たとえば南九州の市場から導入した11カ月齢の繁殖牛の場合。通常なら1～2カ月待ってから種付けをするが、11カ月齢ですぐに付けることもある。

「青草が豊富な南九州で育った牛を、東北に連れてきてワラや乾草ばっかり食わせていると、とたんにビタミン欠乏になって、種止まりが悪くなる。だからビタ欠になる前に、11カ月齢でも発情が見えた時点で付けてしまう」

受胎した後は、ゆっくりこちらのエサに慣れてもらえば問題ないそうだ。

先天的に発情が来ない牛もいる

中には、どうしても発情が弱くて種も止まらない牛がいるという。

体は健康そのものなのに、ホルモン剤を打ってもまったく発情せず種も付かない牛もごくまれにいて、そういう

十字部（左右の腰角を結んだ線と背骨が交差する点）を、上から2本指でギュッと押してみて、簡単に腰骨が下がり、背中が反って坐骨が上がるようになったら、発情のサイン。左右の寛（かん）も開いてくる。つまり乗駕されやすい体勢になる

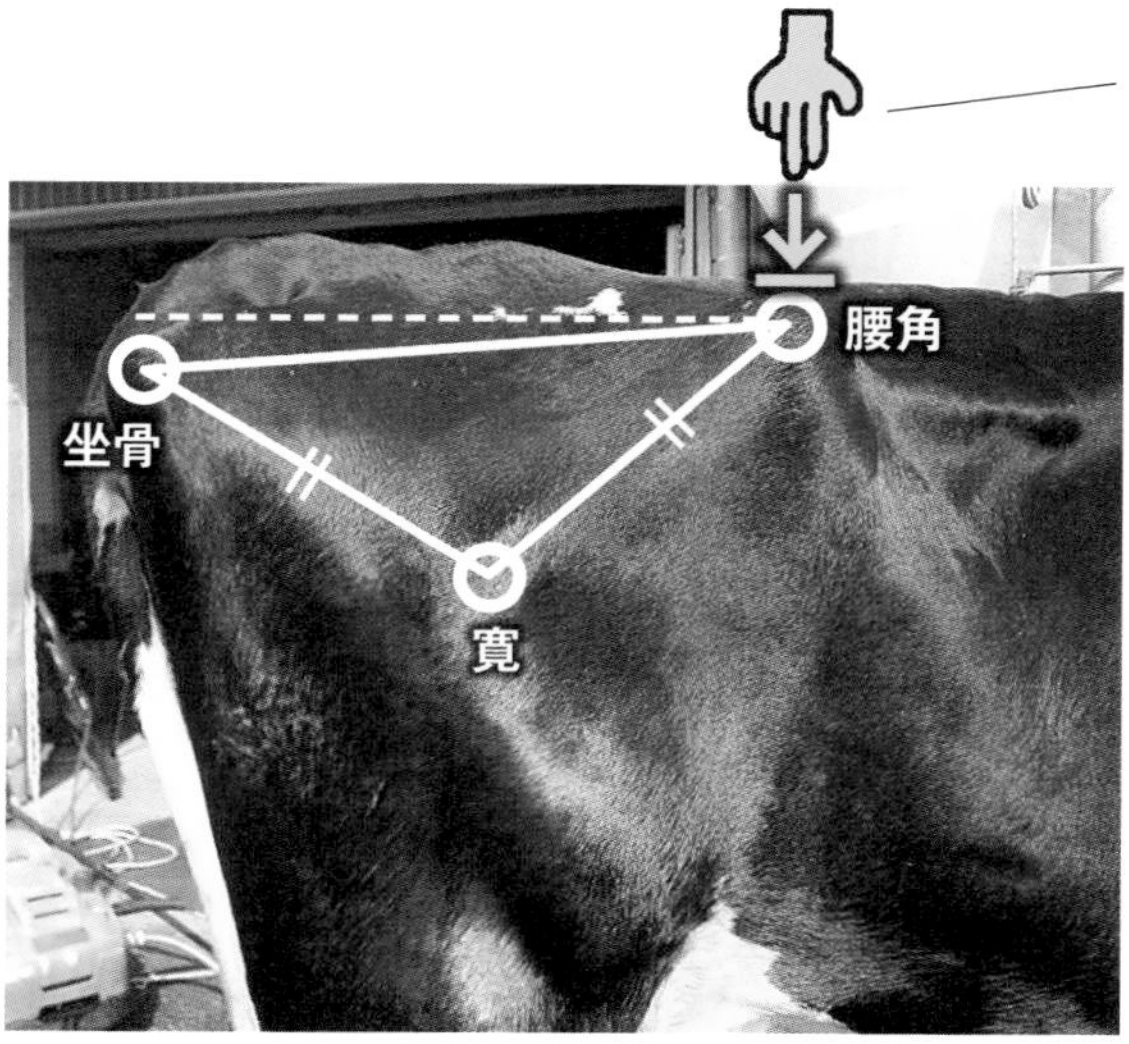

通常期の牛の尻。尻は3つの骨で構成されており、通常はこのように腰角は坐骨より若干高い位置にある（写真は乳牛。荻原勲撮影）

牛はフリーマーチンであることが考えられる。フリーマーチンとは、異性双子として生まれた雌牛のこと。双子で一方が雄牛だと、もう一方の雌は先天的に子宮や卵管が発育不良になり、不妊症になることがわかっている。

やっかいなのは、母牛のお腹にいる段階で一方の雄牛が退化し、生まれてきた時は雌牛1頭の場合。

「こうなるともう誰にもわからない。ただどうしてもうまくいかない繁殖牛がいたら、もともと雄牛と双子だったんではないかなと推測できる。繁殖牛としては早めに更新の対象にします」

発情のサインはまだある

さらに菅原さんによると、もっと物理的でわかりやすいサインもあるという。

▼おぼっちゃま牛に検知させる

「うちは牛温恵は入れてないけど、とっておきの検知器があるからね」

新しい機械のことだろうか？

「いや、うちの雄子牛の話。このおぼっちゃま牛はいつも牛舎の中を自由に歩き回っているが、発情し始めた繁殖牛を見つけると、もうその雌牛にべったりだから」

子牛とはいえ、雄牛は雌牛の発情に敏感だ。雌牛にしきりに付きまとったり乗駕したりしていれば、その雌牛は発情が始まっているという証拠。雄子牛は、発情の検知器ならぬ「検知牛」になるという。

▼腰角を押して確認

もう一つは、母牛の腰角を、上から指でギュッと押してみること。

「発情の予定日が近づいたり、おぼっちゃま牛がまとわりついたりしていたら、押して確認。簡単に骨が動いてグッとへこむようなら、発情のサイン」

普段は押したくらいではびくともしないが、発情が始まると腰角が簡単にぐっと下がり、背中が反って坐骨が上がるという。つまり、乗駕されやすいポーズになるかどうかを確認できる。

目を皿にして個性を見分ける

「昔から発情が鈍い牛は必ず一定数いたよ。なんとなく見ているだけではダメ。わからないうちは、じーっと目を皿のようにして見る」

菅原さんが研修生などにも口酸っぱく言ってきたことだ。これを続ければ、十人十色ならぬ十頭十色でも、それぞれの発情が見えてきそうだ。

繋ぎも放牧も必ず合図がある

◉長崎・松山靖徳さん

発情のサイン

繋ぎ飼いの場合

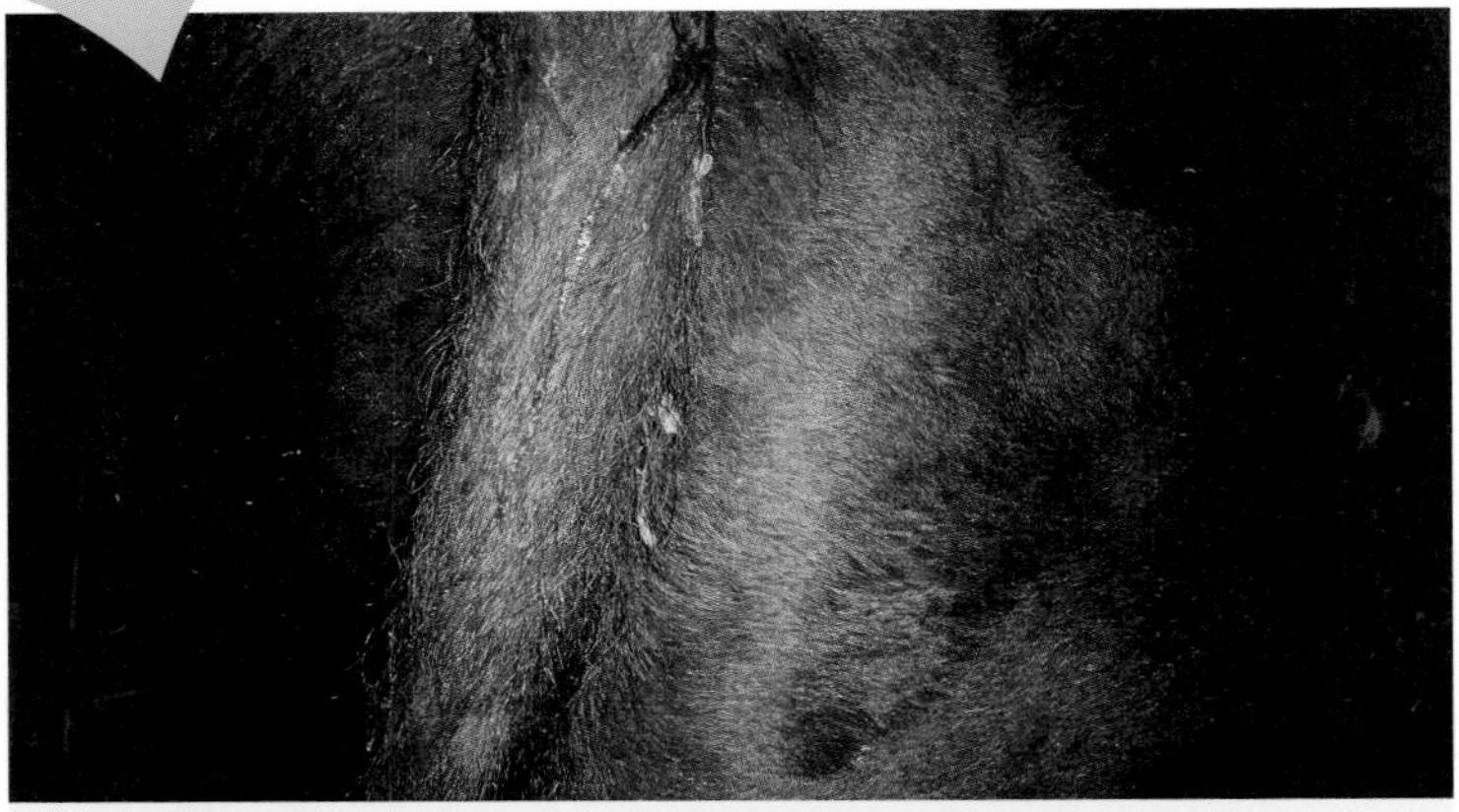

■粘液が出ている

発情が来るとほとんどの牛が粘液を出す。写真はダラーッとした透明の粘液が尾に付いている様子。寝ている間に粘液が床にたまることもあるので、朝早く床をチェックすることも大事。粘液は群飼や放牧でもチェックすべき。

（写真はすべて松山さん撮影）

■床が前後まんべんなく汚れている

通常、床や敷料は、牛が排泄する後ろのほうだけが汚れて前のほうはきれい。しかし発情すると、牛が前後左右に盛んに動いて足を動かすので、前足のほうまで全体的にグチャグチャに湿って汚れる。足跡もあちこちにたくさんある。発情発見の道具の歩数計を付けてもよいが、床の汚れ方でも判断できる。

群飼いや放牧の場合

発情のサイン

発情のサイン

■鼻環のロープが取れる

発情するとじゃれ合って、鼻環に付けたロープ（上げ綱）や頭絡が崩れたり取れそうになることがある。写真はロープが外れてブラブラしている状態でエサを食べに来た様子。

■乗駕された跡がある

発情した牛は、他の牛に乗駕したり（マウンティング）、乗駕されるのを許容する（スタンディング）。写真は乗駕されて尾根部（矢印）が剥げている様子。乗られると背中に印がつくシールなども販売されている。

粘液、牛床の汚れ、乗駕の跡……

繁殖牛（母牛）28頭を飼いながら、人工授精師をしています。

ひと昔前の牛と比べると、今の牛は、発情がわかりにくくなったという声を聞きます。しかしそれは牛が悪いわけではなく、人間がちゃんと観察できていない。不注意で気付かないのが悪い。発情を見逃すのは人間の不注意。繋ぎ飼いでも、群飼や放牧でも、牛は発情すると、必ず何らかの合図を出しています。

たとえば、繋ぎの場合は粘液や床の汚れ方がいつもと違う。群飼や放牧の場合は尻の上が剥げていたり背中が汚れていたり、鼻環のロープが外れそうになっていたり。こういうことは、エサやりの時にエサをやるだけじゃダメ。牛を前からだけじゃなくて、背中や後ろも観察しないとわからない。

このように、牛の外見からわかることもたくさんあると思います。（談）

外陰部の変化を見逃さない

◉千葉・髙橋憲二

高秀牧場では乳牛150頭（経産牛90頭、育成牛60頭）を飼育しています。繁殖成績を改善するために、牧場スタッフでミーティングを重ね、さまざまな工夫を行なっています。

中でも、スタッフに常に意識づけしているのが、牛の観察です。毎日観察していれば、その日の体調や、肋の張り出し、肢の状態、糞の量や状態、外陰部の様子が頭にインプットされて、少しの変化でも気が付くことができます。具体的なやり方は、1冊の繁殖ノートに牛の名前、授精日、種雄牛を記録し、繁殖健診時も様子と治療薬を記録し、毎日朝晩2回、全頭を見回ること、ただそれだけです。

外陰部の緩み具合や締まり具合で、いつ発情が始まったか、排卵されたか、排卵が遅延しているか、排卵されずに卵巣嚢腫に発展しているのか、受胎しているのかなど、外陰部には子宮と卵巣の状態がすべて表わされています。

＊発情して1～2日経っても外陰部が締まらない場合は、排卵遅延や卵巣嚢腫が疑われる。だから外陰部は毎日チェックして、その変化を記憶しておくことが大事

＊和牛の場合は牛の後ろに立つと蹴られることがあるので注意。外陰部の観察は繋ぎ飼いに適している（編集部注）

外陰部の変化

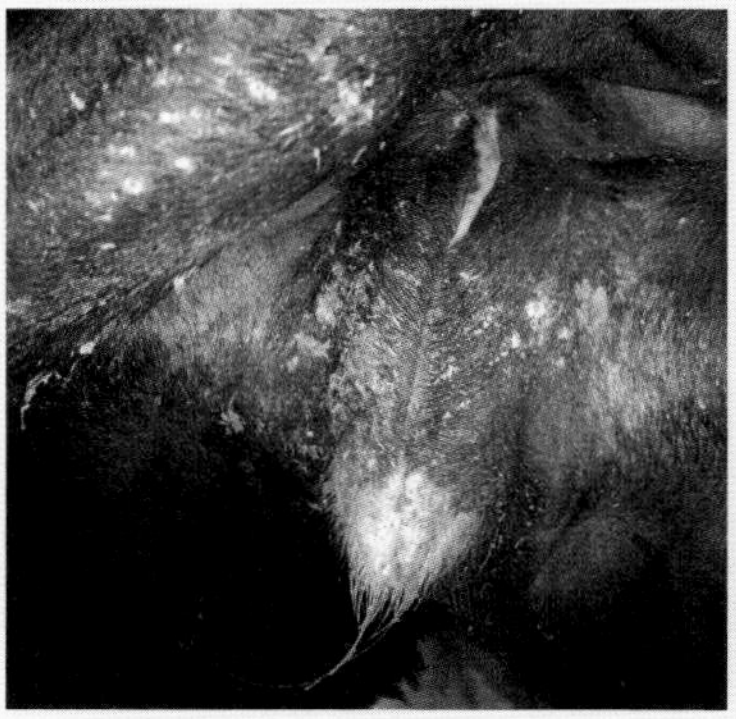

発情している牛。外陰部が少し緩んできてシワがなくなる。1～2日間はこの状態

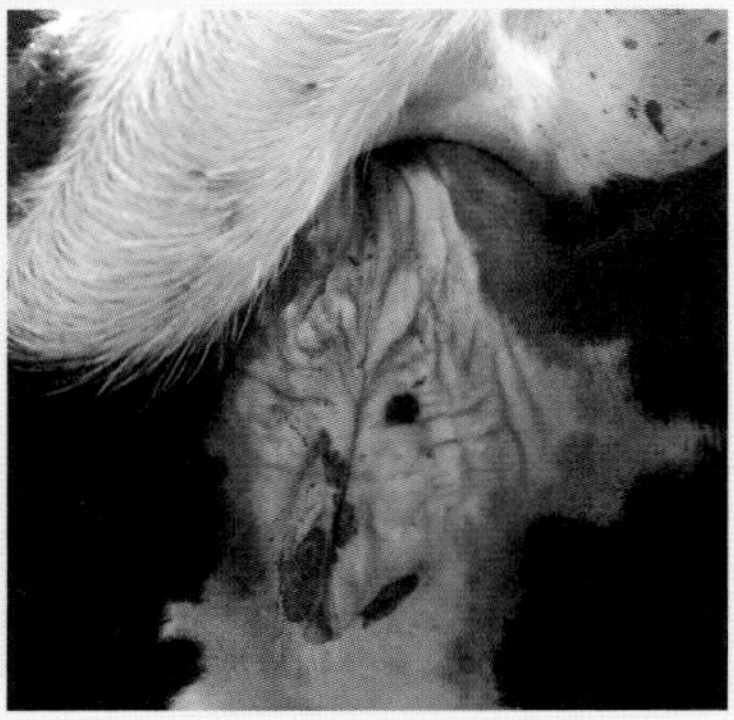

妊娠している牛。発情後に排卵すると、外陰部が締まってきてシワが見えるようになる

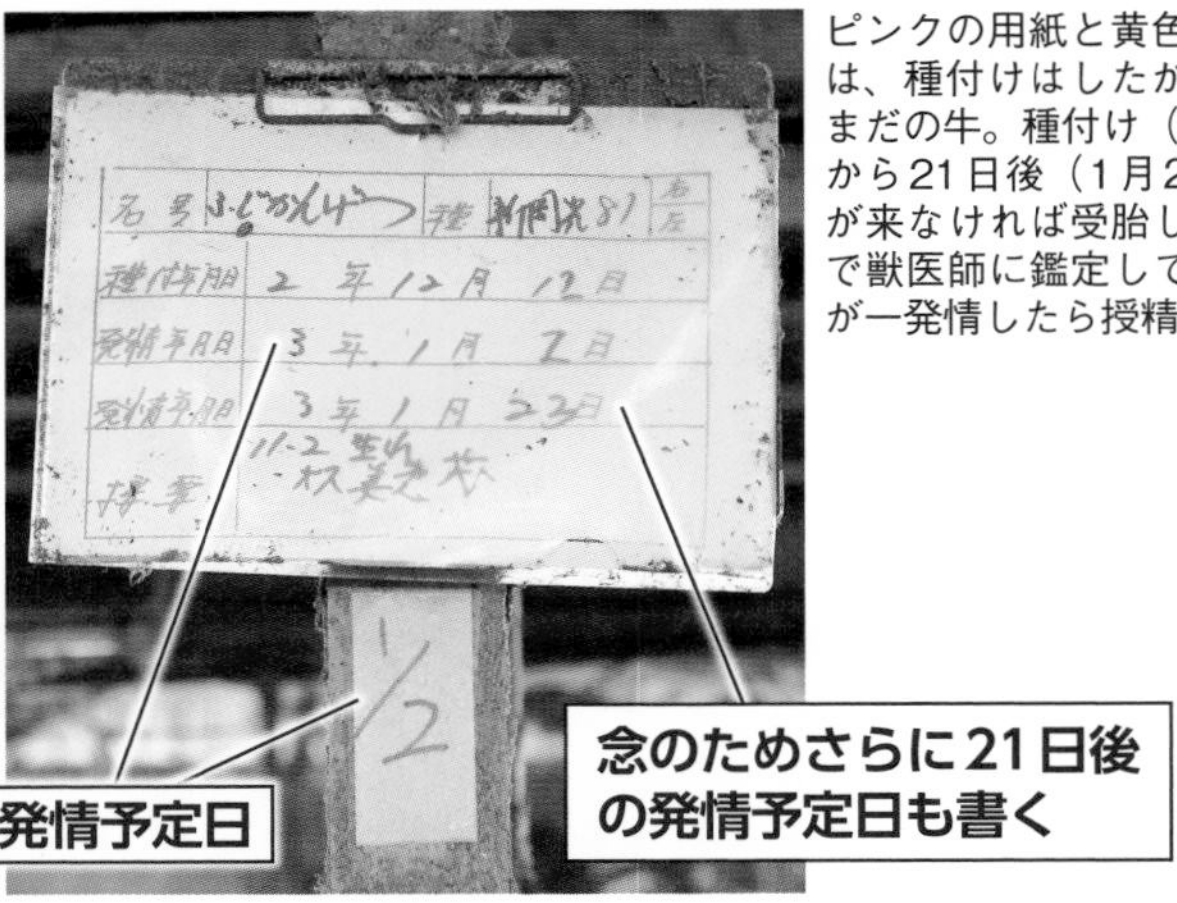
発情予定日
念のためさらに21日後の発情予定日も書く

ピンクの用紙と黄色い布テープは、種付けはしたが妊娠鑑定はまだの牛。種付け（12月12日）から21日後（1月2日）に発情が来なければ受胎したはずなので獣医師に鑑定してもらう。万が一発情したら授精をやり直す

ピンクの用紙と赤色の布テープは、分娩後、まだ人工授精をしていない牛。発情を見逃さないように常に注視する（写真はすべて佐藤和恵撮影）

ピンクから安全圏のグリーンに変わったらうれしいのよ
分娩予定日

グリーンの用紙と白色の布テープは、受胎を確認した妊娠牛

カラー用紙とカラー布テープを使い分け

◉岡山・大𡌛《おおさこ》 毅さん

大𡌛毅さん（74歳）といつも作業を手伝っている孫の理子ちゃん

「発情は、何の気なしに牛を見るんじゃなく、もうそろそろ来るはずだなあとその気になって見るのが大事」というのは大𡌛毅さん。現在、繁殖和牛10頭、子牛6頭、他に子牛から育てた肥育牛が4頭いる。

大𡌛さんが工夫しているのが牛名板。それぞれの繁殖牛の柱にアンケートボードを吊り下げ、そこにカラーコピー用紙（ピンク、グリーン）を入れる。さらに布テープ（赤・黄・白）を使い分け、重要な予定日を書いて貼る。

発情周期は原則21日間だが、牛によっては18～30日と幅がある。それでもこの方法だと、予定日の前後は特に注意するので、見逃さない。

Part 2

肥育で伸びる子牛を育てる

早く大きく育てるためのミルクとスターター給与のコツ

◉出雲将之

表１　肥育牛の枝肉成績の比較

年	枝肉成績（去勢牛）			
	枝肉重量（kg）	ロース芯面積（㎠）	A5 以上割合（%）	A4 以上割合（%）
1999	435.1	51.5	15.7	43.6
2021	511.8	67.0	54.7	87.5

（日本食肉格付け協会）

この約 20 年間で、枝肉重量は 76kg以上、ロース芯面積は 15㎠、A4 以上の割合は 43%以上アップした

表２　黒毛子牛の出荷時日齢と体重の比較

年	取引成績（去勢牛と雌牛平均）		
	日齢	体重（kg）	日齢体重（kg）
1993	297	283	0.95
2021	281	295	1.050

（農畜産業振興機構）

この約 24 年間で、出荷時日齢は 16 日も早くなり、日齢体重（体重÷日齢）はアップした

1990年からの黒毛子牛の出荷時日齢と体重の推移

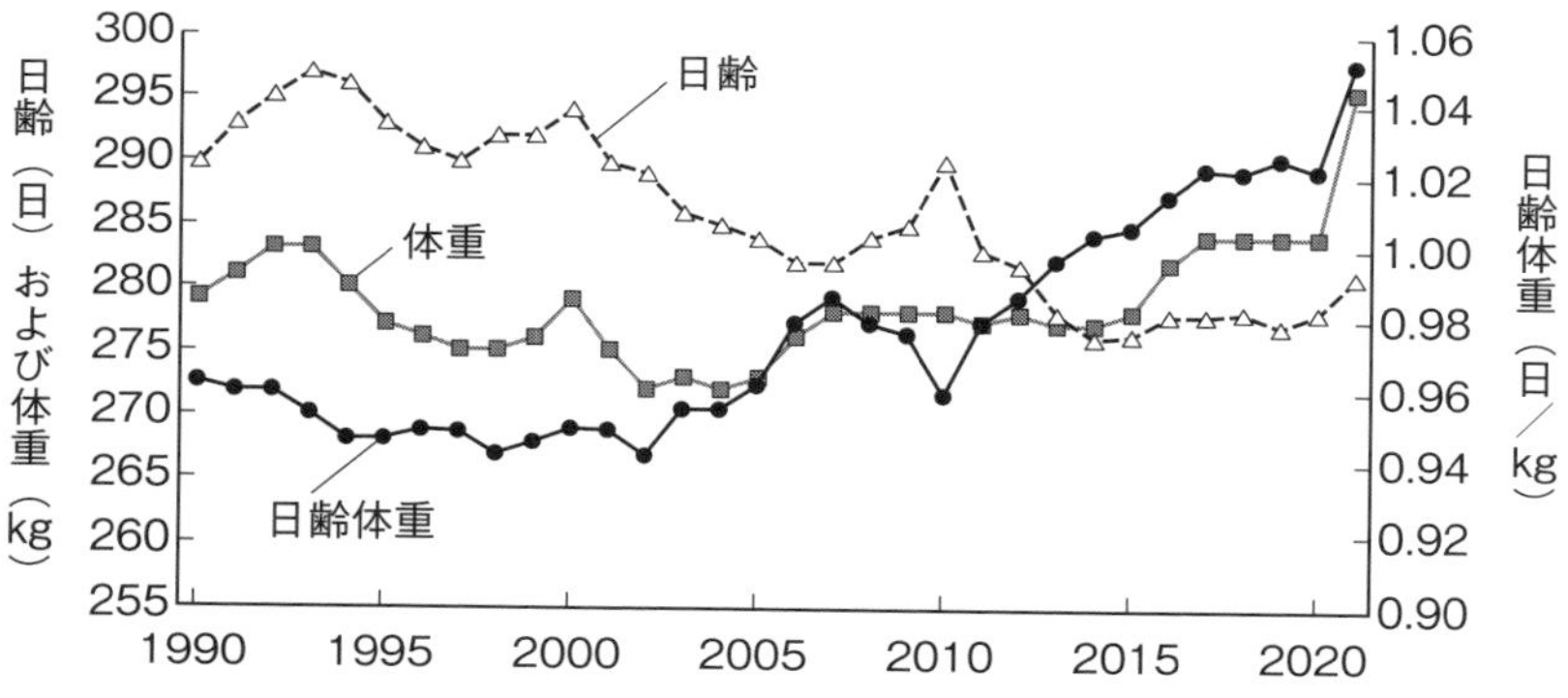

20年で枝肉成績が大幅アップ

黒毛和牛肥育去勢牛の枝肉成績は表１の通り、枝肉重量が１９９９年に４３５・１kgだったものが２０２１年には５１１・８kg（＋76・7kg）に、ロース芯面積は同じく51・5㎠が67・0㎠（＋15・5㎠）と大きくなりました。肉質は、Ａ４以上割合が43・6％から87・5％と大幅に向上しました。

これは、次の三つの項目の結果であると筆者は考えています。

①黒毛和牛の遺伝的能力が向上した（改良の成果）

②肥育中の適切な飼養管理技術が普及した（技術の成果）

③胃袋が丈夫で発育のよい子牛生産が進んだ（子牛の成果）

子牛の増体も早く大きく

表２は子牛市場における出荷時日齢と体重を表わしています。１９９３年に出荷時日齢が２９７日で出荷時体重２８３kgだったものが、２０２１年には２８１日齢で２９５kgとなりました。出荷日齢が16日早くなったにも関わらず、出荷体重が12kg増加しました。こ

背中幅のある哺育中の子牛。たくさんミルクを飲んで栄養が満たされていると、このように肉付きがよくてふっくらした体形になる。ミルクは高タンパク・低脂肪のものが消化しやすい

＊雪印種苗の和牛用粉ミルク「くろっけスーパー」は高タンパク・低脂肪に加え、消化吸収のよいエネルギー源として中鎖脂肪酸を含み、植物性乳酸菌や子牛の発育・健康維持を助けるアミノ酸を配合

れは子牛飼養管理技術の向上などにより、子牛の発育がよくなった結果と考えられ、③のような子牛が育成されるようになって、実現できたものです。

栄養面からの子牛飼養管理技術として大きく普及が進んだのは、哺乳量をできるだけ増やすことと、哺育期間中のスターター（哺育子牛用濃厚飼料）の積極的な給与の2点が挙げられます。具体的には、哺育中の発育を最大化するためにミルクを積極的に給与するとともに、ルーメン（第一胃）機能を高め栄養を充足させるために早い段階からスターターを給与することが、子牛の良好な発育に貢献しました。

ただ、適切なミルクの量や、離乳の時期、スターターの給与量などについては、地域や農家によって取り組みが違い、畜産コンサルタントとして現場を回る中でも、迷いながら管理されている様子が見受けられます。基本的な考え方を本稿で整理するので、参考にしていただきたいと思います。

ミルクの与え方

▼ミルクを飲む子牛ほど伸びる

母牛のおっぱいの出がよい子牛ほど発育がよいことは、経験的に知られています。しかし、自然哺育の母乳で育てる場合は、母牛の泌乳能力に頼らざるを得ません。親付けで哺育している場合は、哺乳量の把握は難しいので母牛任せとなります。

そこで有効なのが人工哺育です。ミルク代は余計にかかりますが、人工哺育は規定量を確実に飲ませることができるので、子牛の発育を良好にするためにはよい技術といえます。

▼1日4ℓ→6〜8ℓへ

人工哺育では、かつて1日の哺乳量は4ℓが基本でしたが、今は子牛が飲みたいだけ給与することで、丈夫に育ち、なおかつ発育がよいことがわかっています。人工哺育は飲ませる量を人が決めることができるので、子牛が満足する量を給与することができます。

ミルクの給与量はピーク時で日量6〜8ℓとし、粉の量で1〜1・2kgを目安とします。子牛の発育と胃への負担を考え、ミルクは高タンパク・低脂

肪の製品を選びましょう。

スターターの与え方

▼絨毛の発達が食い止まりを防ぐ

スターターには消化吸収しやすい穀物が豊富に含まれており、これを給与すると第一胃内で発酵が起こり、VFA（揮発性脂肪酸）が生産されます。これが微生物相の発達を促し、また第一胃の絨毛が増加するとともに、絨毛が長くなって飼料を消化吸収しやすくなります。この変化を促すために、生後早くからスターターを給与することが重要です。

第一胃の吸収能力は、絨毛がどれだけ発達しているかで大きく変わります。絨毛が発達していればいるほど、消化吸収がよい胃袋といえます。消化吸収がよいと、肥育に入ってからアシドーシスになりにくく、スムーズな肥育が可能となります。

去勢肥育牛の場合、出荷時の枝肉重量がここ20年で60kg以上増えたのは、肥育期間中に食い止まりが起きにくいような、ルーメンの丈夫な子牛が育てられてきたことも影響していると考えています。

スターターは底の浅い容器で給与すると子牛が食べやすい。消化吸収がよく嗜好性の高いことが重要。新鮮な水を欠かさないことで食い付きもよくなる

＊雪印種苗のスターター「ハイパスフード40」は、嗜好性、消化性に優れる原料をバランスよく配合し、バイパスタンパク質の加熱処理大豆粕（コプロS57）を含む

▼人工哺育ではピーク後は漸減

ミルクがピークの時は、腹がいっぱいでスターターの摂取量はなかなか上がりづらいものです。ピークから離乳にかけては、徐々にミルクの給与量を下げることで腹が減るので、スターターの摂取量は上昇します。

いずれの哺育方法でも、早い段階からスターターの味を覚えさせ、スターターが食べられる状況をつくりましょう。また、スターター摂取量を高めるには飲水が重要です。清潔な水をいつも飲めるようにしてあげます。

▼親付け哺育では半日母子分離

子牛専用の別飼い施設は必須です。子牛だけが入ることのできる施設に、新鮮な水とスターターを常時置き、休憩したい時に自由に出入りできるしくみにしましょう。飼料への馴致が重要で、スターターに慣れさせるための餌付けや、大きい子牛との同居により、スターター摂取を学習させることも必要です。

時間を決めて親から隔離することも、

スターター摂取を高めるのに有効です。たとえば夜だけ親に付け、日中は親から離して子牛だけの群にして哺育を制限します。ミルク断ちの時間を設けることで腹を空かせ、スターターの採食量を上げることができます。

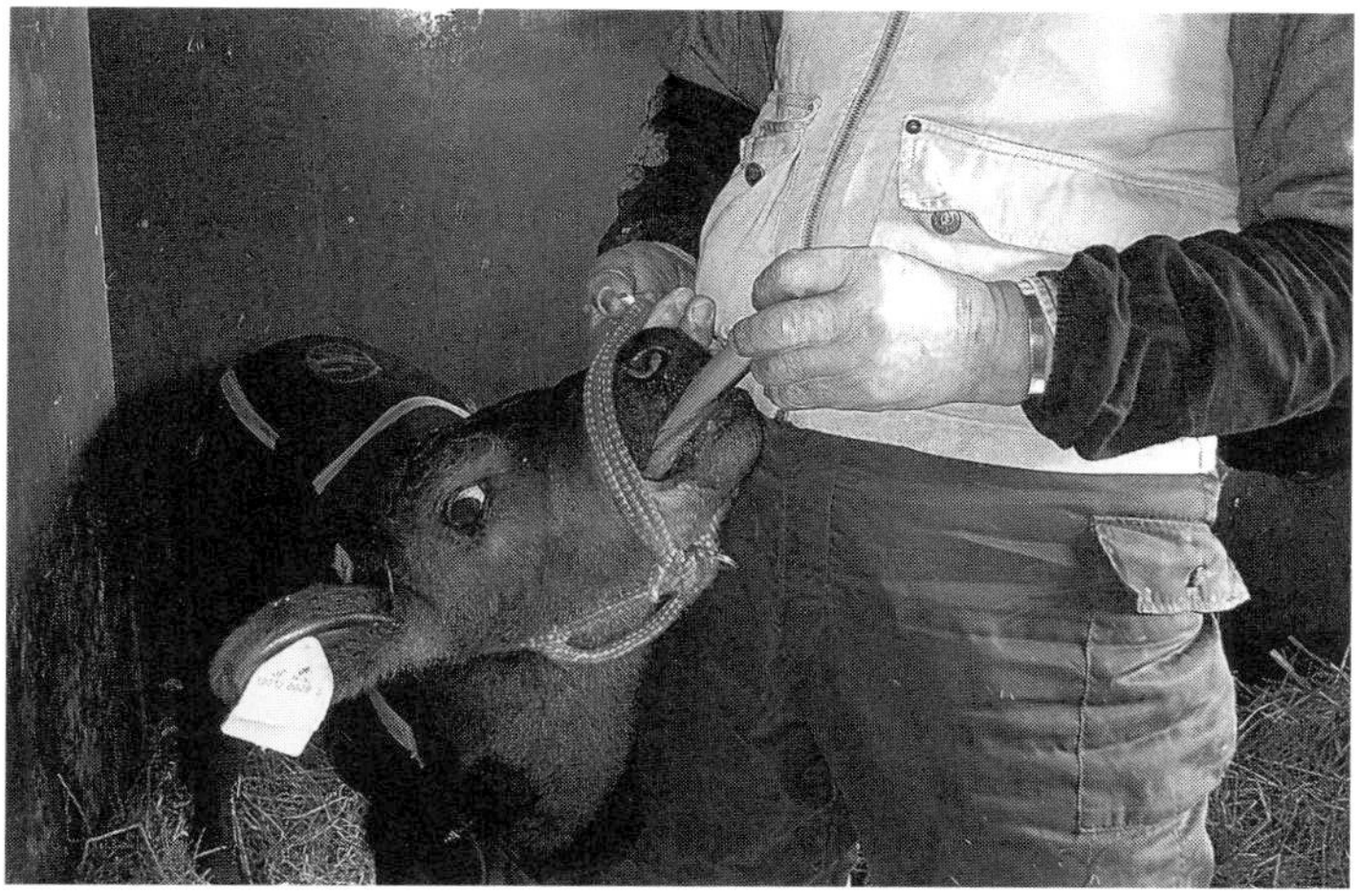

最初はスターターをチューブで強制給与。味を覚えさせれば、その後の食い付きがよくなる

▼スターター量を目安に離乳

ミルク以外の飼料から栄養を十分に摂取できるようになり、必要栄養量を満たすことができるようになったら離乳時期です。

栄養摂取が十分でないのに離乳すると、栄養不足から発育不良となります。スターターを1日2kg以上食べられたことを目安に離乳させてください。スターターの摂取量が目標に達しない場合は離乳を先延ばしにして、子牛の栄養状態を優先します。

スターターは早く与えるほど摂取量が増える

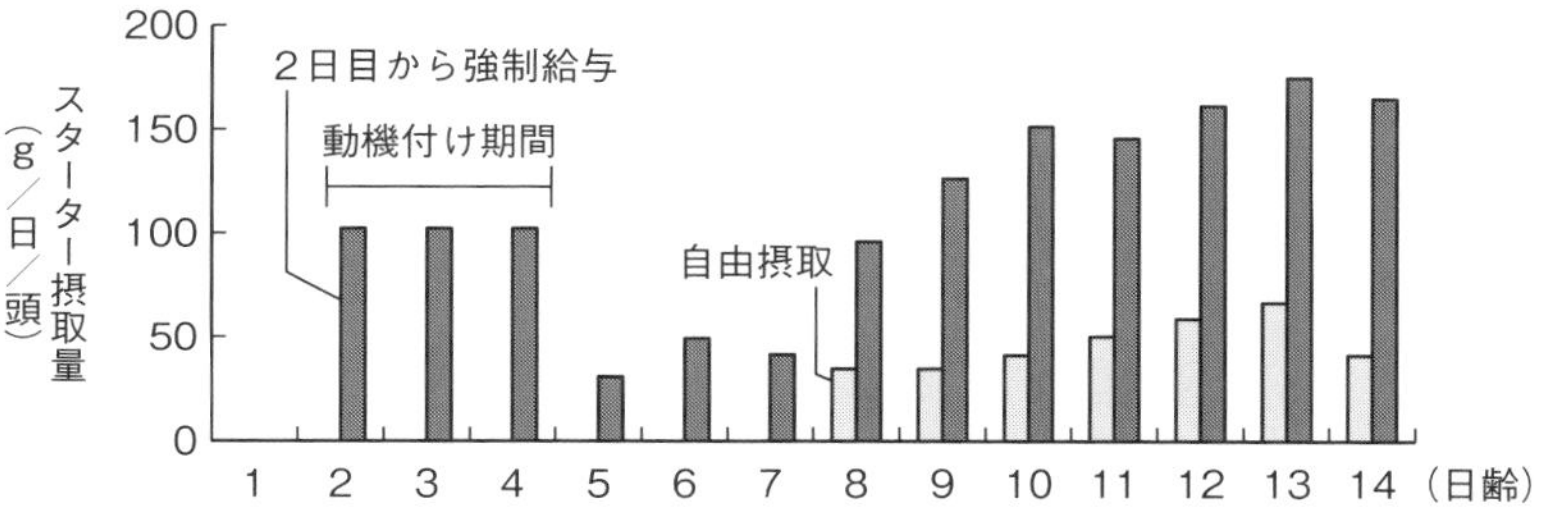

（根釧農試　大坂研究員より）

スターターを２日齢から動機付け（強制給与）して与えた子牛は、早く味を覚えて早くから多く食えるようになる。その後の食い込みもよい。一方、自由摂取させた牛は８日齢頃にならないと食べ始めず、その後の摂取量も少ない

スターターを早くから食べさせるためには、早く離乳させることも一つの方法で、そういう意味から鹿児島県で推奨している60日齢離乳は一つのやり方と思います。ただし、マニュアルで離乳日齢が60日と書いてあるから、何が何でも60日で完全に離乳させると考えるよりも、弾力的に考えたほうがよいでしょう。

マニュアルは指針であって絶対ではないと考えてください。子牛の様子を見ながら、さじ加減をしてあげるのが飼い主の責務です。

哺育期が育成期を左右

哺育期にスターター給与で消化能力の高い胃袋をつくっておけば、離乳後の発育にも好影響です。筆者がこれまで取り組んだ地域の事例でも、スターターを十分食べた子牛は、離乳後は乾草などの飼料の食い込みがよくなりました。また、消化能力が高くなっていたからでしょうか、少々食い過ぎても食餌性の下痢が少なくなるように感じました。

良質で栄養価の高い粗飼料が確保できれば、8～10カ月齢の市場出荷時で、3～4kg程度と少なめの配合飼料でも、良好発育（日増体重1kg以上）は可能だと思います。

寒さ対策で9万円の差

和牛の子牛は、寒さや汚い空気、栄養不足などいろんなストレスに弱いので、そういうことがないよう管理を徹底することも大切です。

道内での筆者の取り組みでは、哺育中の子牛の腹が冷えないよう、敷きワラが十分入る別飼い施設を農家に用意してもらいました。そこに子牛だけが摂取できるスターターと飲水を常時置いて好きなだけ食べられるようにします。冬期間の厳寒対策として、保温用のヒーターや投光器なども用意するように指導しました。

別飼い施設に移した哺育中の子牛。半日だけ母子分離することでスターター摂取を促進させる

その結果、子牛の発育は良好で体高、体重ともに発育基準値を上回り、胸囲と腹囲の差が離乳時で20cmを超え、市場出荷時の9カ月齢での差は平均30cm近くにまでなりました。腹囲が大きいことは胃袋の発達が進んだことを物語っており、肥育時の飼料摂取が期待できる牛に仕上がりました。

このように育てられた子牛たちは市場での評価が高く、平均と比べて去勢牛で9万円、雌牛で3万円の価格差がつきました。出荷先の肥育農家からも「肥育成績がよかったよ」という声が聞かれるようになり、子牛育成が正しかったことを確認できました。

肥育期の食い止まりを防ぐために

子牛の時の腹づくりは、肥育時に食い止まらないためにも非常に重要です。そのための基礎は哺育期間中に形づくられると前述しました。

繁殖肥育一貫経営の2戸の農家の事例を紹介します。雪印種苗と茨城畜連などが主催する「名人会」肉用牛枝肉研究会に参加している実力派の農家です。いずれも親付け哺育をしながら、哺育中のスターター摂取量を上げるために制限哺育をしています。

２０１７年出荷の枝肉重量を調べました。1人目（20頭出荷）は去勢牛で、平均出荷月齢が28・7カ月齢、平均枝肉重量５４５・７kg。2人目（13頭出荷）は29・2カ月齢、５５５・１kgでした。どちらも全国平均（４９８・９kg）を大きく上回る枝肉重量を確保できていました。

枝肉重量があったということは、肥育期間中に飼料を食べ続けられた。つまり、肥育中に食い止まりを起こさないような腹づくりが子牛の段階からできていたので、こういう結果が得られたものと考えられます。

哺育中はミルクをしっかり飲ませながら、スターターを食べさせるのが基本です。その上で弾力的な管理に努めてください。

（出雲畜産技術士事務所代表）

自然哺育でも個体差を出さないコツ

◉宮城・菅原邦彦さん

母牛の泌乳能力が高いほど子牛の発育がよいことは、経験的に知られている。特に昨今の改良が進んだ子牛は、ピーク時に飲みたいだけ給与することで、丈夫で増体がより早くなることがわかっており、人工哺育での管理が各地でマニュアル化されている。

しかし母牛に授乳させる自然哺育の場合は、人工哺育と違って、子牛がどれだけ飲めているのか哺乳量の把握が難しい。母乳不足にさせないためのポイントを、長年、自然哺育を続けてきた宮城の菅原邦彦さんに尋ねた。

2カ月齢まで分娩房で母牛と一緒

菅原さんは繁殖牛（母牛）約30頭、子牛と育成牛（初妊牛）を合わせると約55頭を飼育している。出荷時の子牛の日齢体重（体重÷日齢）は平均1・2kg超。菅原さんの子牛は化粧肉がないから飼い直しする必要がなく、肥育期の食い止まりがなくて増体がいいと評判で、市場に出せば9割方はいつも同じ肥育農家が買っていく。

増体がいいということは草をたくさん食える腹ができているということ。それには「やっぱり哺育期にしっかり飲ませて体をつくるのが大事」と菅原さんは実感している。

菅原さんの哺育牛の育て方は、まず2カ月齢までは、分娩房で母牛と一緒に過ごさせ、しっかり乳を飲ませる。

2カ月齢以降は分娩房からタイストールへ移動させ、母牛だけをつなぎ、子牛は放しておく。すると子牛は、母牛から乳を飲んだり、配合飼料や粗飼料が置いてある育成房でエサを食べたり、自由に行き来する。

子牛は2カ月齢になると栄養要求量がぐっと増してくる。いっぽう母牛は分娩後2カ月を過ぎると泌乳量が落ちてくる。子牛は配合飼料や粗飼料をどんどん食って、どんどんルーメンが発達し、母乳を飲む量は自然と減る。

菅原邦彦さん（61歳）。全共では指導調教師を務める。繁殖牛約30頭。主食用米約17ha、飼料作物13ha。粗飼料は通年ほぼ自給

分娩房の母牛と子牛。分娩後2カ月までは一緒の房に入れて自然哺育。子牛は親牛の真似をして配合飼料や粗飼料も食うようになる

母乳不足のサインを見逃さない

さて、それでは一番母乳が必要な最初の2カ月間、子牛は母牛から1日何ℓの乳を飲んでいるのだろう?

「いや量的なものはわからんな〜（笑）。母牛によっても泌乳能力が違うし。人工哺育している友達はピーク時に9ℓも飲むっていうけど。大切なのは、量の把握というより、子牛をよく見て乳が足りていない時にすぐ気付くこと」と菅原さん。母乳不足ならミルク（代用乳）も飲ませて強化する必要がある。

母乳が足りない子牛は、サインを出しているから見ればわかるという。

たとえば、子牛が四つの乳頭をたらい回しにくわえてなんとか吸おうとしている。あるいはなか

（去勢、270日齢で出荷）

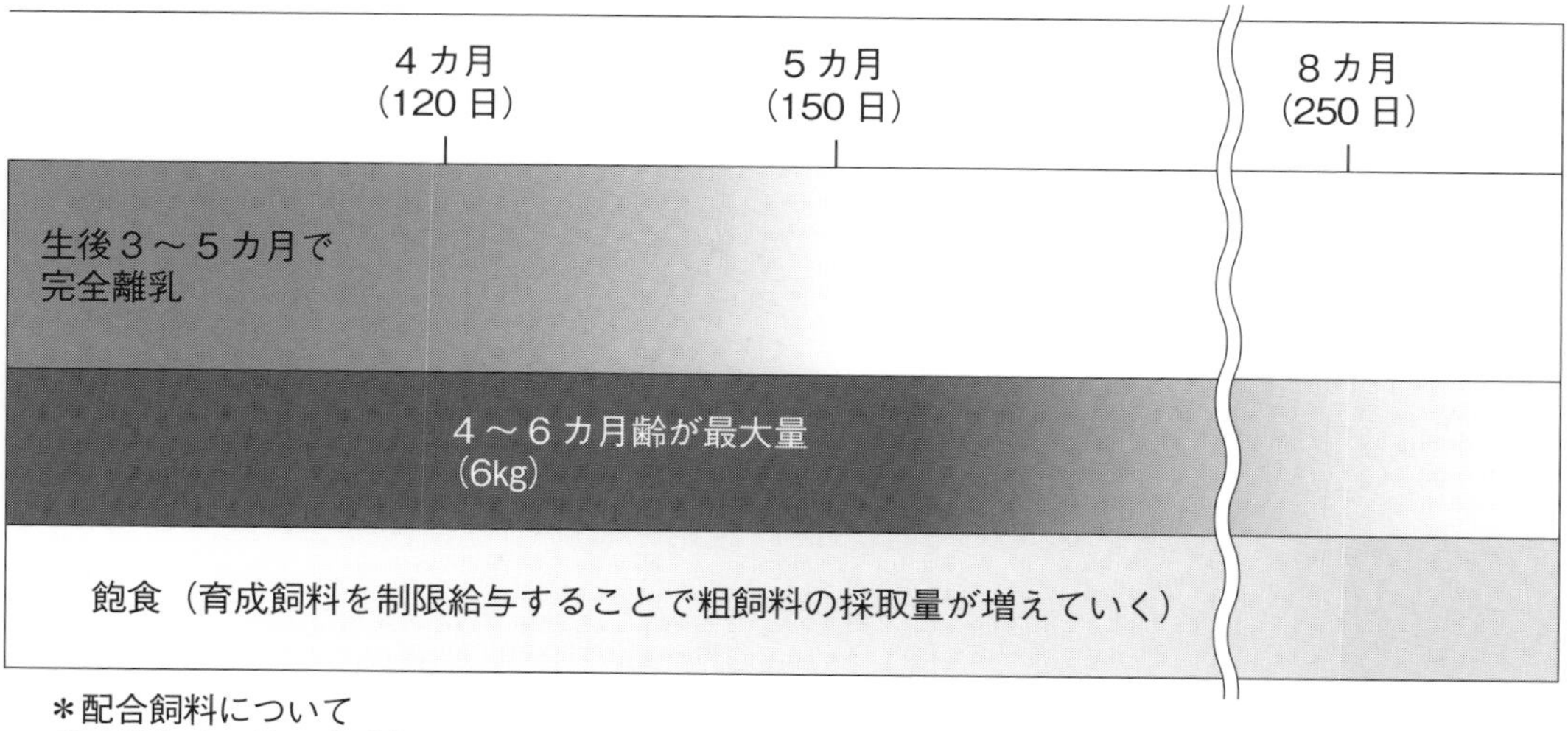

＊配合飼料について
哺育期もその後の育成期も、子牛育成用濃厚飼料を与える。スターターは使わない。また母牛や育成牛（初妊牛）に与える配合飼料もこれを使用。スターターよりは安価で栄養が低く、繁殖牛用の配合飼料よりは高くて栄養も高い。それぞれ量を調整する

なかおとなしく寝つかない。これは明らかな母乳不足のサイン。そんな子牛にはミルクを入れた哺乳瓶を近づけると、すぐに吸いついてくる。

「母牛の中にはどうしても乳が出にくいものもいる。子牛のサインを、生後3日と置かずに、早い段階で見極めて、ミルクを飲ませられるかがキモ」

　母乳が出にくい牛も、産次を重ねると出るようになることもあるそうだ。

　たとえば今、菅原さんの牛舎には、4本の乳頭のうち後ろ2本からしか乳が出ない母牛がいる。初産と2産目の子牛は母乳が足りず、母乳を飲ませつつ、ミルクも与えていた。

「それが3産目の今年、生まれた子牛の口まで哺乳瓶を持って行っても、最初からプンッとあっちを向いて吸いついてこないのさ。子牛が『もういらないよ』とジェスチャーしてきた」

　相変わらず後ろ2本からしか乳は出ないのだが、十分出ているなら大丈夫でしょうというのが獣医の見立て。ミルクを与えなくても、「順調におがって（成長して）いる」から、母乳は足りているようだ。

授乳中の母牛にはしっかり増飼

　母牛の状態によっても、乳質や乳量は変わる。

　まず菅原さんが必ず行なうのが、分娩後の増し飼いだ。分娩前の増し飼いはしないが、授乳期と発情が来るまでの2カ月間、粗飼料はタンパクやミネラルを多く含むアルファルファを維持期の6倍、配合飼料は3倍に増やして栄養を強化する。

「特にアルファルファは必須。これだけは購入しています。1kg65円。母牛に1日3kg与える。発情が弱いなと思った時もよく食わせるようにする」

　ここまで食わせるとかなり栄養度がよくなるが、よく乳を出せていれば母牛に肉がつくことはない。

「結局、子牛が何ℓ飲んでいるかはわからんが、

菅原さんの子牛へのエサのやり方

月齢（日齢）	〜1カ月（30日）	1カ月（30日）〜2カ月（60日）	2カ月（60日）〜3カ月（90日）
母乳	（母乳不足の場合はミルクで人工哺育）	2カ月齢頃が母牛の泌乳能力が最大	（分娩房から母牛がタイストールへ移動。子牛のみ自由に育成房に入れる）
配合飼料（育成飼料）	7日齢頃から食い始める		育成房で朝晩給餌
粗飼料		遊び食い程度から開始	育成房で不断給餌

＊繁殖牛（母牛）の増し飼いについて
分娩後2カ月間（授乳中〜初発情〜人工授精）のみ、配合飼料3kg、粗飼料12kg（うちタンパクの多いアルファルファを3kg）を給餌して増し飼いする。維持期は配合飼料1kg、粗飼料14kg（うちアルファルファを500ｇ）

子牛だけが入れる育成房。朝晩は配合飼料を与え、粗飼料は不断給餌で好きな時にいつでも食える状態にする

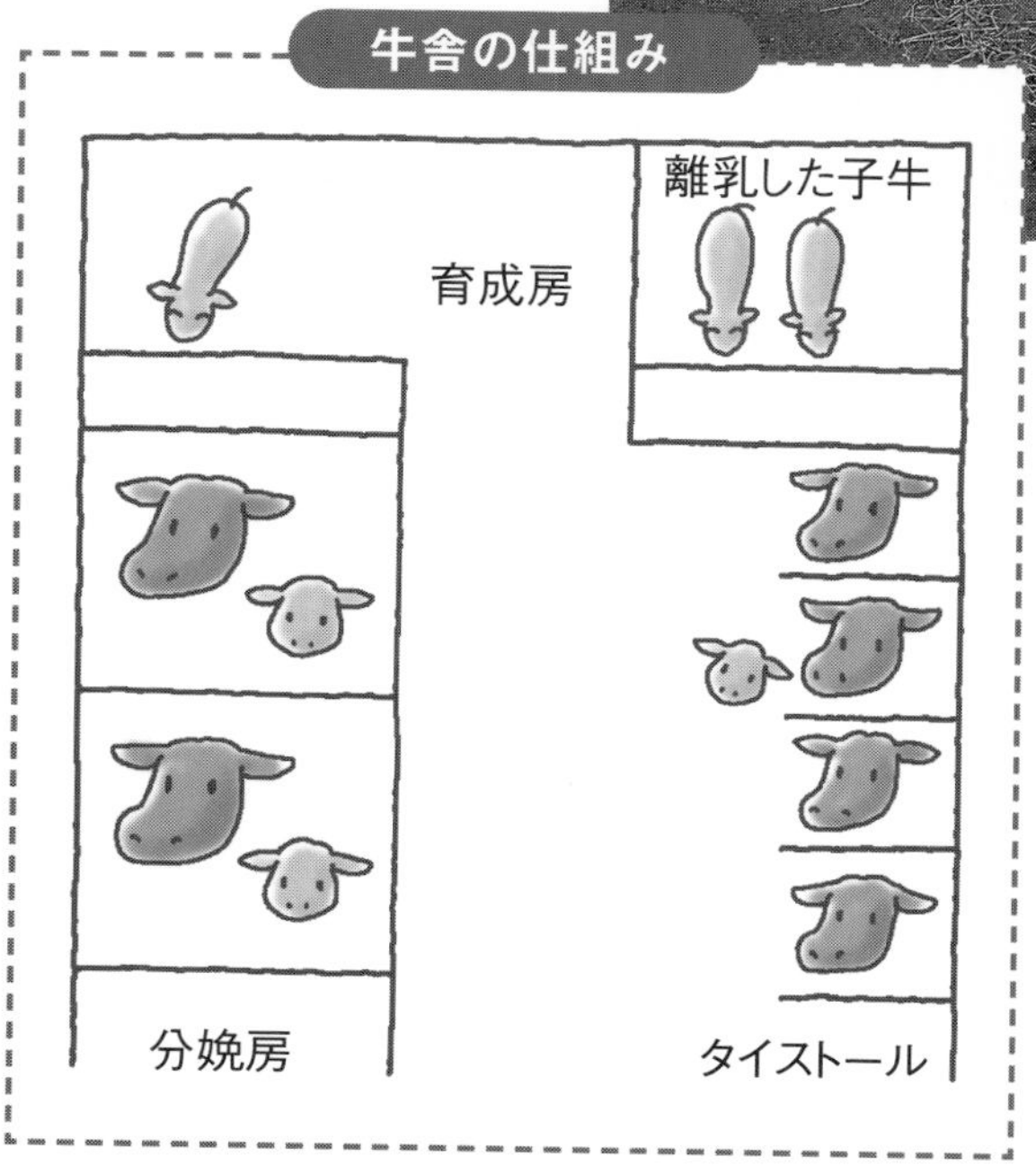

分娩後2カ月以降は、母牛はタイストールへ移動してつなぐ。子牛はつながず、母牛と育成房の間を自由に行き来できるようにする。親の元で母乳を飲んだり寝る子牛もいれば、育成房でエサを食べたり、みんなで固まって寝ている子牛もある

ちゃんと飲めているかどうかは母牛を見ても判断できる。もし母牛にどんどん肉がついてきて、肋張りもよく見えてこなければ、乳がちゃんと出ていない証拠。そういう母牛は発情も来にくいから要注意」

発情期に乳質が変わることも

こんなこともある。菅原さんは分娩後2カ月以内に発情を見極めて人工授精をする。

「親が発情して最高潮になると分娩房をぐるぐる歩き回るから、子牛は母乳を飲もうとしても飲めなくなったりする。発情が終わって母牛が落ち着いた頃に吸いつくと、出てくる母乳の質が変わってしまっていることがある。子牛はすぐ下痢になって臭いウンコをする。まあ1、2頭あるかないかくらいだが、まれにある」

その時は、母牛にすぐにビタミン剤を飲ませて対処する。

泌乳能力の高い雌牛を自家育成

そして、長く自然哺育をしてきた菅原さんが重視するのは、母牛の泌乳能力だ。

「よく乳が出る母牛はやっぱり最高！大きい子牛を生む母牛より、小さく生む母牛でも乳をよく出すほうが子牛は健康に大きく育つ。そういうよく乳を出す牛から生まれた娘牛は、自家保留して育成する」

3～5カ月齢で完全離乳

完全離乳させるのはだいたい3～5カ月齢。子牛がしっかり配合飼料を食えているか、尿や糞に異常がないか、お腹一杯でおとなしく寝つけているかなどから判断し、隔離して離乳させる。

増体が早い子牛は2カ月齢で離乳させることもあるが、ミルク代がかさむわけでもないので、菅原さんはあまり急がない。人工哺育での早期離乳より離乳時期は遅めだが、子牛は群飼の中でも自分の配合飼料や粗飼料をしっかり食える体にできあがっているので、その後食い負けすることもない。

目の届く規模だからできる

母親に子牛を長く付けると人慣れしないのでは？　と心配する声を聞くが、菅原さんの牛はみんな人懐っこい。小まめに子牛や母牛の様子を見ているからだ。

さらに菅原さんは毎日1回の除糞時、2カ月齢後の子牛はすべて育成房へ移動させる。その時、1頭ずつ縄を付けて歩く訓練をして人慣れさせる。

「毎日必ず牛にさわる。それがいいようだよ。温厚に育つから、出荷時に飛んだり跳ねたりする子牛もほとんどない。多頭飼いではできない、全部で50頭くらいだからできる手間のかけ方がある」と菅原さん。

「自然哺育できるのも、子牛と母牛、1頭ずつ管理できるから。俺さ言わせると、人工哺育だとおっぱい（ミルク）は買わなくちゃいけないし、飲ませる人手も必要だし、金ばっかりかかる。なにも、親1頭いれば足りること。数飼うのもいいけんど、うちは田んぼのほうの仕事もあるしな。やっぱ目の届く範囲内のほうが、俺の場合はいいな」

過肥子牛はもう売れない！ 生後3カ月で骨格と腹をつくる

◎宮崎・松下克彦

評価はもっと厳しくなる

私は和牛繁殖専業で繁殖牛と育成牛で60頭飼育しています。子牛出荷日齢は270日を目安にしますが、最近は去勢だけは250日前後の早期出荷をしてコスト削減を目指しています。

最近の和牛子牛の市況は、枝肉相場の「弱含み」と歩調を合わせるように下げ基調です。肥育農家も利益が減る中で、素牛選畜する目も厳しさが増しています。「和牛であれば何でも売れる」ことはなくなったのです。いま一度繁殖農家も飼育管理を見直し、肥育農家が安心して購買できる子牛生産に努める必要があると思います。

それでは、私の農場での飼育方法や取り組んでいることを書かせてもらいます。

草が食い込める子牛は順調

和牛繁殖経営で順調に子牛を育てることはなかなかに難しいものです。私も子牛を次々に廃用にしたことがありますし、失敗してはいろいろと試行錯誤を繰り返し、改善を重ねてやっと最近、丈夫に育てられるようになりました。

私は子牛を順調に育てるには、生まれてから病気をすることなくストレスもなく成長させ、しっかりと牧草を食い込む腹づくりをすることが大切だと思います。順調に育った子牛は、セリ市場に出荷した後も順調なので、購買者からも信頼される牛になります。

私の農場での子牛のエサのやり方は、次の通りです。

【生後3カ月間：哺育期】

ミルク

最大量は1日8ℓ

生後5日間は親牛に付けて初乳を与えます。親子分離後は人工哺育でミルク（代用乳）を朝夕1・5ℓずつから開始。1週間程度時間をかけて、朝夕2ℓずつに増やします。

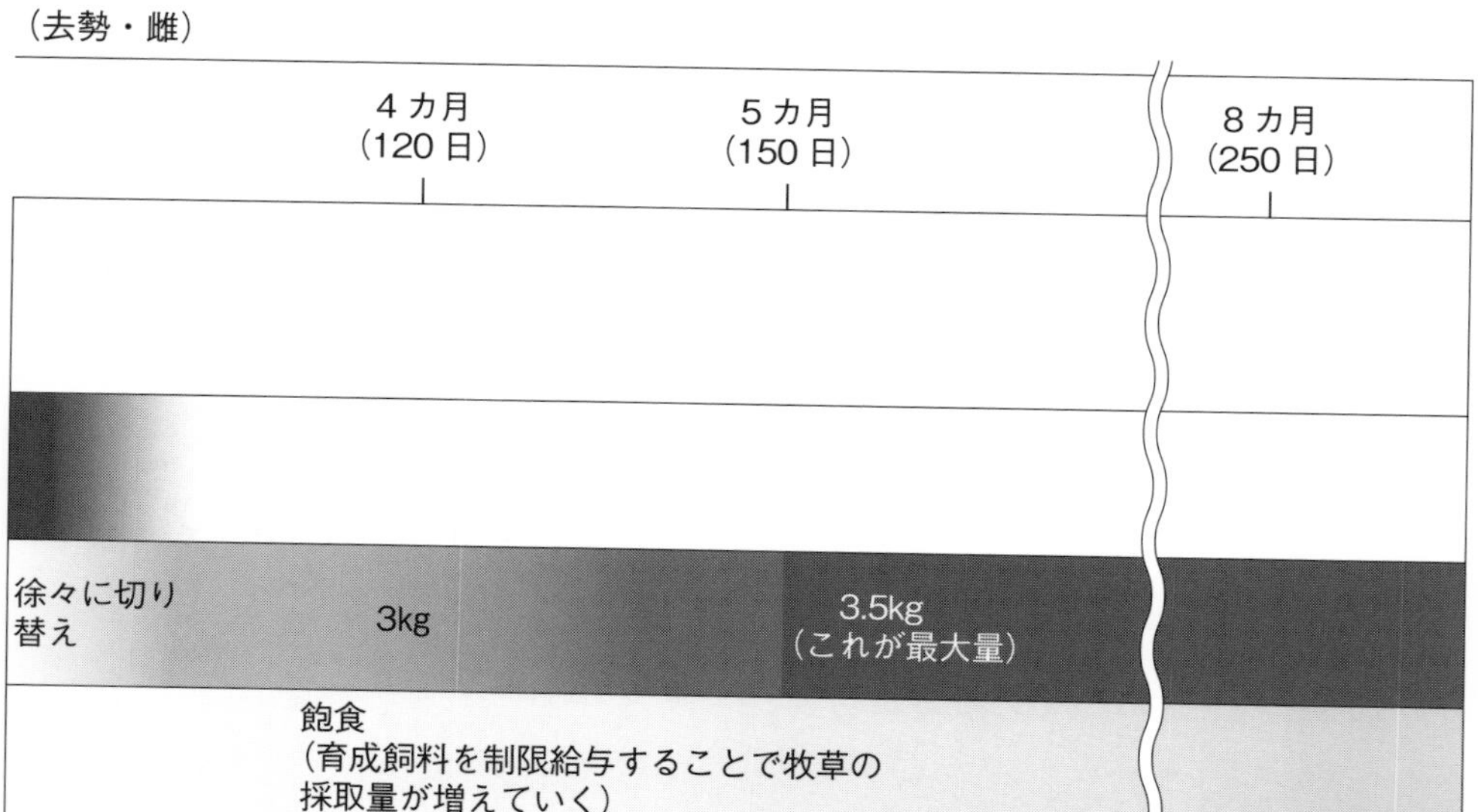

その後3週間は、バイコックス（コクシジウム病発症防止薬）を飲ませてから朝夕3ℓ。

2カ月齢ほどで朝夕4ℓにして、これを3カ月齢前まで飲ませます。1日8ℓも与えますが、制限哺育をしていた以前より成長がよく、体も胃も大きくなるようです。

1週間前から半日離乳

人工哺乳の場合は、離乳させる時にストレスをかけないように細心の注意が必要です。私の場合は、生後3カ月（個体差で大きい子牛はもっと早め）で完全離乳させますが、離乳前から少しずつ飲ませる量を減らします。

離乳1週間前は、朝は電解質液を与え、ミルクは夕方だけにして、徐々に離乳に馴らしていきます。

生後5日間は分娩室で母乳を与える（編）

スターター

生後3週目から開始

スターター（哺育牛用濃厚飼料）は生後3週目から与えます。ミルクをしっかり飲ませつつ、生後2カ月で1kg、3カ月で2kg食べ切れるように心がけています。高タンパクの配合飼料を与えることで、第一胃のルーメンが発達します。発達を促すため、一緒にモラリックス（糖蜜）を常に舐められるように置いています。

牧草

タイミングは産毛の生え変わり

哺育期の牧草の給与については、生後2カ月半頃に一掴み程度から与えています。

その時の目安になるのが、子牛の目の周りのふさふさとした産毛の生え変わりです。生え変わりが確認できれば、第一胃のルーメンの絨毛形成が整った時期なので、牧草給与量を増やしています。ルーメンはますます発達してい

松下さんのエサのやり方

月齢（日齢）	〜1カ月（30日）	1カ月（30日）〜2カ月（60日）	2カ月（60日）〜3カ月（90日）
ミルク（5日齢までは母乳）	6日齢から3ℓ（1.5×2回）→1週間で4ℓ（2×2回）に 6ℓ（3×2回）	8ℓ（4×2回）（これが最大量）	生後3カ月で完全離乳
スターター	スターター開始	生後2カ月で1kg食べ切る	生後3カ月で2kg食べ切る
育成飼料			
牧草			一掴み程度から開始

きます。

このルーメンの絨毛の成長が後々の牛の成長を左右し、一生を決めます。ミルクを十分与えて成長させ、スターターと牧草でルーメンを発達させる。栄養吸収効率の高い胃腸に育てるために、この哺育期が子牛育成でもっとも重要な時期と思っています。

【3カ月以降：育成後期】

育成飼料

最大3・5kgで制限給与

離乳後、生後4カ月より前までには、スターターから育成飼料（育成用濃厚飼料）に徐々に切り替えます。その時に丈夫な胃腸ができていれば、ストレスなくエサの切り替えができます。

育成飼料はしばらくは3kgで制限給与することにより、牧草の採取量も徐々に増えてきます。この制限給与を心掛けることにより、子牛の体の深みが増し、肋の張りも出てきます。

生後5カ月になると育成飼料を3・5kgにしてキープ。出荷するまでこれ以上は増やしません。ほとんどすぐに

3カ月で骨格と筋肉をつくる

私は特に、生後3カ月までが一番重要と思っています。この3カ月は骨格、それに赤身・バラ・ロース芯、すなわち筋肉が成長する時期です。この時期は哺乳期間にあたり、子牛のフレームと筋肉量が決まるわけですから、いかに母乳と水が大切なのかわかると思います。母体の管理はもちろん、子牛を親に付けて自然哺育している場合は子牛が十分に母乳を飲めているのか、監視が重要になります。泌乳量の多い親の子は順調に伸びて大きくなると思いますし、逆に乳の量が足りない子牛は毛色も悪く大きくなりません。

私は生後5日～1週間で親牛から離し（早期離乳）、人工哺育により子牛を育てています。一部を高タンパク低脂肪ミルクにして強化哺育して、しっかりとした骨格と十分な筋肉量を目指して育てています。強化哺育ではよく、子牛が飲みきれないと聞くことがありますが、私はミルクにクエン酸を混ぜることで第四胃の消化吸収を早める対策もしています。

またミルクと同様に、この生後3カ月の時期に大切なのがスターター（人工乳）です。このスターターを十分に食べさせることが、第一胃のルーメンと絨毛の発達のために必要です。私の場合は生後10日目から少しずつ食べさせています。生後3カ月でスターターを2.5kg／日食べるようになり、そこで離乳（断乳）しますが、牧草はその前から徐々に増やしていきます。第一胃の準備ができていない生後3カ月までは、無理して与えないようにしています。

肉用牛の各組織の成長時期

（　）内の月齢は成長がピークになる月齢。すべて9カ月以内にピークを迎える

骨格	0～9カ月（4カ月齢）
赤身	0～17カ月（9カ月齢）
バラ	0～17カ月（8カ月齢）
ロース芯	0～17カ月（8カ月齢）
第一胃	3～11カ月（6カ月齢）
肩	6～15カ月（9カ月齢）

食べ切ってしまいますが、制限給与することで、牧草をたくさん食わせるようにします。

また、集団飼育（1部屋5頭）する中でそれぞれがすぐ食べ切れる量を与えることで、子牛の成長に個体差が出にくいようにしています。

牧草

小まめに与えて食べ切らせる

牧草は10～15cmに細断された3種類（チモシー、ウェットヘイ、オーツヘイ）を混ぜたものを、1日数回に分けて、常に食べ切る量を与えています。

私の場合、基本は朝7時、昼前11時、午後3時、夜10時です。その他にも、餌槽に牧草がなくなったら追加で与えています。

生後4カ月の去勢。骨格ができあがって筋肉がボコボコ盛り上がっている

育成飼料のほうは、朝9時と夕方5時の2回与えています。この2時間前に必ず牧草を食べさせることで、胃のダメージを防ぐこともできます。

牧草を食い込ませるのに特に大切なことは、常に新鮮な牧草を与えることです。当たり前のことですが、餌槽には食べ残しや汚れ等がないようにきれいで清潔な状態に保つことで、子牛の食欲が増しておもしろいように食べてくれます。

ミルクにも育成飼料にも納豆菌

現在、ミルクには納豆菌とクエン酸を混ぜて与え、育成飼料には納豆菌と乳酸菌を振りかけています。

納豆菌は特に真菌対策と免疫の向上のために2年前から使い始めました。おかげで皮膚真菌症は、生後3カ月から発症したとしても数頭で、生後5カ月目には治療をすることなく完全に消えてくれます。

免疫については、昔は肺炎対策で2週間に1度はクリアキルで消毒していました。しかし今は消毒しなくても、風邪を引いても回復が早くなりました。

ちなみに哺乳乳首だけは使用後にアルカリ性消毒液で洗浄しますが、1頭ごとに洗浄することはまったくしていません。私の農場についてはウイルスの媒介によって重篤な下痢を発症することがないので、この方法で哺乳しています。

草を食べて寝る子は育つ

子牛は牧草を食べることで、よく寝て反芻し、健康的に過ごすようになります。そして生後4カ月以降に疾病にかかって治療することもなくなり、飼育管理も楽しくなります。さらに肥育農家に購買された後も、出荷先でストレスなく牧草を食べてくれることにより、高評価を得ることができます。

肥育農家も血統や体形だけでなく、繁殖農家を選んで購買する傾向ですから、繁殖農家の意識改革は急務と思います。

最後に、よく「牧草では太らないのでは」と言われますが、そんなことはないと実感しています。食べさせる牧草に気を付けて良質なものを与え、吸収効率の高い丈夫な内臓や骨格を育てることによって、必ず想像以上の成長をしてくれます。

データでみる肥育成績のいい子牛の特徴は？

◉出雲将之

「名人和牛」ブランドの実力派を分析

筆者は雪印種苗の顧問として、繁殖農家と肥育農家のそれぞれに対して技術支援を行なっていた。特に「名人」という配合飼料（茨城畜連と雪印種苗が開発）を給与した「名人和牛」というブランドで牛肉販売を展開する中、その肥育牛を生産している農家と日常的に情報交換している。名人和牛は年間6回以上の枝肉研究会・共励会などで400頭以上の出荷があり、そのつど東京食肉市場に生産者や関係団体が集まり、情報交換しながら切磋琢磨している。肥育牛に対する肝機能対策やビタミンC投与など先進的な肥育技術を取り入れ、おいしくて品質のよい枝肉を生産していることで、市場ならびに取扱店からの評価が高い。

これら名人和牛のうち、子牛を市場導入して肥育した頭数は、2016年度が去勢牛で219頭であった。筆者はその中で、子牛市場での販売成績が判明できた96頭の肥育牛の経済性について分析した。すると子牛市場での日齢体重（体重÷日齢）のよい子牛が、必ずしも肥育出荷時に所得が高くなるとは限らないことが分析結果からわかった。

農業経営の目標は所得を最大にすることである。繁殖農家、肥育農家双方の所得が最大となるような子牛とはどうあるべきかを記載するので、参考にしてほしい。

平均所得33万円、最高67万円

枝肉販売金額から子牛価格と生産費（生産費は45万円／頭とした）を引き、1頭ずつの所得を算出した。その結果は、平均所得が33万2000円となった。上位10頭は枝肉重量が604kg、平均所得が59万3000円で、下位10頭は501kgで11万5000円と、上位と下位で大きな差があった。

図1にその96頭を散布図で示した。横軸が子牛導入時日齢体重で縦軸は肥育牛出荷時枝肉重量とした。全体の傾向としては、子牛導入時の日齢体重が重いほうが、肥育牛出荷時の枝肉重量があるように見える。

図中の番号は96頭中の所得のベスト10とワースト10の順位番号である。No.1の牛は、子牛導入時の日齢体重1・075kgで肥育牛出荷時の枝肉重量が595kg、所得が67万7000円だった。上位10頭の肥育牛は、No.1～10まで図中に示したが、いずれも回帰直線の上に位置している。

日齢体重が重いと高値だが……

No.87～96が所得の低かった下位10頭である。これらはいずれも回帰直線の右下に位置している。No.96の牛は最も所得が低い肥育牛で、子牛導入時の日齢体重が1・16kgあり、肥育牛出荷時の枝肉重量も546kgあったが、子牛価格が高かったため所得はマイナス6万2000円となった。

これらのことからいえるのは、所得の高い肥育牛は、子牛時に日齢体重が

図1　子牛日齢体重と枝肉重量

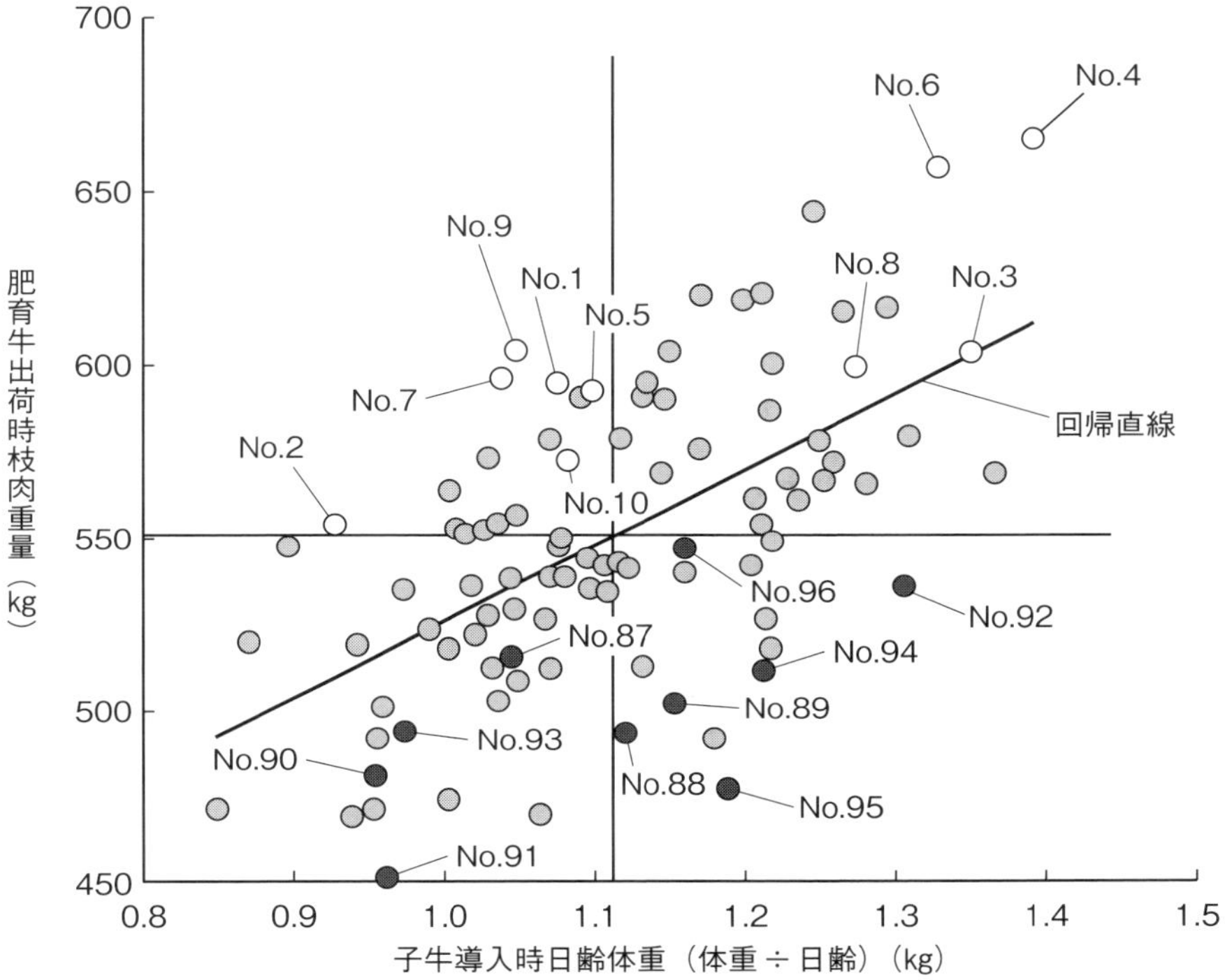

96頭の所得（枝肉販売金額ー子牛価格ー生産費）を算出し、上位10位（No.1 ～ 10）と下位10位（No.87 ～ 96）の結果を示した。No.1の牛の場合、日齢体重は標準より軽かったが、枝肉重量が大きかった。No.94の牛の場合、日齢体重は重かったが枝肉重量がとれなかった

よかったものがそのまま順調に肥育され枝肉重量が確保された牛と、子牛時の日齢体重は標準以下だったが肥育からの伸びがあり枝肉重量がとれたものの２タイプあるということだ。また、所得が低い肥育牛は、子牛時に日齢体重が平均以上あったにもかかわらず枝肉重量が期待したほど確保できなかった牛と、日齢体重が低く枝肉重量もとれなかったものの２タイプである。

№92は子牛市場では２８０日齢で体重が３６６kgもあり、想像するに「体重がある＝発育がよい」という判断で購買されたと考える。しかし肥育結果は枝肉重量５３６kg、ＢＭＳ（脂肪交雑）４、ロース芯55㎠でＡ３格付けとなり、所得は12万２０００円で期待を裏切った。

同じように№94は２９３日齢で体重３５５kg、肥育結果は枝肉重量５１２kg、ＢＭＳ６、皮下脂肪厚３㎝でＡ４格付けとなり、所得は10万２０００円だった。いずれも３代祖の血統は普通で、特に血統に問題があるとはいえなかった。

スターターを食べる子牛

子牛時のルーメンが肥育を左右

子牛導入時の日齢体重がよくても、肥育されて必ずしも所得などのよい結果が出るとは限らないことがわかった。黒毛和牛は遺伝的能力が向上したため、肥育期間中に飼料を食べ続けることができれば、A４格付け以上となる能力を有している。また枝肉重量は食い止まりがなければ、十分に確保できると考える。

肥育期間中に飼料を食べ続けるためには、アシドーシスにならないような飼養管理が求められる。その作用機序を次ページの図２に示した。アシドーシスを予防するために最も重要なことは、子牛時のルーメン形成である。ルーメンの絨毛が充実した、いわゆる腹のできた子牛であれば、飼料の食い止まりが起きづらいので順調な肥育が期待できる。もちろん、子牛導入後の飼い直し技術や食い止まり対策など、肥育中の飼養管理技術により肥育成績は左右されるが、子牛能力の影響は大きいと考える。

食い止まりも内臓脂肪も防ぐには

子牛市場では日齢体重のよいものが高値となるために、繁殖農家は少しでも発育をよく（体重をのせる）しようとする飼い方をする。体高が高く、腹容があったうえで体重が標準以上の場合は、発育がよいといえる。しかし、子牛市場出荷の数カ月前に配合飼料の給与量を増加させることで体重のある子牛を育てた場合、日齢体重は良好となるが、内臓脂肪の多い子牛となっていることが想像できる。

哺乳中に栄養を充足させ、離乳時にスターター（高タンパク、高カロリーの穀物飼料）をしっかり食べている子牛は離乳後の飼料効率が良好になり、去勢牛で市場出荷時の配合飼料４～５kg程度でも、不足する栄養を乾草などの粗飼料からしっかり摂取できる。

私が技術支援した北海道新ひだか町静内のある繁殖農家は、哺乳中から離乳後の育成技術の飼養管理を徹底した結果、去勢牛２６０日齢で３５０kgの子牛を育て、子牛市場で高値販売をしてきた。粗飼料で腹のできた子牛は、肥育中に飼料の食い止まりになりづらく、肥育出荷まで楽に管理ができる。

子牛から肥育まで一貫した飼育を行なっている、名人和牛の肥育成績優秀な農家は、子牛は生後10～30カ月齢までの肥育期間における腹をつくる期間、との考え方で管理している。哺育期の飼い方に変わりはないが、離乳後から9カ月齢までは、とにかく粗飼料がたらふく食べられることに力を注ぎ、良質な乾草などの繊維源を中心に給与している。

＊

米をつくる場合「苗半作」といわれ、苗が米の出来を決めるのと同じで、「黒毛和牛は子牛育成の良否で肥育成績の半分は決まる」と、筆者は考えている。離乳後の子牛育成は粗飼料を主食に、配合飼料は不足する栄養を補うための「おかず」として給与してほしい。

図2　肥育牛のルーメンアドーシス

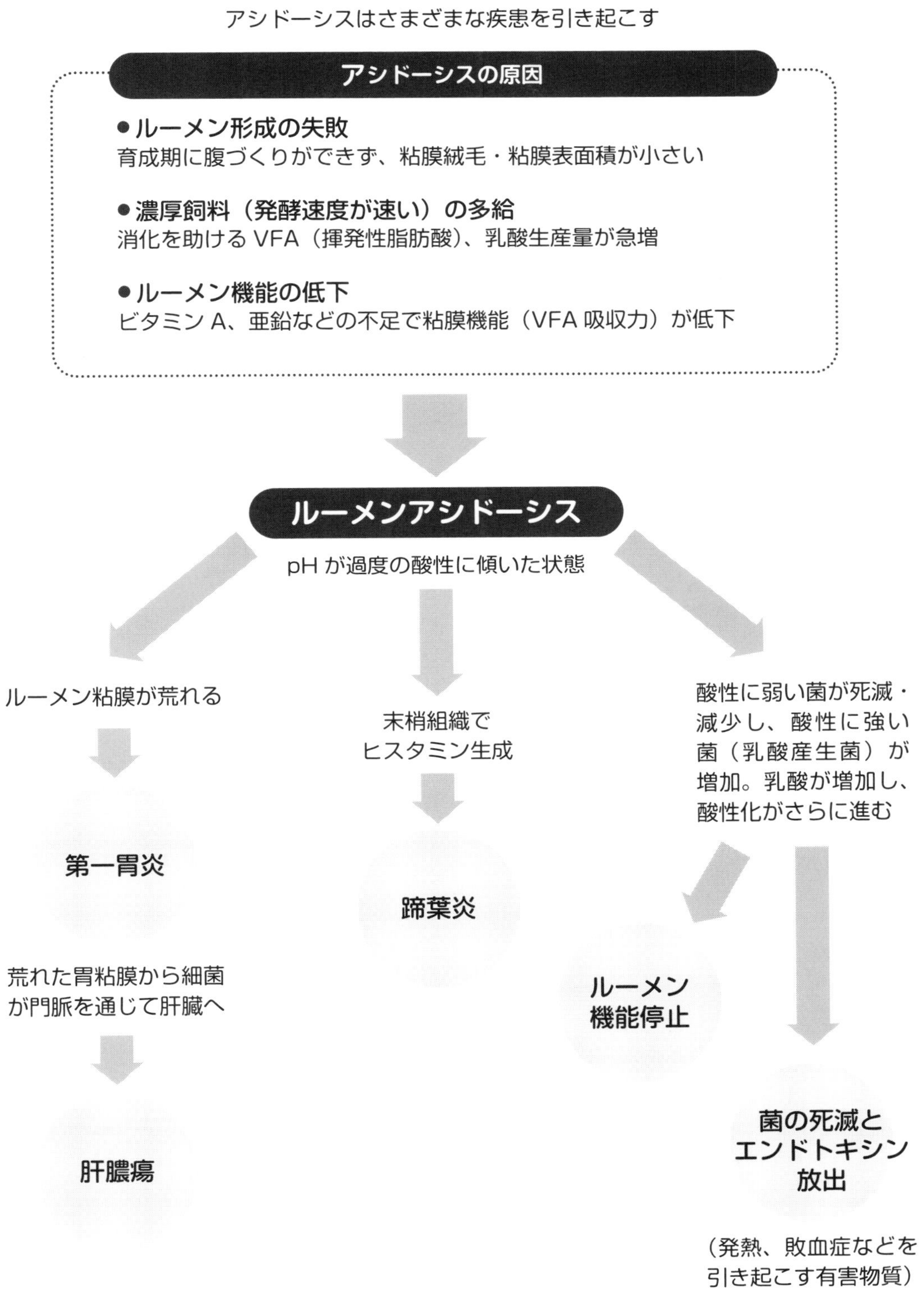
アシドーシスはさまざまな疾患を引き起こす
アシドーシスの原因
●ルーメン形成の失敗
育成期に腹づくりができず、粘膜絨毛・粘膜表面積が小さい
●濃厚飼料（発酵速度が速い）の多給
消化を助けるVFA（揮発性脂肪酸）、乳酸生産量が急増
●ルーメン機能の低下
ビタミンA、亜鉛などの不足で粘膜機能（VFA吸収力）が低下
ルーメンアシドーシス
pHが過度の酸性に傾いた状態
ルーメン粘膜が荒れる
第一胃炎
荒れた胃粘膜から細菌が門脈を通じて肝臓へ
肝膿瘍
末梢組織でヒスタミン生成
蹄葉炎
酸性に弱い菌が死滅・減少し、酸性に強い菌（乳酸産生菌）が増加。乳酸が増加し、酸性化がさらに進む
ルーメン機能停止
菌の死滅とエンドトキシン放出
（発熱、敗血症などを引き起こす有害物質）

分娩後の7日間、母子同居中は授乳させるため、栄養成分の高いチモシーを与える

出荷時体重20kgアップ！決め手は母牛の草と3カ月齢までのエサ

◎JA全農南那須牧場

出荷時の子牛が変わってきた

JA全農南那須牧場は全農直営の牧場で、繁殖牛約200頭（和牛150頭、F_1 50頭）を飼育し、毎年約150頭の子牛を矢板市場に出荷している。牧場は山の中にあり、牧草地30haに維持期の妊娠牛（約90頭）を通年放牧している。

2012年から場長を務める小林健二さん（46歳）は、中山間地型放牧での発情管理や牛舎でのカウコンフォート、子牛の疾病対策、2卵移植などさまざまな課題に取り組んできた。でもなかなか解決しない問題もあった。

「就任から3年たっても、肝心の出荷成績がなかなか振るわなかった」

矢板市場で求められる子牛は約285日齢で、体重は去勢で315～325kgが目安だ。南那須牧場の子牛はいつもそれより20kg低かったのだ。それが2015年度からは、出荷時の体重が去勢で平均320kgと、劇的に大きくなった。

「これは！　と自分でもビックリしたし、肥育生産者からも『おおっ⁉　なんだか牛が変わってきたな』と言ってもらえるようになった」

DG（1日増体重）も平均1kg以上に上がり、肋が張って体つきが変わった。自然と病気になる子牛も減った。

「理由は一つじゃない。飼槽を食べやすい高さにしたり水槽を大きくして牛が飲みやすくしたり、疾病対策を徹底したり、これまで積み重ねてきたことの効果が出たのかなと思う。でもたし

小林健二さんとハッチの子牛を管理する哺育スタッフ

かに、15年度から大きく変えたことが二つあります」

繁殖牛の管理とエサ

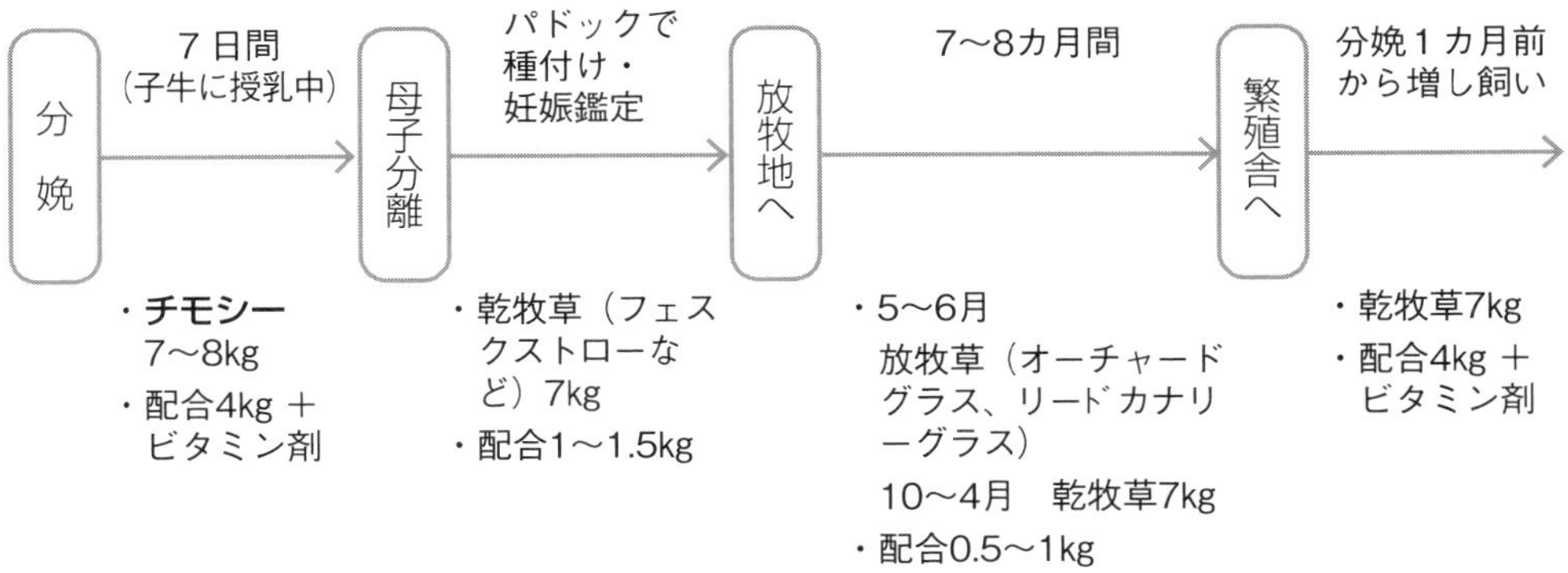

＊エサは1日当たりの分量

一つ目は分娩後7日間、授乳中の母牛へ与える草を替えたこと。二つ目は3カ月齢までの子牛の離乳と給餌方法を変えたことだ。

7日齢で体重4kg増が大前提

子牛を順調に大きく育てるため、小林さんが注目したのが体重だ。

まず生時体重。オス30kg、メス25kg以下と小さく生まれた場合は、どんなに元気に見えても体力がないので要注意。無条件でネオドリンクHG（中鎖脂肪酸ベースの栄養剤・㈱科学飼料研究所）を飲ませることにした。

それから7日目の体重。南那須牧場では7日齢までの子牛は母牛に授乳させ、生後8日目にハッチへ移す。「じつはこの時点でかなり体力差が出てくる」と小林さん。経験上、生時からの増体が4kg未満の場合は、やっぱり増体が悪い「ヤバイ子牛」なので、ネオドリンクHGを添加する。

ところがよく観察していると、7日目には4kg増えている子牛でも、2〜4日目は元気がなかったり体調を崩している子牛も多いことに気付いた。

そこで今度は、100頭近い子牛の体重を、1年間はかり続けた。

増体が止まる子牛が結構いる

それでわかったことは、たとえ7日目は4kg増えていても、毎日順調に増えているとは限らない、ということだ。

「1日目はどの子牛も必ず増える。おそらく母牛が分娩前から少しずつ溜めていた濃い初乳を飲むからでしょう。ところが2〜3日目はまったく増体せず、4日目から増え始めるパターンが非常に多い。体重がいったん減ってしまう子牛もいた」

いっぽうで2日目も3日目も、体重が順調に増え続ける子牛もいる。そういう子牛はハッチに移ってから病気もせず、人工乳（スターター）をよく食べてスムーズに成長していく。

「生後7日間は、子牛の一生を左右する大事な期間だと痛感しました。生後すぐは羊水や胎便の排出もありますが、生後2〜3日に体重が伸びない子牛は、おそらく思っている以上に2〜3日目の母牛の乳量や乳成分が低かった。子牛が必要としている量には足りてなかったんじゃないかな。和牛はホルスタインとまるで違って、産乳能力のための改良はほとんどされていないですし、反対に子牛の発育能力は高くなっていることもあります」

分娩後は配合より草の質が大事

では、子牛にもっと乳を与えるためにはどうするか。母乳は、母牛が食ったエサの成分をもとに乳腺細胞でつく

ありがちな子牛の生後7日間の増体パターン

	増体が停止するパターン		いったん体重が減るパターン	
出生時 35kg	体重	1日の増体量	体重	1日の増体量
1日目	36kg	＋1	36kg	＋1
2日目	36kg	±0	35.8kg	−0.2
3日目	36kg	±0	35.6kg	−0.2
4日目	36.8kg	＋0.8	36.4kg	＋0.8
5日目	37.8kg	＋1	37.4kg	＋1
6日目	38.6kg	＋0.8	38.2kg	＋0.8
7日目	39.6kg	＋1	39.4kg	＋1.2
	合計 ＋4.6kg		合計 ＋4.4kg	

結果的にはどちらも4kg以上増体しているが、2〜3日目は体重が変わらなかったり減ったりしている。母乳が足りないため、子牛が調子を落とし、疾病につながりやすい

られる。だから母牛の栄養を上げればよい。牧場では、繁殖牛はもともと分娩1カ月前から繁殖舎に連れてきて増し飼いをしていて、配合飼料を1日4kg与えていた。

「最初は授乳中の配合飼料を6kgまで上げてみた。ところが、ぜんっぜん効

授乳期の母牛の草を替えて子牛が増体

	2014年度（フェスクストロー）	15〜17年度（チモシー）
頭数	123	363
出生平均体重（kg）	31.9	33
自然哺育期間（日）	7.3	7.9
母子分離時体重（kg）	38	40.4
増体重（kg）	6.1	7.4
1日の増体量（kg）	0.82	0.87
1日に1kg以上増えた牛の割合（%）	31.7	44.1

生後約7日間の子牛の増体重が平均6.1kgから7.4kgと、1.3kg改善

1日1kg以上体重が伸びる子牛の割合が、約12%増えた

生後2〜3日目に体重が停滞する子牛もかなり減った

果なし。エサ代だけがかかって、子牛の体重は変わらなかった」

あきらめかけたところで牧場職員の井上直俊さん（33歳）が出したアイデアが、母乳に与える草の変更だった。

それまでは、維持期も増し飼い期も授乳期も、繁殖雌牛によく使われている、栄養成分が比較的低いフェスクストローを与えていた。それを育成期の子牛に与えているものと同じ、良質なチモシー（タンパクが高い）に全量切り替えた。

「とたんにめちゃめちゃ効果が出た。体重が止まる子牛が減って、7日間合計の子牛の増体量が平均で1・3kgアップした。数字はわずかですが、実際に子牛を持ち上げて体重をはかっている僕らからしたらみるみる牛が大きくなって、草だけでこんなに変わるのかとビックリ！」

1日1kg以上大きくなる子牛の割合も、2014年度は31・7%だったのが15〜17年度は44・1%と約12%も増えた。

ミルクは草でつくられる

なぜ草だけでそんなに変わったのか。粗飼料の成分は、牛の消化を助ける

VＦＡ（揮発性脂肪酸）のうち酢酸に影響し、酢酸は血中に乗って乳脂肪をつくるといわれている。

「チモシーに替えたことで、乳脂肪の原料となる酢酸が増えて、乳脂肪などの乳成分を上げたのでは」というのが小林さんの考えだ。

安価なフェスクストローと比べたらチモシーは高価だが、実際は分娩後７日間のみの話。

「それに子牛用のミルクは粗飼料よりも圧倒的に高価です。それをお湯に溶かして子牛に飲ませる労力も含めれば、お母さんの草を替えるだけのほうが安いしラク。人間にも子牛にも負担やストレスがかからない」

もちろん体重がすべてではないが、強壮か虚弱かのバロメーターになる。

「７日間のうち途中で増体が止まった牛と、毎日１kg以上伸びている牛と比べたら、７日後には数kg違ってくることもある。ハッチに入れる時、その子牛が35kgなのか、40kgに近いのかで、その後の育ちは絶大に違ってくる。７日齢なんて、生き物としてまだまだ弱いんです。たとえば冬の寒さが厳しい時、体が小さいほど代謝量は少ないし筋肉量が少ないから熱を発する力がない。大きいほど体力があるし、病原体に対する抵抗力も含めて、強いということがいえるんです」

ハッチで疾病もなくスムーズに育てば、ミルクから人工乳（スターター）へ、さらに完全離乳して育成用の配合へとエサを早く移行できる。それだけ早くルーメンができあがり、草をどんどん食える育成牛へと育っていく。牧場ではなんと、52日齢未満で完全離乳し、70日齢で育成配合を１日３kg以上食べきる牛も出てきた。

生後7日までの子牛は母牛と同居させ、初乳を含めて母乳を飲ませる

ハッチへ移動してきたばかりの子牛

完全離乳し、スターターも終えて育成飼料を食べている子牛。丸いフォルムからモリモリとした体つきに変わってくる

ミルクからスターターへ

生後7日間が過ぎたら、今度は次の

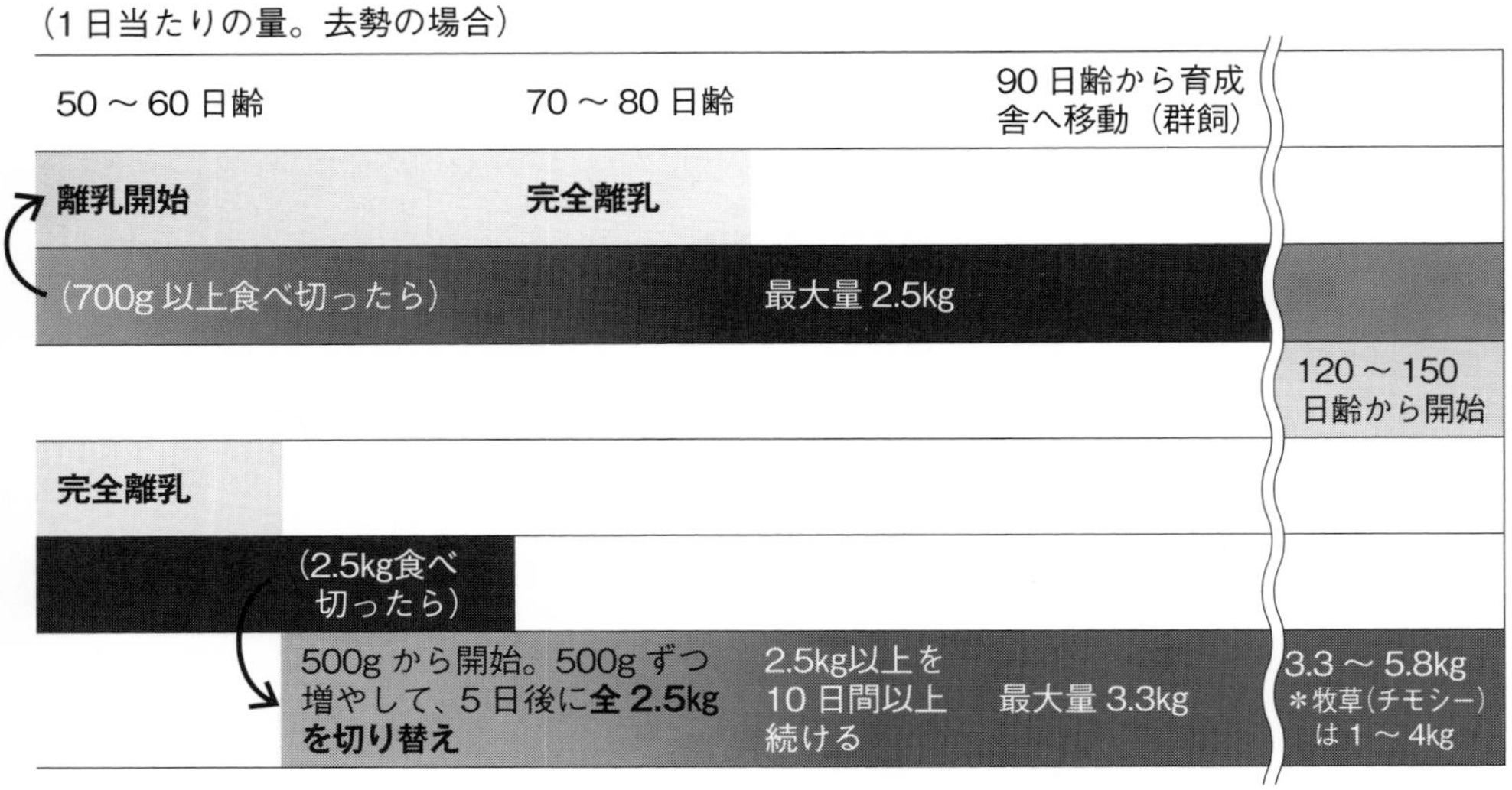

3カ月が勝負。大切なのは、母子分離後から3カ月齢までの、子牛のエサの切り替えだ。

50~60日で離乳開始だったが

牧場では、子牛を生後7日間は母牛と同居させて母乳を飲ませる。8日目以降はハッチに移し、1頭ずつ人工哺育でミルクを与える。

子牛は発育するにつれて養分要求量が増すので、スターターなどの固形飼料で補う。また健全なルーメン（第一胃）を早くつくるためにも、液状のミルクから固形飼料へ切り替える必要がある。スムーズにできればルーメンの絨毛がどんどん発達し、育成後半に粗飼料や配合飼料を食い込める腹がつくられる。

ではいつ離乳すればよいのか。

「ウチでいまチャレンジしているのは、早めにミルクから切り替える方法です」と、場長の小林健二さん。

以前は、50~60日齢まで待ち、かつスターターを1日700g食べ切るようになったことを条件に半日離乳（午前のみミルクを給与）を始め、80~90日で完全離乳させていた。これは一般的な方法で、指導書などにも書いてある。

「ミルクはある程度は飲ませないと大きくならないのではと心配だった。だから30日齢でミルクを1日5・6ℓ飲み（これが最大量と決めている）、同時にスターターを1kgも食べる子牛でも、50~60日齢までは離乳を始めなかった」

食べ過ぎて負担だった!?

ところが、よく飲みよく食べる牛に限って、そのうち軟便や下痢になり、エサを食わなくなってしまうことがある。当然体重が増えなくなり、体調が戻る頃には、結局他の普通の牛と同じくらいになってしまう。原因は過食だ。

「せっかく元気に食えていた牛なのに、僕がミルクを減らさなかったために腹を壊してしまった。さっさとミルクを減らしてあげればよかった、と後悔することが続いて、思い切って離乳を早めることにしました」

20日も早く離乳を開始

そこで始めたのが30~40日齢からの離乳開始。スターターを500g以上食えていることを条件にミルクを減量して、50~60日齢で完全離乳させるのだ。離乳のタイミングを、以前より20日も前倒ししたことになる。

実際、32日齢でミルクを5・6ℓ飲み、スターターを700g食べる子牛がいた。以前ならスターターを増やしながら50日齢までミルクをやり続けるところだが、33日齢から半日離乳した。当然子牛はお腹がすくので、スターターをどんどん食うようになる。この子牛の場合は50日齢にはスターターを2kgも食えるようになったので、完全にミルクを切った。まさかの2カ月齢未満で完全離乳だ。

たまにミルクの飲みがいまいち悪い子牛もいて、以前なら飲めるまで待ったが、いまは逆にミルクを減らす。するとそれをきっかけにスターターを食うようになることが多いこともわかった。

「もちろん個体差はあるし、子牛の採食量やサイズや便の状態などを見ながら進めることが必須ですが。スターターを早めに食べ始めることで、次の育成飼料への切り替えも早められます」

ミルク→スターター→育成飼料へのエサの切り替え方

	日齢	8日齢から母子分離 ハッチへ移動	10～20日齢	30～40日齢
以前	**ミルク**	2.8ℓ（1.4×2回）から開始		最大量5.6ℓ（2.8×2回）
	スターター			スターター開始
	育成飼料			
現在	**ミルク**	4.2ℓ（2.1×2回）から開始	最大量5.6ℓ（2.8×2回）	**離乳開始**
	スターター（CP20）	スターター開始（100g～）		（500g以上食べ切ったら）
	育成飼料（CP16）			

スターターから育成飼料へ

問題は育成舎での勝ち負けの発生

このスターターから育成（配合）飼料への切り替え方も、大きな課題だった。育成飼料は出荷まで与える濃厚飼料で、子牛の体重の伸びにはもちろん、ルーメン発達のためには欠かせない。

「繁殖生産者の方と話しても、エサの切り替えで牛が調子を崩しやすいと、苦労している人は多い。ウチもそうでした」と小林さん。それがやり方を変えたら、スムーズに、しかも早く移行できるようになった。

以前は、ハッチではスターターだけを食べさせ、90日齢で2・5kg（これが最大量と決めていた）食べ切るようになったら、育成舎に移して群飼していた。育成飼料への切り替えはその後。飼槽にスターターと育成飼料を並べて徐々にスターターと置き換え、1カ月ほどかけて切り替えていた。

「これが、ぜんっぜんうまくいかなかった」という。まず群飼だから、どの牛が何をどれくらい食べているかわからない。そこでよく観察すると、

「子牛は基本、知らない育成飼料を警戒して食べ慣れたスターターを食べたがる。すると、5頭の中でもガタイがよくて食欲の強い数頭が、スターターだけを我先にとガッツ食っちゃう。群の頭数分のスターターがあるので長い飼槽に置いても、この数頭が『やっ

た―、食べ放題！』って、他の子牛の分のスターターを1kg以上も多く食ってしまう」

そうすると何が起きるか。

「過食の下痢です。『お腹痛い〜』ってエサを食わなくなる。当然体力が落ちて病気にかかりやすくなる……負のスパイラルです」

いっぽう、小さい牛はどうなるか。大きい牛に大部分のスターターを食われて、残ったのは食べたことのない育成飼料しかない状況。

「じゃあ仕方なく育成飼料を食べるか、というとそんなことはないわけです。牛は新しいものに対してすごく警戒心が強い。そして我慢強いので『知らないエサなら食べない』という選択をする。食い負けが3日も続くと、やっぱり体力が落ちて病気になりやすくなる。勝ち負けが起きて、潰し合いをしている状態になっちゃう」

切り替えはハッチでたった5日でやる

そんな時、あるベテラン繁殖農家から「ハッチで切り替えてしまえばいい」と教わった。1頭ずつ管理できて、子牛が誰にも邪魔されずに食える環境

80日齢までの給餌によってDG（1日増体量）の伸びも違う （kg）

	哺育で頑張る（以前）		育成で頑張る（現在）	
	出生時の体重	35	出生時の体重	35
日数	DG	増体量	DG	増体量
80	0.9	72	0.75	60
200	1.05	210	1.15	230
日齢	日齢DG	出荷体重	日齢DG	出荷体重
280	1.15	322	1.16	325

前半80日（80日齢まで）は、ミルクをたっぷり続けた牛（左）のほうがDGがよい。しかし後半200日（80～280日齢）は、早めに離乳してスターターや育成飼料を食わせた牛（右）ほうがDGがよい。エサ代も安くなる

だからだ。

さらに、なんと「5日で育成飼料に切り替えられるぞ」とのこと。切り替えは2週間〜1カ月かけてゆっくりやる、というのが教科書的な考え方だ。

「まさかと思いましたが、切り替えがうまくいってなかったのだから、やってみようと思いました」と小林さん。

ハッチで離乳後、60〜70日齢の頃、スターターを2・5kg食べ切るようになったら切り替え開始。スターターを2kgに減らして育成飼料を500gやる。残餌ゼロを確認して、次の日はスターター1・5kgと育成飼料1kg、3日目は1kgと1・5kg、4日目は500gと2kg。5日目には2・5kg全量が育成飼料にできるというわけだ。

食い切らせるコツは、育成飼料をスターターに手でざっと混ぜ返すこと。スターターの上にバサッと乗っけるだけだと、知らないエサだと思って食べない可能性がある。

「もちろん採食状況をチェックしながらですが、この方法でウチでの成功率は99%です。調子が悪くなったこともありません。目からウロコでした」

結果、70〜80日齢で育成飼料を2・5kg食える牛がハッチ内でできあがる。どの子牛もしっかり育成飼料を食えているので、90日齢で育成舎へ移す時も大小の個体差があまりなく、サイズが揃うようになった。

牛にも精神年齢が!?

そんなに早くたくさん育成飼料を食べられるなら、育成舎へ移すのも前倒ししてもよいのではと思うが、これはそうでもないらしい。

「以前、75日齢で2・5kg食べ切る子牛ができたので、さっさと育成舎へ持っていったことがありました。ところがそういう子牛はほぼ全頭、食い負けした。少し先に育成舎へ入れた子牛と同じくらいのエサが食えるし、体のサイズも負けていないのに遠慮する」

もしかしたら牛にも精神的な成長があるのではないか、と小林さん。

「これはあくまで自論だけど、たとえば身長175cmの小学3年生を、ガタイがデカイからっていきなり中学校に行かせても、ぜんぜんなじめないでしょ。気の強さとか、大人っぽさとか。それと同じなんじゃないかな」

出荷1カ月前の子牛。群飼に移しても順調に育ち、粗飼料をたくさん食い込める腹ができている。中央の牛は335kg（273日齢）で出荷

それからはどんなに早く育成飼料を食べ切る子牛が出ても、90日齢まではハッチにおくようにした。さらに育成舎に移動できるのは、ハッチで10日間は2・5kg以上の育成飼料を食べていることを条件にした。負け牛はすっかりいなくなった。

不安だったけど体がゴツゴツ

ミルクを切るのも、スターターから育成飼料への切り替えも、こんなに前倒しするやり方は、最初は小林さんも「本当にいいのかなあ、大丈夫かなあとものすごく心配で仕方なかった」。

しかしハッチで育成飼料を食えるようになると、子牛は背も体長も伸びてきて骨格ができてくる。そしてハッチを出る90日齢の子牛は、雄雌ともに体重が以前より5～15kgも増えた。見た目も全体的に丸い感じだったのが、背中がゴツゴツとした体つきに変わった。そしてその後、粗飼料もしっかり食い込める。

ある時この方法で育てた去勢を出荷。増体系の血統ではなかったにもかかわらず、90日齢で123kg、出荷時は291日齢で367kg、DG（1日増体量）は1・26（矢板市場の当時の平均は1・17）という数字。

「ドキドキしながら出すと、繁殖や肥育の生産者が『おっ！　これどうやってつくったんだ?』『牛の形がよくなってきたな』と声をかけてくれた。後日、どんな飼い方をしているのかと牧場に見に来てくれた人もいる。うれしかったですね～。エサのやり方を変えて本当によかったと思いました」

コスト減の効果も

「いいかなと思うのは、コスト面もあります」と小林さん。ミルクは牛のエサの中で比較的高価だ。コスト的にはミルクを多く長くやるより、育成飼料を長くやったほうがいい。

早く切り替えれば、反芻動物として一番得意なルーメン機能が早めにできあがり、草をどんどん食える育成牛へと育つ。出荷時の体重は平均で20kg増えた。きちんと草を食い込めているから、余計な化粧肉がつくこともない。

「3カ月齢までのエサのやり方を変えるだけで、こんなにも牛が変わる。飼い方を見直す価値はあると思います」

育成時でも配合0・5kg！草メインで子牛の腹をつくる

◉茨城・佐藤治彦さん

配合飼料が1日わずか0・5kg！

佐藤治彦さんは一家で和牛の繁殖肥育一貫経営を営んでいる。現在、繁殖牛は約80頭、育成・肥育牛は150頭。肥育牛は年間60頭を出荷している。繁殖・育成から肥育までを自分たちでやり、枝肉成績もすべて把握している。

そんな佐藤さんの家では、3年ほど前から子牛の育成時（8～9カ月齢まで）のエサやりを大きく変えた。以前は育成用配合飼料を1日最大3～4kgあげていた。これは一貫経営では一般的な量で、子牛を出荷する繁殖経営かからみれば少ないくらいだ。ところが、その配合飼料をいまは最大2kg、6カ月齢以降はなんとわずか0・5kgに抑えているというのだ。逆に粗飼料のイタリアンサイレージをかなり多給するようにした。数字だけを見るとかなり衝撃的だが、どういうことなのだろう。

意外と化粧肉が付いていた

「きっかけは、子牛の問題というよりも、肥育した牛の枝肉成績が、最近どうも頭打ちだったことです」と佐藤さん。枝肉が小さく、ムダな脂が多くて歩留まりが悪い牛が続いた。どうしてなのか？　この原因を探ることからエサの見直しが始まった。

枝肉のムダな脂はサシとは異なるもので、肉の歩留まりを落としてしまう脂だ。サシは肥育時につくられるものだが、ムダな脂は子牛の育成時に付いたムダ肉、いわゆる化粧肉が影響している可能性がある。育成の時の化粧肉が、枝肉での脂の付き方にも悪さをする。そしてこの化粧肉が付くということは、育成時の腹の出来方が甘いということ。粗飼料が足りていない、食えていないという証拠だ。だから肥育でエサを食い込める腹もできていない。

佐藤さんは全頭自家産。子牛市場にも出していないので、高く売るために濃厚飼料で太らせるような飼い方もしない。当然、飼い直しも必要ない育成をしてきたはずだった。

しかし他所をあちこちまわっているエサ屋などに改めて牛を見てもらうと、尾枕が付き、ブリスケ（前垂れ部分）が厚くなっていることがわかった。

「これらは完全にムダな脂なんですよ。こんなもんだと思っていたから気付かなかったけど、いつの間にかそうなっていたんですよね」

軟便・下痢の子牛が多かった

もう一つ、改めて子牛を見ると、軟便が多く、下痢で風邪をひく子牛も多くなっていた。これでは粗飼料をちゃんと与えていたつもりでも、牛は食えていない。飼料効率も悪い。体も、腹が垂れたような下がり方をした「金魚っぱら」だった。

「軟便だったり下痢している牛は腹ができていない。腹がつくれないと、その後を望んでも無理。これじゃまずいだろうと思った」

佐藤治彦さん（39歳）、千歩子さん、お手伝いが大好きな娘のすみれちゃん

エサの見直し①サイレージ

▼水分を抑えめにする

軟便の原因は、タンパク質が多すぎる、エサのタンパク質とデンプン質のバランスが悪い、などいろいろなことが考えられる。が、まず注目したのは、サイレージの水分だ。

水分が多過ぎると消化スピードが速くなって反芻が減ったり、便が緩くなったりして、腹ができない。

また水分が多いとそれだけ乾物量が減り、同じ重量を与えていても実質はカサが少ないことになる。

佐藤さんの家では、イタリアンサイレージ（一番草）を自給している。草のタンパクの値は出穂してからどんどん減ってしまうので、出穂より早めに刈っていた。ただ若い草は水分が多い。発酵品質も低下しやすい。

そこでいまは出穂してから刈り、またなるべく乾燥してからロールにしてサイレージをつくるようにした。草自体も軟らかすぎず、繊維分がありつつ、嗜好性のよいものができるようになった。

「このくらいの草のほうがエサのバランスが取れるのかな。子牛が全体的に落ち着いた。横になって反芻する時間が増えたし、よく寝る子牛が増えた」

軟便や下痢が減り、糞のしまりもよくなった。消化がゆっくりになったのか、肋張りもよくなった。

▼糞を見れば草がわかる

もちろん、サイレージにも出来の違いがあり、必ずしもすべてがベストではない。そんな時も、牛からのサインを見逃さないようにする。

たとえば糞が緩めになった時は、食べるスピードがいつもより速くて牛がもっと欲しがっていないか。それはサイレージの水分が多かったり草が細かったりして、乾物量が足りていない可能性がある。その時は、もう少し量を増やしたり、乾草を足してやるようにする。

エサの見直し②配合飼料

▼減らしたら体質が変わった!?

サイレージの質を変えたのと同時に、配合飼料のやり方も変えた。

「せっかくいいサイレージができたから、なんとかこれを中心にやりたいと思っていた。そんな時、配合をもっと減らすやり方もあるとエサ屋さんに聞いたんです」
それまでのやり方では、哺育牛にはスターター（哺育用配合飼料）を最大1日2kg食わせる。離乳後は育成用配合飼料に切り替えて最大3～4kgと徐々に増やしていた。それを、育成用配合飼料に切り替えてからは量を増やさず、逆に徐々に減らして、6カ月齢頃からは1日0・5kg（0・25kg×2回）にするのだ。

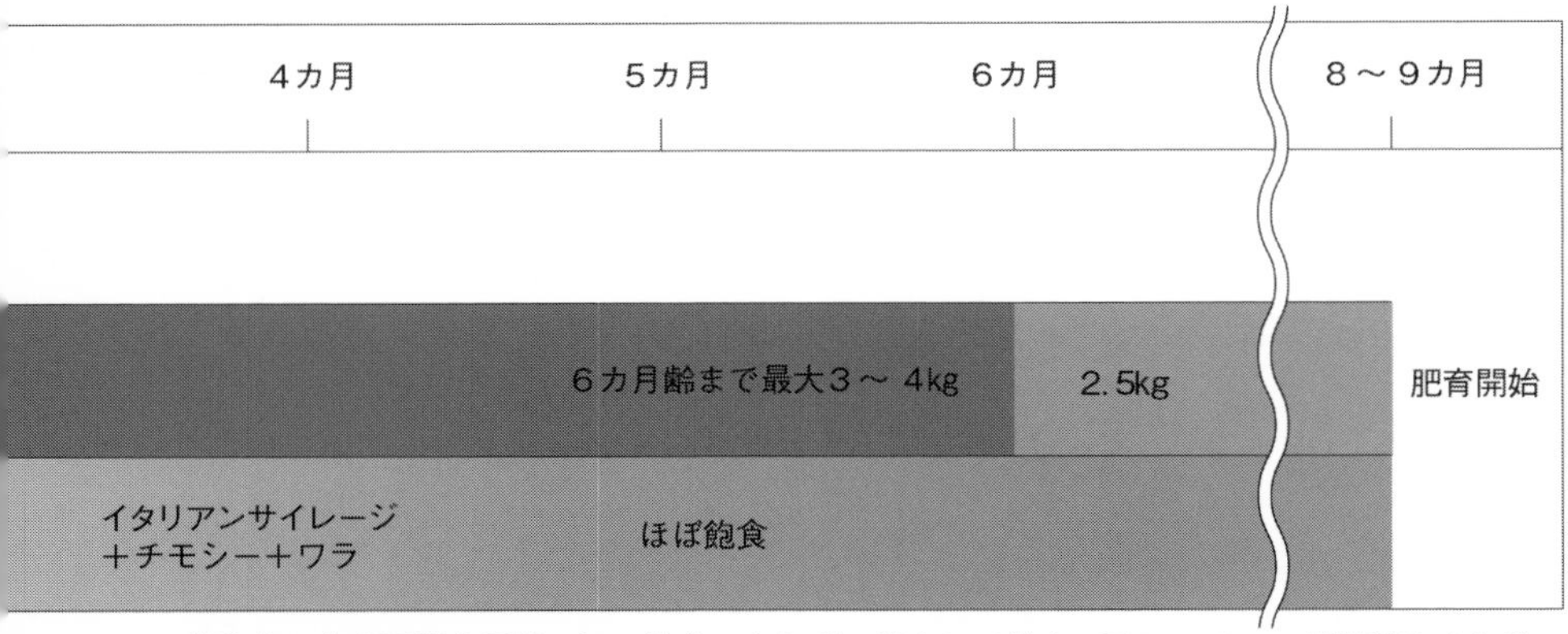

・離乳後は育成用配合飼料に切り替え、少しずつ増やして最大1日3～4kg。粗飼料はイタリアンサイレージが主体でチモシー（購入）も与えていた。1日3回に分けて与えていたが、子牛は残し気味だった

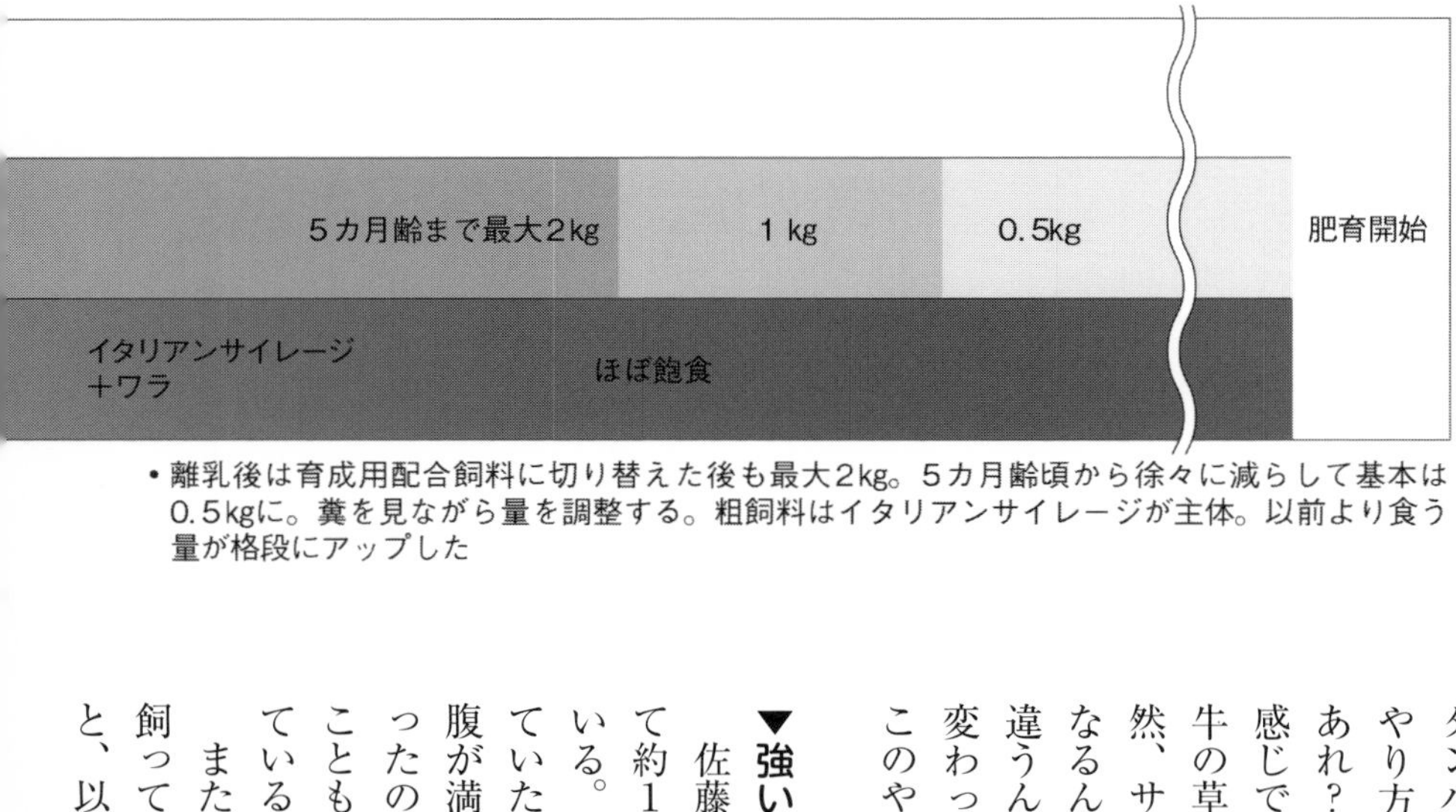

・離乳後は育成用配合飼料に切り替えた後も最大2kg。5カ月齢頃から徐々に減らして基本は0.5kgに。糞を見ながら量を調整する。粗飼料はイタリアンサイレージが主体。以前より食う量が格段にアップした

「配合飼料は、本当にパラッとしかやらないから、最初は自分でも減らすのが怖かったですよ。ちゃんと育つのか、タンパクが足りなくならないか。牛もやり方を変えたばっかりの時は『え、あれ？ もう終わりなの⁉』みたいな感じで（笑）。でも2～3日もすると、牛の草の食い方が全然違ってきた。俄然、サイレージをガツガツ食うようになるんですよ！ その腹の出来が全然違うんだもの。草で大きくなる体質に変わったみたい。いまは牛も人間も、このやり方に慣れちゃいました」

▼強い牛も食い過ぎない

佐藤さんは以前から、粗飼料を与えて約1時間してから配合飼料をやっている。それでも最後まで牛は草を残していた。配合飼料を3kgやるとそれで腹が満たされて、草のほうを食わなかったのかもしれない、品質が低かったことも影響していたと佐藤さんは考えている。

また、育成・肥育牛は4頭を1群で飼っていて、配合飼料を飼槽に入れると、以前はどうしても強い牛が多めに

食ってしまっていた。そのことが化粧肉をつくってしまっていた可能性もあるのだ。いまのように配合飼料がこれしかなければ、群飼でも食べ過ぎや食い負けはたいして出ない。

以前 のエサのやり方

1日当たりの量＼月齢	（1カ月・2カ月・3カ月）
ミルク（3日齢までは母乳）	4日齢から開始　最大1kg（500g×2回）　2カ月齢頃に離乳
配合飼料	スターター開始　生後2カ月で平均2kg。足りない子牛にはスターターをさらに追加　育成飼料に切り替え
粗飼料	チモシー＋ワラ

- 3日齢で母子分離。ミルクとスターターを与える。粗飼料はイタリアンよりタンパクが少なく硬めのチモシーが主体

いま のエサのやり方

ミルク（3日齢までは母乳）	4日齢から開始　600g（300×2回）（これが最大量）　2～3カ月齢で離乳
配合飼料	スターター開始　生後2カ月で平均2kg（これが最大量）。足りない子牛には育成飼料を追加　育成飼料に切り替え
粗飼料	チモシー＋ワラ

- ミルクの量は最大600gに抑えつつ、2～3カ月齢まで与えるようにした。スターターは最大2kg、足りない子牛にはスターターより栄養分が低い育成飼料を追加

子牛の糞。形がしっかりして、締まりがあり、照りもある。落ち着いて反芻する時間も増えた

子牛からのサインを見逃さない

見えてきた課題もある。

「いまのエサのやり方で腹ができるようになったのは確かだけど、皮膚病が出てきたりするから、わりとギリギリの栄養なのかなと思うこともある」

またこれだけサイレージに依存している限り、サイレージの出来が牛の出来を左右するといっても過言ではない。

だからサイレージがベストではない

時こそ、見極め方や与え方など、微調整が必要だ。糞の状態を見ながら配合飼料を1kgに増やすこともある。

　また、これらはあくまで肥育するための子牛へのエサのやり方。繁殖牛（母牛）に育てるための子牛には配合飼料は1kgくらいはやらないと、最初の発情・分娩時期が遅れがちなこともわかってきた。

歩留まりがアップ

　良質のサイレージを多給して配合飼料を抑えて育てた結果、軟便がなくなり腹の出来がいい子牛が増えた。糞が軟らかい＝消化スピードが速い、草を十分食えていない→配合をたくさんやる→下痢になる……という悪循環から抜け出せたという。


　病気になる子牛も格段に減った。ちょっと風邪をひいたとしても、熱を出したり重篤な症状にならないのだ。

　昨年、最初からこのエサのやり方で育成した子牛を、肥育して市場に出荷した。結果、枝肉の歩留まりの値が1ポイント近くもアップした。アラザシは減ってコザシが増し、肉屋が喜ぶ牛に育った。現在の相場は3、4年前よ

イタリアンサイレージ。水分率は50%以下。給与前に細断する。写真のサイレージの出来は少し軟らかめ

育成用の配合飼料。6カ月齢以降は1日1頭あたり0.5kg（0.25kg×2回）与える。ボウルにたった半量で、ちょうど4頭分の1回の量

約7カ月齢の子牛。しっかり肋が張り、腹ができてきている

約27カ月齢の肥育牛。腹ができ、背中もしっかり盛り上がっている。サイレージを多給した子牛は、肥育時の配合飼料のやり方は以前と変わりないが、ワラを食い込む量が増えた

り下がり気味だが、佐藤さんの家の枝肉の価格は変わっていない。

コスト減がこれからの強み

コストも明らかに減ったはずだ。「しっかり計算はしてないけど」と佐藤さんはいうが、配合飼料は6分の1以下になったのだ。粗飼料についても、以前は子牛用にチモシーを購入してイタリアンと併用していたのだが、現在は8haでつくるイタリアンのみで済んでいる。

「配合飼料をたくさんやって上手に肥育できる人もいる。ただ自分の場合はコストを考えると……。TPPとかこれからの情勢を考えたら、相場が上がるのは難しいかもしれないし、一農家でどうこうできる問題でもない。でもやれることはやって治療代やエサ代を減らしつつ、いまの枝肉の価格をキープしていければと思ってる。収穫機を持っていて、エサを自給できる地域にいるんだから、これからもなんとかいい牧草をつくって生かしたい」

子牛の草の細断長はどれくらいがいい？

◎茨城・佐藤治彦さん

サイレージにしてから切断

一家で和牛の繁殖肥育一貫経営を行なう佐藤治彦さん（39歳）。92ページの記事では、粗飼料と濃厚飼料のやり方をどんなふうに変えてきたかをご紹介いただいた。特に粗飼料を多給するにあたり、その都度、粗飼料の質を見極めて量を調整しながら、濃厚飼料の量も加減してバランスをとるようになった。

その他に、粗飼料を与える時、毎日気をつけるようになったことがある。それが、粗飼料の「細断長」だ。

離乳後（2〜3カ月齢）から肥育開始（8〜9カ月齢）までの子牛に与える粗飼料は、自家産イタリアンサイレージが主体だ。

イタリアンサイレージは、佐藤さんは刈った後に予乾し、草が長いままロールにして密閉し、発酵させてつくる。

そして牛に与えるときに、ロールをベールカッターに入れて切断する。このときに、草をどのくらいの長さに切るかで「牛の食い方が変わってくるんです」と佐藤さんはいう。

短いほどいい、とは限らない

「『長い草より短い草のほうが、牛はたくさん食う』ってよくいわれますよね。だから以前はイタリアンサイレージをいつも2cm以下の短めに切っていました。たくさん食ってほしかったから。ところが、どうしても軟便になりやすかったんです。消化スピードが速すぎたのかな」

結果、乾物摂取量も少なくなった。そこで佐藤さんは、少し長めの6〜8cmの範囲で切るようにした。6cmか8cmかは、草の太さやサイレージの硬さ（水分量など）によって変える。

たとえば茎がいつもより細かったり、水分が多くて柔らかい場合は、消化が進みやすい。だからゆっくり消化させるために長めに切る。特に早生品種や早刈りの草に多い。

細断長の設定箇所。2、6、8、14、20cmの5段階に調整できる

イタリアンサイレージやイナワラをロールごと入れて切断するベールカッター

スパッときれいに切れたイナワラ。切れ味のよい刃で切った草を牛が食うと、ルーメンの動きが活発になる

茎が太かったり、水分が少なくて硬くてバリッとした出来の場合は、6cmに切る。こちらは刈り遅れの草に多い。粗飼料として他に、地元産のイナワラも与える。こちらも細いものは長く、太いものは短めに切るようにした。

一律に短く切るのではなく、糞状を見て細断長に幅を持たせるようにしたところ、「子牛が落ち着くようになりました」と佐藤さん。エサを食べた後、横になって反芻する時間が増えたり、よく寝る子牛が増えた。糞の締まりがよくなり、軟便はかなり減った。

鋭い切り口がルーメンを刺激

佐藤さんがもう一つ気を付けていることは、ベールカッターの刃の切れ味だ。切れが悪いと、せっかく長さを設定してもその通りに草を切ることができず、長いものが多く混じってしまう。

また、切断面がつぶれてボソボソしたものより、葉や茎がスパッと切れたものを食わせたほうが、ルーメンの活動が活発になるといわれている。

佐藤さんは切れ味を維持するためには、こまめに刃を取り外し、グラインダーで研ぐようにしている。

「目の前の草がベストじゃないときにどうするか。細断長や切れ味に気を付ければ、柔軟に対応できると思います」

細断長と切り口で何が変わる？

長年、佐藤さんの家のエサづくりや飼い方を見てきた二井博美さん（麻布大学大学院獣医研究科共同研究員）に伺った。

▼草の長短が噛む時間に影響

牛は草が1cm程度の長さにならないと飲み込めません。だから飲み込むためにたくさん噛みます。

草が硬い場合は、牛はより時間をかけて噛まなくてはならない。噛む時間を少し減らしてやるために、短く切ってやってもいいでしょう。

しかし草が柔らかい場合は、長い場合と比べて噛む時間が短くなり、唾液の分泌量が減ります。この時に濃厚飼料を多く食べて粗飼料が少ないと、ルーメンのpHをコントロールしにくくなり、ルーメンpHが下がりやすくなります。もし草を短く切れば、さらに噛む時間が減ります。細断長を長めにすることで、噛む時間を確保することができます。

▼切り口から微生物が分解する

草は牛の胃の中の微生物によって分解されます。植物の細胞壁は硬いので、微生物は細胞が剥き出したように壊れている面から分解していきます。スパッと切れば組織が潰れていないので分解しやすい。しかし、切れ味が悪い刃で切り、引きちぎられたような切り口になってしまうと、組織がぐちゃぐちゃに潰れて微生物がなかなか進入できず、分解されにくくなります。

また切り口がシャープなほうが、胃に入ったときにも胃壁への刺激性が高いので、ルーメンの蠕動《ぜんどう》運動が活発になります。

（159ページの二井先生のカコミ記事もご覧下さい。）

売値が5%アップ!? 出荷前の毛刈りのコツ

◉宮城・菅原みね子

筆者（76歳）。繁殖牛を8頭飼っている。毛刈りの腕が評価され、共進会で何度も入賞。家には数えきれないほどの賞状とトロフィーが飾ってある

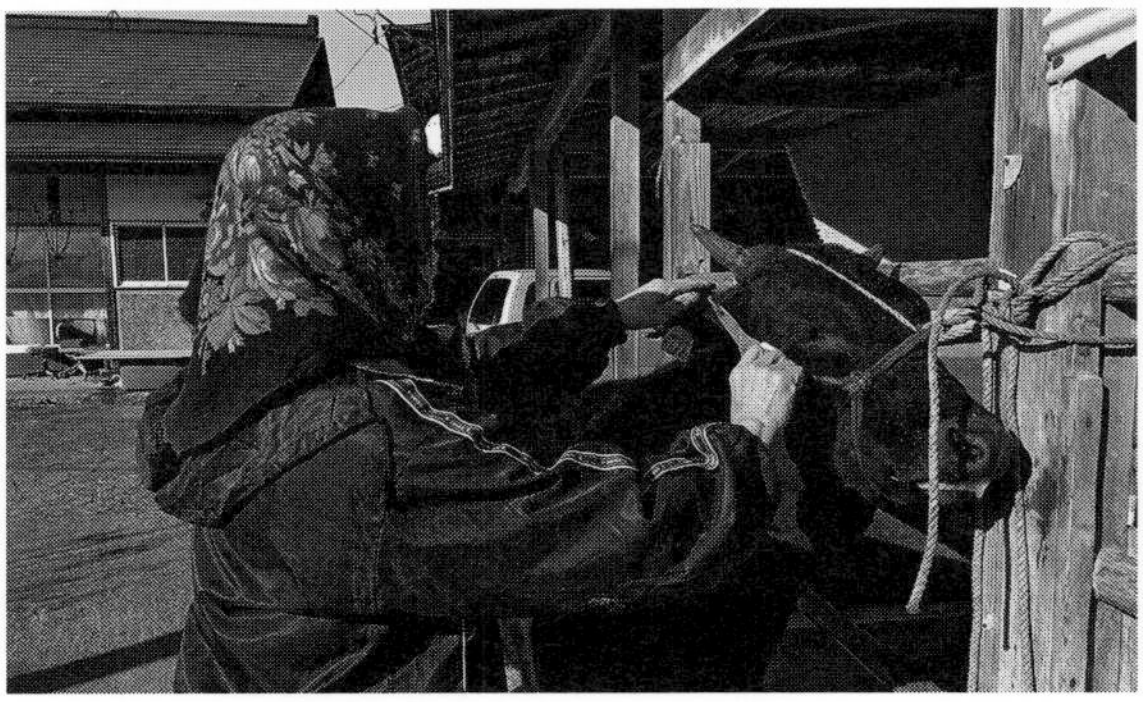

出荷の2～3日前、頭、耳、角の付け根などのムダ毛をハサミで切る。顔が見違えるほどよくなる。ハサミは100均で購入

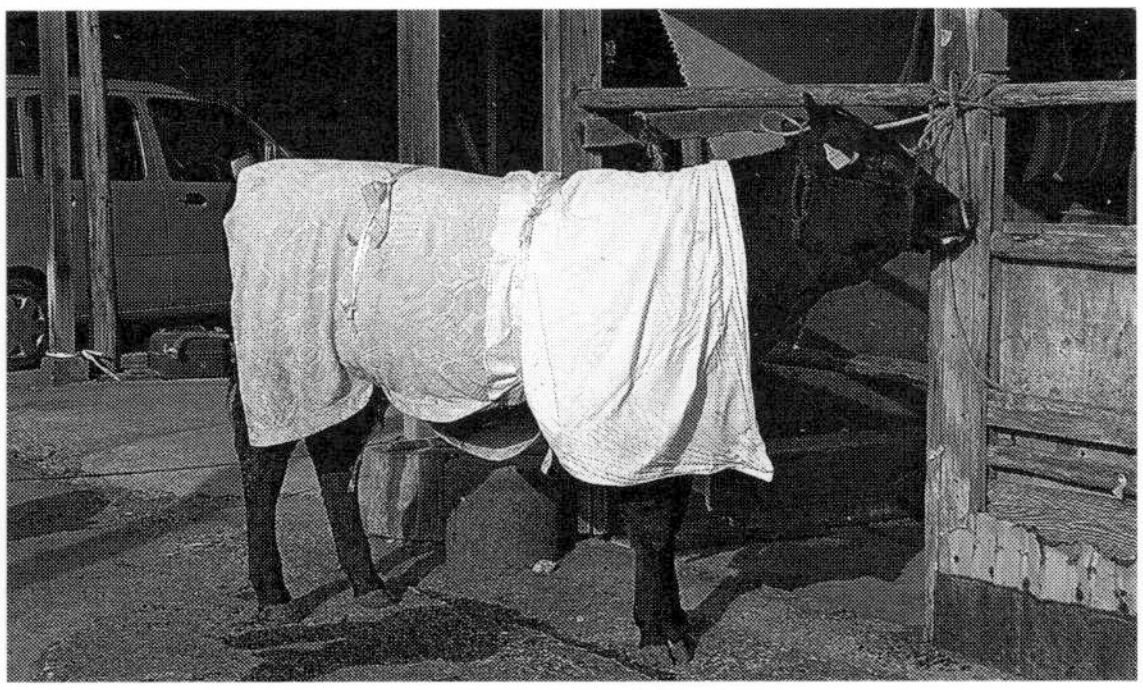

出荷前日、子牛をシャンプーとリンスで洗い、タオルケットや毛布やシーツを被せる。そのまま市場に連れていく。風邪をひかないし、毛艶もよくなる

もともと5頭の牛を世話していて、その後、徐々に増やしていきました。夫婦で畜産講習会に参加し、やれそうなことは実践。牛の毛刈りもその一つです。出荷1カ月前から子牛の体を洗い、ボサボサの毛を刈り、前日までにきれいに仕上げます。

また、子とり用のメス牛（繁殖素牛）を導入した時も手入れをしています。そうすると、繁殖牛を登録する際の審査でいい点数がもらえます。

平成元年から、地区の共進会で毎回入賞できるようになり、代表に選ばれたこともあります。これも牛の手入れがよかったのだと思います。

毛刈りした牛を市場に出したとき、友達から「やっぱり違うね」「光ってるね」と言われると、心が温かくなります。これが価格を5%アップできる、私たちの努力と思っています。また、毛刈りをしながら牛と接することで、性格がおとなしくなり、搬送車にすんなり乗ってくれます。

毛刈りスタート

毛刈りの段取り

子牛の出荷1カ月前に、ハケでヨロイ（体表に付着した糞）を落とし、シャンプーとリンスで洗う。乾いたら、ボサボサの毛をハサミで大まかに切る。その後、1週間おきにカミソリを当てる（カミソリで毛刈りする日の作業手順は写真①〜③）。

①ブラッシング

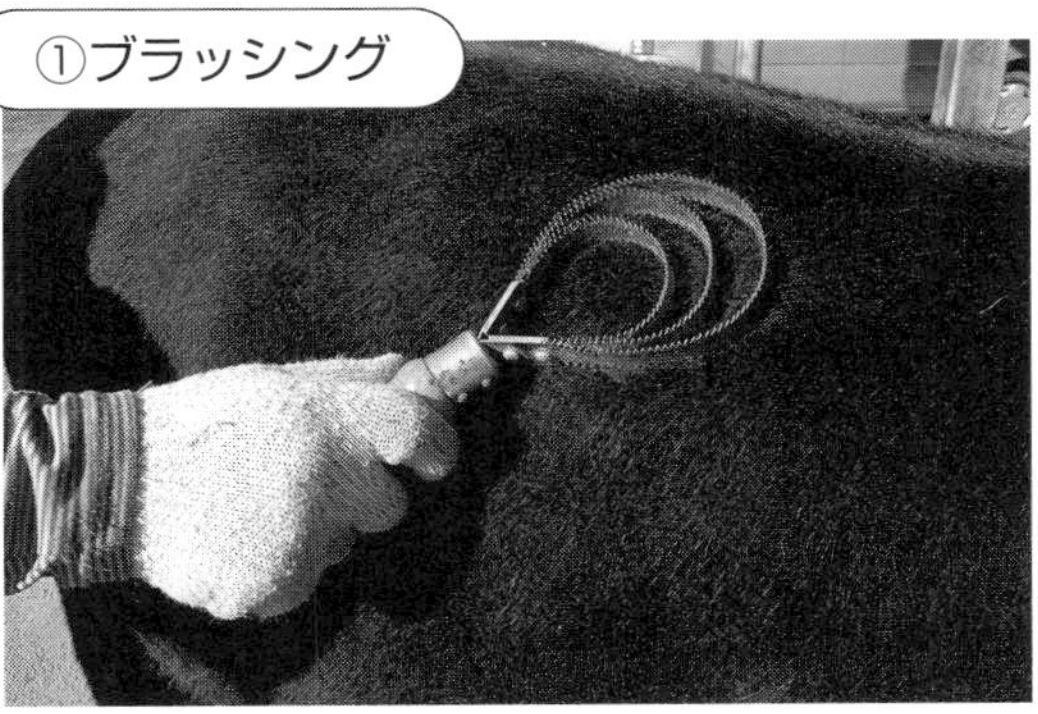

まずはブラシをかけて、毛を整える。この牛はすでに何度か毛刈りをしている

②湯拭き

湯に浸けて絞ったタオルで、牛の体を拭く。こうすると、毛刈りしやすくなる。作業しているのは夫の勝雄（79歳）

③カミソリで毛刈り

カミソリを上から下に滑らせ、体全体の毛を刈る。カミソリは強く当てずに、軽くサーッサーッと動かす。体の凹んだ部分の毛を長めに残すのがコツ。そうすると、凸凹が目立たず、表面が滑らかになる

カミソリは使い捨て（人間用）で十分

毛刈り後の牛。見た目が美しいので、出荷したとき目立つ。他の牛と差がつき、高く売れる

子牛の死亡事故率4・7%が1%未満に減った話

◉小林健二

【野帳マニアになる】

事故率が４・７％もあった

全農南那須牧場は２００８年に開設し11年より本格稼働した、全農直営の和牛繁殖牧場です。母牛は約２００頭、子牛をあわせると常時約３００頭を飼養し、数名で管理しています。

当初、牧場では疾病が流行し、事故が多発。子牛の死亡事故率は４・７％と非常に高いものでした。しかも一般的に事故率の高い哺育時期ではなく、３カ月齢以降の育成時期の斃死《へいし》（疾病等で死亡すること）頭数が多いという、緊急事態にありました。

疾病などで成育状態が悪くて出荷成績も振るわず、素牛市場でたくさんの方々に「全農の牧場としてもっと頑張れよ」と叱咤激励される日々でした。

現在、事故率は０・８％と１％未満に減りました。この間の改善策、特に牧場で従業員が、みんなで何をどう共有して取り組んできたのかを紹介します。

死が続くと心が閉じる

自分が育てている子牛（もちろん成牛も）が斃死すると、人は大変傷つきます。１頭死ぬと最低でも１～２週間、１カ月以上落ち込むこともあります。子牛が斃死すると飼養する人間の心からは何かが奪われるように感じます。

個人的な印象ですが、もしも毎月のように事故があったら非常に危険に思います。私たちの心は毎日毎日落ち込み、立ち直れなくなってしまいます。ただそれでは生活できないし、他の牛たちの世話もあります。すると人間は、牛の斃死に対して心を閉ざすようになるのです。これは各地の多くの繁殖農家の皆さんとお話しした際に「本当にそうだよなあ」と共感いただいた話で、自衛本能とでもいうのでしょうか。

実際、事故が非常に多くて困っていた別の農場を訪問した時もこんな会話を耳にしました。

「朝来たら子牛が１頭死んでいました」「そうか、仕方ない。いつものように対処しておくよ」……決して牛が死んだことを悲しんでないわけではありません。ただこうなると、事故を減らそう！　というモチベーションは低くなり、改善のアイデアも出ません。

そうなる前に、南那須牧場も早く改善する必要がありました。

まず取り組んだことは、なぜ疾病が発生しているのかをきちんと見極めること。そのためにクリニックチェック（家畜衛生検査）や踏み込み消毒を徹底し、作業動線や衛生エリアを分け、長靴の使い分けなどを行ないました。

野帳をつくって毎日記入

その上で、牛の記録を毎日残すことは本当に重要だと思います。

私は研修会講師の際などでいつも「野帳マニアです（笑）」と自己紹介するほどこだわっています。他の農場でも、野帳（日報・繁殖台帳・治療記録など）がきちんとしている所は管理が行き届き、成績が比較的高いと思います。

南那須牧場では当初、哺育牛の記録以外は、育成牛、繁殖牛、牧場全体の日報をすべて1枚の紙に詰め込んでいました。育成牛や繁殖牛にも毎日の出来事があり、次の日に引き継ぐべきことがありますので、それらも記入できる、よい野帳が必要だと考えました。

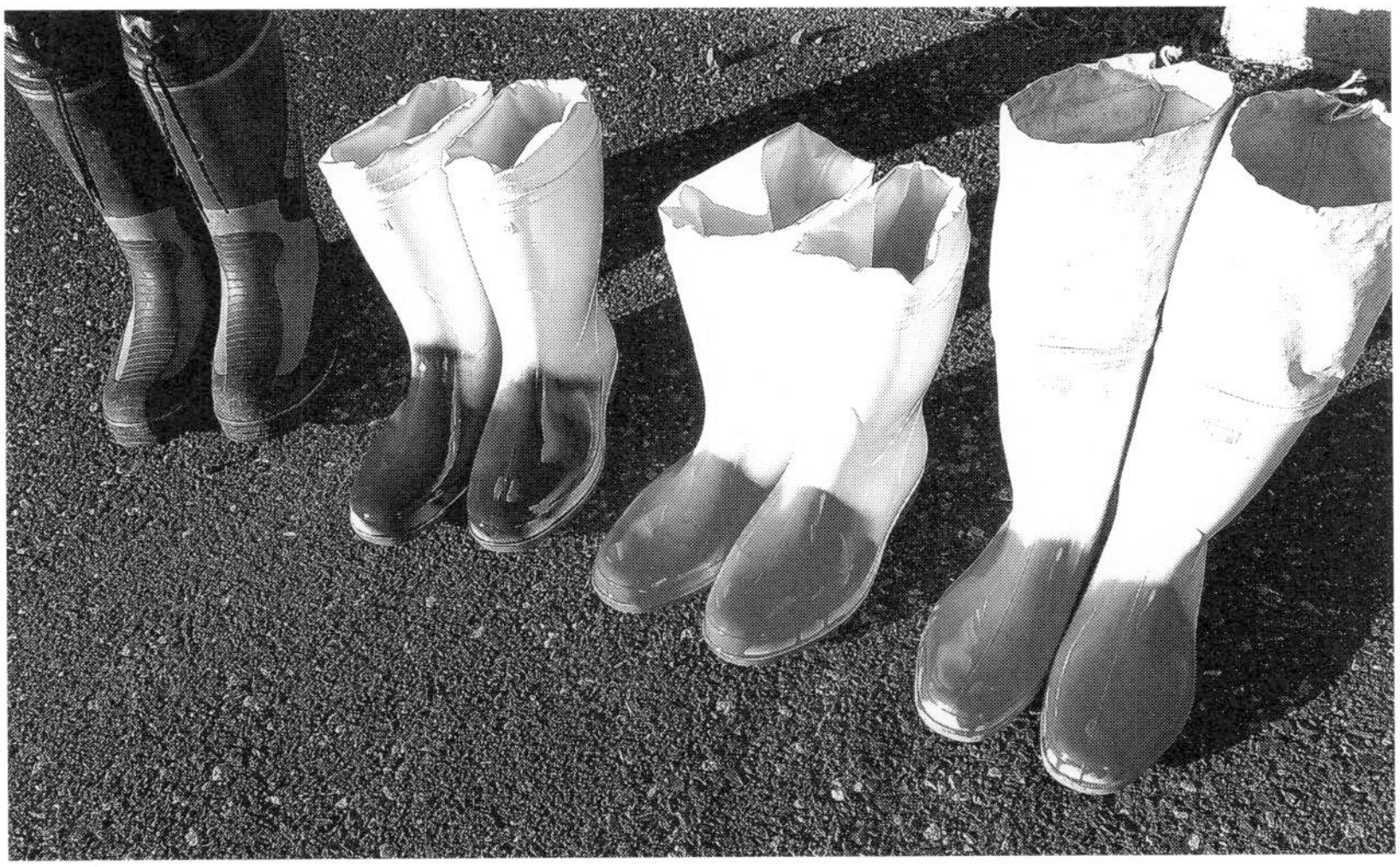

哺育舎、育成舎、堆肥場などエリアごとに長靴を使い分けるために、違う色のペンキをスプレー。それぞれの畜舎の入口にもペンキを塗り、入る時にその色の長靴に履き替え、堆肥場や他の畜舎の病原菌を持ち込まないようにした。白い長靴のほうがインパクト大

▼早めの対処が可能に

たとえば耳標100番の母牛は前回どんなお産だったのか、種付けは何回で成功したか。頭で覚えているよという人もいるかもしれませんが、3〜4年前のことまで全頭間違いなく覚えている人は少ないと思います。この母牛が前回も前々回も難産で、それがきちんと野帳に残っていれば「今回は早めに分娩房に移そう」「お産の観察頻度を多くしよう」と対処できます。

子牛の場合、たとえば春先の季節変わりに空咳が多数発生したとします。「3年前の子牛たちにも同じように咳が発生したことがあったな」といったときに当時の野帳を見返せば、どんな治療や薬が効いたかわかります。

実際、南那須牧場でも「昨年は○月×日から咳が出て治療が後手にまわった。今年は噴霧消毒を△月から開始しよう」と実施して、疾病発生を減らせたことがありました。こういう積み重ねが管理レベルやスキル、農場の成績を上げていくと考えます。

▼「記入が簡単」がいい

よい野帳のポイントの一つは「記入が簡単であること」です。記入自体に満足したり、書くのが億劫になるものであってはなりません。

大事なのは牛を観察すること。その中で今後に生かせる情報を毎日残すことです。週末にまとめて書こうとするのは絶対にダメです。昨日はどうだったかな？　3日前は？　と思って見返しても記入がないと、どんどん野帳の価値は下がっていきます。

記入を面倒にしないためには、無駄をできるだけ省くことです。たとえば、南那須牧場では当初、日報や哺育の野帳に毎日いちいち担当者名を記入していましたが、名前を印刷して丸をつけるだけにしました。頻繁に給与する添加剤や常時使う治療薬も、頭文字などを治療欄に印刷して丸をつけるようにしました。ほんのちょっとしたことですが積み重なると大変な手間ですので、これはとても効率的です。

最初から完璧な野帳はありません。みんなで必要事項を挙げて使ってみて「ここはもう少しスペースがあるとよい」など意見を出し合って時間をかけてつくり上げました。試行錯誤した今

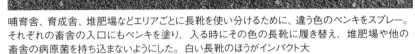

の野帳は自信作ですので、牧場に来られた際はぜひ見てください。

【従業員への教育】

「教育」というと大変おこがましいのですが、仕事を任せるために牛に関する知識をきちんと伝えることは大変重要なことです。研修生や後継者がいらっしゃる農場でも参考になるかもしれません。

36・5℃は平熱じゃない

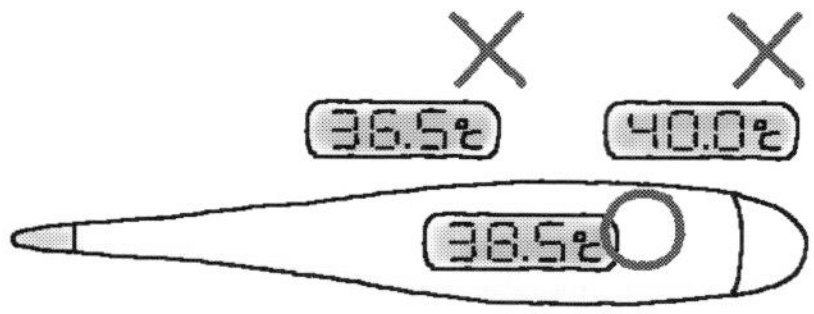

牛の平熱は 38.5 ～ 39.5℃

たとえばこんなことがありました。まだ事故が多かった頃のある朝、従業員から「ハッチで子牛が死んでいます」と伝えられました。調子の悪い牛は必ず熱を測って異常があれば報告するのが牧場のルールですが、その子牛について前日の報告はありませんでした。

おかしいと思い「昨日の熱は何度でしたか?」と確認したところ「36・5℃でした」と疑問もなく返ってきました。子牛の体温が36・5℃は明らかな低体温で、まもなく死んでしまうかもしれないほど大変危険な状態です。本来は即座に報告されなければいけない状況でした。

なぜ見過ごされてしまったか。牧場がスタートした時は、子牛の平熱は38・5〜39・5℃と周知されていたと思います。ただその後40℃以上の高熱はあっても、低体温の症状は経験がなかったのかもしれません。だんだん下限の記憶が薄れ、36・5℃の牛がいても自分（人間）の体温と比較して「平熱かな」という結論になったのかもしれません。

手袋でコクシジウムが蔓延?

もう一つ。ある日「ハッチで1頭の子牛が血便です」と報告があり、治療しました。子牛に起きやすいコクシジウム症でした。翌日「隣のハッチの子牛も血便です」と報告があり、また治療しました。また翌日、その周辺の子牛数頭に血便が発生していました。

これはおかしいと思い、従業員を集めて質問しました。「コクシジウム症はどうやって広がると思いますか?」。答えは「咳かな?」というものでした。

これも多くの方が笑っているかもしれません。コクシジウムは空気感染しません。治療はもちろん、血便をきちんと処理して、他の牛が触れないようにすることが大事です。人が血便や血便した牛に触れたら、ゴム手袋を交換しなければなりません。

ところがです。牧場では子牛の管理に使い捨ての搾乳用ゴム手袋を使用していますが、お昼休憩の時に哺育舎に行くとそのゴム手袋がきれいに並べてありました。何かな?と思い聞いてみると「あまり汚れていないから午後も使うの」という答えでした。

ものを無駄にせず節約するのはとてもありがたいのですが、残念ながらゴム手袋を使うことの本質的な目的から外れています。ここでも管理者が「下痢便で汚れたり血便を触ったら、すぐに捨てて交換してください」と指示すべきなのです。

もともと家が畜産農家だったり畜産系の学校を卒業した人以外が牛を管理する場面は、じつはとても多いと思います。その時、われわれにとっては常識的なことでも、きちんと教えなければならないということを覚えておきたいものです。

【牛を見る時間をつくり出す】

初期症状を見逃さない

私は現場で道具（ツール）とその効率を重要視してきました。必要な道具は揃え、作業の質を保つ。これが仕事の効率を上げると考えます。

牧場での事例を挙げます。南那須牧場では繁殖牛を通年放牧しており、牧草がない冬場は放牧地やパドックへ乾牧草を運んで給与します。当初、運搬ツールは軽トラ1台しかありませんでした。多い時は1日60本近くの牧草ベールが必要ですが、軽トラにはせいぜい20本程度しか載りません。したがって軽トラに手で積んで放牧地まで運び、降ろして戻ってくることを3回繰り返していました。

乾牧草の給与に1日の多くの時間をとられてしまい、繁殖牧場において、より重要な子牛の観察はどこへいってしまったのでしょう。

特に和牛子牛は、3カ月齢以降の育成期でもまだ疾病リスクが高く、初期症状を見逃し処置が遅れれば、数時間～半日で急激に症状が悪化することもあります。牛舎にいれば「いま咳をしたな」「あの牛、水様性の下痢をしたな」「あいつ何かぼーっとしているな」といったことをすぐに発見でき、早期の処置や治療ができます。100頭中99頭は元気でも、弱い1頭を見逃さない努力が事故を減らし、全体の成績を高めるポイントだと思います。

道具を揃えて観察時間を増やす

話は戻りますが、私はこれでは従業員が牛舎にいる時間が少なすぎると思い、すぐにフォークリフトなどの必要な機材を入手しました。コストはかかりますが、おかげで乾牧草の給与にかかる時間を1／3に減らすことができました。そもそも牧場の目的はどこにあるかという優先順位から判断し、資材や施設は準備すべきです。

普段使う細かな道具もそうです。ちびた竹ぼうき、切れないハサミ、さびたカッター……そういったものが牧場にありませんか？　コストの低減は大事ですが、節約が効率低下につながらないように常に注意したいものです。また、従業員や研修生のほうから「物を買ってほしい」とはなかなか言いづらいものです。交換すべきものはないか、こちらからの声がけも大切です。

【みんなが同じ気持ちで改善に取り組むために】

打ち合わせは全員集合

従業員を抱える牧場を運営する上で大切にしていたことは、月1回、「全員参加」の定例会議を開くことです。伝達ミスを減らすだけでなく、従業員間の力関係を平等にして人間関係を良好にすることは、牧場の運営にとても大事なことだと思います。

事故が発生した時も必ずこの打ち合わせで、「なぜその牛が死んでしまったのか」をきちんと報告するようにしました。犯人探しや責任の押し付けでは決してありません。自分の管理が正しかったのか疑心暗鬼になる従業員がいないようにするために必要です。

たとえば、難産が原因で体調不調の子牛が回復せずにハッチで死んだ際、ハッチでの管理は間違っていなかったと伝えることも大変重要なのです。誰かのミスによる事故でも、失敗を他の人と共有することで、同じミスの繰り返しを防げます。

新しい管理方法を始めたい場合もここで話し合います。トップダウンで命令・指示するのみではなく、どういう理由でどんな効果を狙って取り組むのかを伝えることによって、日々目の前で牛を相手にしている従業員が、目的とポイントを意識して取り組めます。

たとえば、離乳を早めたりエサの切り替えを短期間にした時も、「エサを残す子牛がいるかもしれない」「下痢してしまう子牛もいるかもしれない」と注意深く観察してもらえました。

数字で結果を伝える

さらに改善に取り組んだ後は、必ず結果を報告するようにしました。たとえば、「去年は○頭も事故があったのに今年は×頭に減ったよ」「去年より出荷体重が何kg増えたよ」と、数字で伝えるように心がけました。アバウトな評価より説得力が出て、みんなに「頑張ってよかったな」と実感してもらえます。そして成果を共有することで、次の改善に向けて同じ方向、同じ目線で仕事をすることができるのです。

新しい仕事に取り組む時、最初から全員が協力的とは限りません。それでも改善説明→実施→成果報告を繰り返し、改善の実感が積み重なってきたある年、「全員が同じ気持ちで同じ方向を向いた！」と感じることがありました。その時から牧場の管理レベルは急激に向上し、事故率の急速な低下に至ったと実感しています。

アイデアがどんどん出てくる

会議ではみんなからもできるだけ意見を出してもらうようにしました。当初こそほとんど意見は出ませんでしたが、こちらから「あそこの箒、壊れかけているから買い替えようか？」「どんなブラシだと使いやすい？」など具体的な質問をして意見を出しやすい雰囲気をつくることで、徐々に「意見を出してもいいんだ」というムードができてきました。

そして出てきた意見は、どんなものでも無視したり馬鹿にしたりせず、よいアイデアは取り入れ、少し間違った意見はきちんと説明して却下していくことが大事です。

自分1人で24時間365日、全頭を見ることができない限り、私も含めて職員が、それぞれの役割を担って運営していくのが牧場です。だからこそ本当に必要なアイデアや改善案は、その担当者から出てくるものではないでしょうか。

防寒対策が大成功

従業員のアイデアの中でも、大成功した事例が子牛の防寒対策強化です。それまではネックウォーマーやベストを着せるだけでした。効果はあるものの、冷え込みが強くて冬場の事故が増えた年がありました。その翌年の秋頃に、哺育担当の方々から「もっと効果的な対策をしたい」と提案があったのです。取り組んだことは、寒さのレベル別の防寒対策です（写真参照）。

これらの新しい取り組みでその年の冬場の事故率は激減しました。効果が見えてさらに従業員たちのモチベーションが上がり、今ではアイデアがどんどん出てくるようになりました。

楽しい牧場にする

2011年から6年間、牧場長として仕事をさせていただいて痛感したことは、牧場の牛は自然に育つことはなく、エサを与えたり治療したりする人間の仕事ぶりが、牛の成績や成長に反映されるということです。だからこそ楽しい牧場、楽しい職場にしようと心

意見とアイデアを出し合って決めた　寒さレベルに合わせた子牛の防寒対策

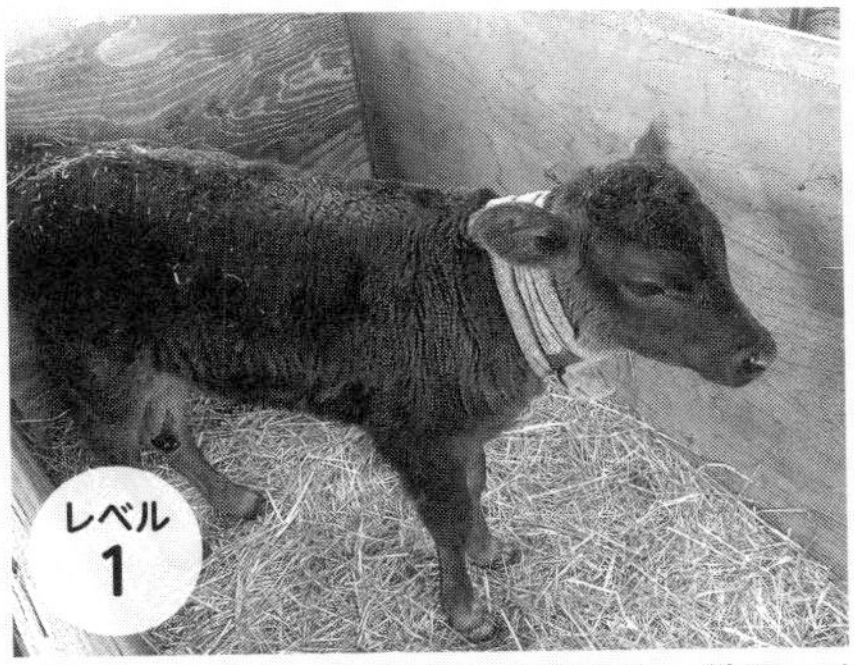

ネックウォーマー。冬場は全頭に装着。首回りだけでも効果絶大。ただし濡れたり、ひどく汚れたら交換する

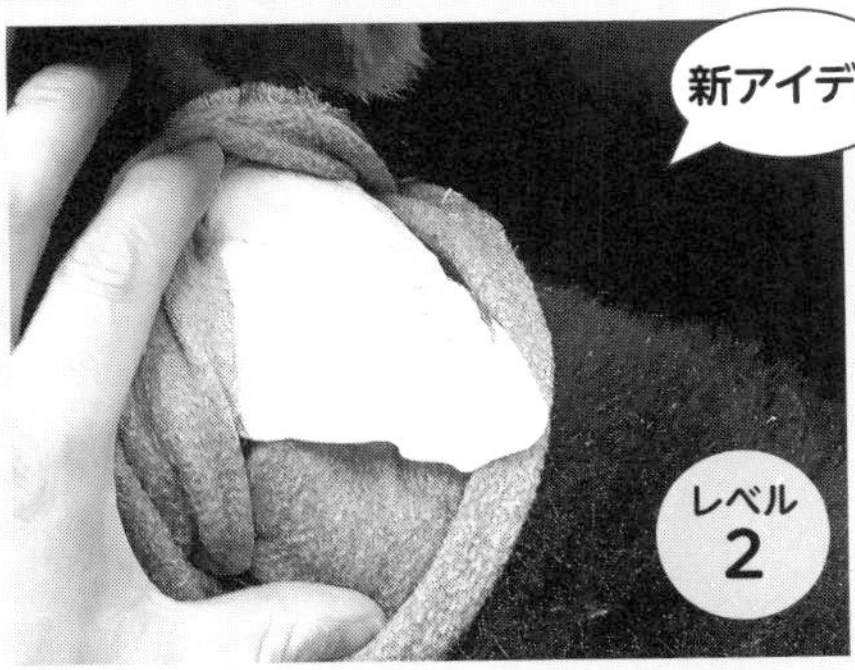

貼るカイロ。ネックウォーマーの折り返し部分に付ける。低温やけどの心配はない。厳寒期（夜間氷点下）は生後1週間の牛全頭に。−10℃以下の夜や前日より急に冷え込む日は、全頭に装着したり弱い牛や小さい牛には2枚装着するなど、気温に柔軟に対応

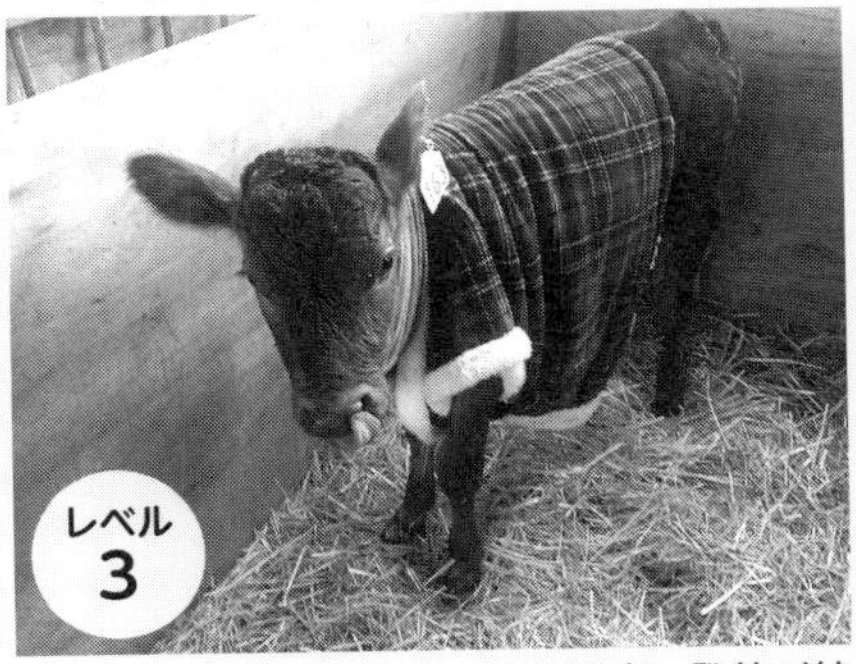

ベスト。出生体重が小さい牛や下痢・発熱が続く虚弱な牛に。人間用でもよいが肩の構造が違うので脇の部分がきつくならないように加工。濡れたり汚れたら交換。特に虚弱な牛には人間用のダウンベスト（これは最高レベル。着せなくてすむ管理を目指している）

アルミシート。虚弱な子牛には、夜間のみハッチに被せる。ビニールシートや自動車カバーより保温性が高い

水様の下痢が続く子牛の床には、樹脂製浴室用マット（厚さ10㎝以上）と毛布を敷く。複数枚用意して、毎朝の交換や水洗いをラクにする。水様便で濡れた敷料の上で寝ていると牛の体温が奪われるので毎日寝床を交換してやりたいが、大変。その悩みを解決できた自慢のアイデア。「大変な作業は継続できなくなる」という視点が大事

がけてきました。牛を管理する人間が「今日は牧場に行きたくないな」と思うようではいけません。

（JA全農畜産生産部生産基盤課長）

子牛の寒さ対策

熱帯魚用ヒーターで温水給与

◉兵庫・石田 巧

7年前から淡路島で繁殖牛6頭を飼っています。

子牛は寒いと水を飲みたがらず、弱ったり尿石症になりやすくなります。そこで12月から春になるまでは子牛用の水槽にヒーターを入れ、水道から引いた水を数℃温めるようにしました。これだけで飲み方がずいぶん変わります。

水槽はステンレス。約50ℓ用（子牛は3～4頭分）。フロート付きで自動給水できる。ヒーターは2個入れる。費用は合わせて約2万5000円

▼ヌカ味噌団子もいい

他に、香りのよい米ヌカとしょっぱい味噌を混ぜてゴルフボールくらいに丸めた団子を、週に1～2個なめさせるようにしています。水をよく飲み、食欲も増します。これは冬に限らず、母牛にも与えます。

厳寒期の夜は軽ワゴンで温める

◉大分・佐藤友子

繁殖牛50頭、子牛は40頭ほどです。

ここは冬、マイナス10℃まで冷えます。生まれたばかりの子牛は特に寒さに弱く、このタイミングで下痢などになると調子を取り戻すのに1カ月かかり、その後の生育に大きく影響します。また生まれた後、母牛が舐めてくれずに濡れたまま冷えて、事故が起きたこともありました。

そこで数年前からは、12～4月初めの間、子牛が生まれて初乳を飲ませたら、その夜一晩、使わなくなった軽ワゴン車（ダイハツのハイゼット）に入れ、エンジンをかけて暖房を入れたままにしておくことにしました。

車の床にコタツマットを敷き、その上に新聞紙を重ねます。一晩くらいなら、子牛が糞尿をしても大して汚れません。おかげで事故が起きたり調子を崩す心配がなくなりました。

暖房をかけたまま車で一晩飼う。車に入れるのは１頭のみ

▼ハッチにはコルツヒーター

車で飼うのは一晩。翌日からは1頭ずつハッチに入れます。ハッチにも一工夫。１頭ずつ頭上にコルツヒーターを設置しています。１個約1万5000円もするし電気代もかかるが、冬期のみのこと。ここで子牛に事故が起きてしまったら元も子もありません。

心配な子牛にはベストも着せます。専用のものは1万円もしますが、動きやすいようです。人間のほうは980円のベストを着て過ごしています。

子牛の下痢対策

手づくり哺乳瓶乾燥台

◉兵庫・石田 巧

子牛の下痢予防は、まず哺乳瓶を常に清潔に保つことから。きれいに洗っても、そのまま置くだけでは底に水が溜まってしまうし、逆さまに干しても舎内だと風通しが悪くて乾きにくく、取っ手部分に雑菌が繁殖しやすくなります。いったん汚れると、ブラシでも洗い落としにくいものです。

そこで哺乳瓶の乾燥台を自作。材料は角材と塩ビ管。哺乳瓶を逆さまに引っかけて干せる台で、持ち運び可能なものにしました。これなら乾燥しやすい場所に持ち出せるし、天気のよい日は天日干しして日光消毒ができます。

裏側に鉄板を付けて風が吹いても倒れないようにした
水道用の塩ビ管（直径22㎜）と角材でつくった、哺乳瓶の乾燥台。費用は約2500円。外で日光消毒もできる

えひめＡＩ

◉鳥取・遠藤弘之

『現代農業』を見てえひめＡＩをつくり始め、親牛と子牛に毎日与えています。この間、下痢になる牛が一度も出ていません。

現在は親牛4頭、子牛2頭。5～6ℓつくれば2カ月もちます。

親牛には1日1回、えひめＡＩを5倍に薄めてフスマにかけ、うっすら湿るくらいにして食べさせます。子牛は3カ月齢まで母乳を飲ませ、離乳後に1日2回、原液を配合飼料にかけて与えます。

たとえ子牛が緩めの便をしても、自力で調子を戻して次の日には正常な便になります。回復力のある証拠です。

さらに実感しているのは、嗜好性がアップしたこと。特に子牛の配合飼料を増量するときも無理なく平らげる。結果、ルーメン（第一胃）が発達して、粗飼料（草）の食い込みもよい牛に育ちます。

糞が正常だから牛舎はほとんどニオイがしません。堆肥も非常にいいものができる。まさに魔法の水です。

えひめAIのつくり方

【材料】（500㎖のペットボトルでつくる場合）

・砂糖　15g
・ドライイースト　5g
・ヨーグルト　25g
・納豆　0.1粒
・お湯　250㎖

【つくり方】

（1）ボウルに砂糖、イーストを入れてよく混ぜる。さらにヨーグルト、納豆の順に混ぜながら入れ、最後にお湯を加えてよく混ぜる。
（2）じょうごを使って（1）をペットボトルに入れる。ペットボトルの保温ホルダーに入れて24時間保温する。ガス抜きのため、フタはゆるめておく。
（3）24時間後、なめて酸っぱくなっていれば成功。水道水を足して500㎖にする。雑菌侵入防止にフタは閉めて保存

＊えひめAIを大量につくる方法や、牛への効果、与えるコツ等を『名人が教える 和牛の飼い方 コツと裏ワザ』（農文協刊）でも詳しく紹介しています。ぜひご覧ください

アンモニアが風邪を悪化 敷料丸ごと交換で解決

◉近藤　悠

▼風邪から肺炎になることも

自分の農場で子牛たちが集団で風邪をひいて、痛い目にあった方も多いのではないでしょうか?

子牛の風邪は、「ウイルスが先行感染して、気道や肺などの防御機能を低下させ、続いて鼻腔内に常在する細菌たちが増殖し、病態が進行すると肺炎を起こす」と報告されています。いったん肺炎まで進行してしまうと、完治するまでにかなりの時間を要することはご存じだと思います。では、風邪の始まりであるウイルスの感染を予防するにはどうしたらよいのでしょうか。

▼子牛の高さのアンモニア臭が問題

ウイルスの侵入が起こる要因は多様ですが、そのうちの一つに敷料(糞尿で濡れた敷料)から発生するアンモニアが挙げられます。アンモニアは子牛の気道の粘膜に障害を与え、その部分にウイルスが付着しやすくなって、体内に侵入し増殖するといわれています。

糞尿から発生するアンモニア臭は人が立って作業している高さではわかりにくく、見過ごしてしまいがちです。子牛に点滴をするためにしゃがんだ時や、カウハッチの中に入った時にアンモニア臭が襲ってきて、ツンとくることがあります。そのことを農家さんに伝えると、「そんなにくさい? ぜんぜん気がつかなかったわ~(笑)」という返事がよく返ってきます。

この経験から、私は農家さんに子牛が呼吸している高さと同じ高さでニオイを嗅いでみることをすすめています。その時に、鼻にツンとするニオイを感じたら、敷料を丸ごと交換してもらいます。

この「丸ごと」というのが最も大切です。糞尿で濡れた敷料の上に新しい敷料を足す人を見かけますが、これではまったく意味がありません。もともとある敷料から出るアンモニアが除去できずに残り、それどころか糞尿で濡れている部分で子牛がお腹を冷やし、下痢を引き起こす危険性もあります。

皆さんもずぶ濡れになった布団では寝たくないですよね。子牛たちと同じ目線になって飼育することで、風邪だけでなく、他の病気発生のリスクも減らすことができると考えています。

(NOSAI北海道　ひがし統括センター
浜中家畜診療所)

敷料からアンモニアが発生すると、子牛は風邪をひきやすくなる

Part 3

牛のストレスを減らして生産性を高める

手軽につくれるハッカ油スプレー

◉鹿児島・丸倉美和子

霧吹きに入っているのは、ハッカ油とサラダ油。サシバエが発生しやすい夏場に、1日3回吹きかける

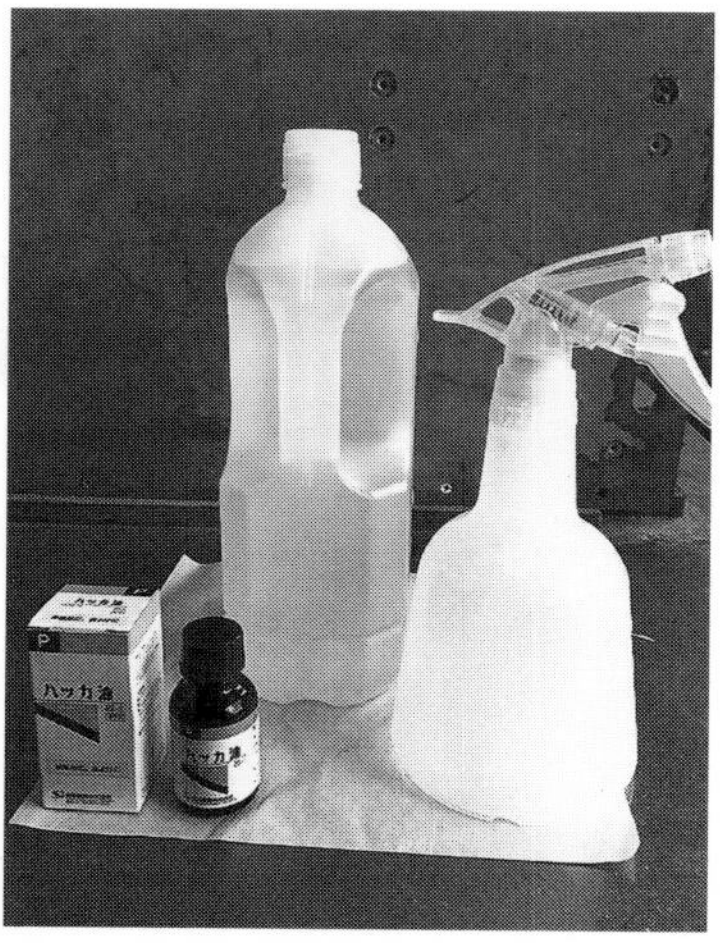

材料（サラダ油1ℓ、ハッカ油20㎖）と道具（霧吹き）。サラダ油の容器にハッカ油を入れて混ぜ、それを霧吹きに移し替える

サシバエで牛にストレスがあるなと悩んでいました。ラジオで「ハッカ油」が効くと知り、昨年の夏に試してみました。

用意するものは市販のハッカ油、サラダ油、霧吹き。つくり方はとても簡単で、ハッカ油20㎖を混ぜ、サラダ油1ℓと霧吹きに入れるだけです。サラダ油に対してハッカ油の量がこんなに少なくていいのかな、と思いましたが、嗅いでみると、意外とハッカ独特のにおいがほどよくしました。

あとは牛全体にシュッシュッと吹きかけるだけです。ハエは牛の肢やしっぽによく集まるので、特にそこをねらえばいいのかなと感じました。ハエがあまり寄ってこなくなりました。

安価で簡単なので、今年の夏もこのハッカ油スプレーが活躍しそうです。

サシバエ
（田中一馬撮影）

ハッカ油+サラダ油で確かに減った!

◉岡崎克美

ヨモギ抽出液とハッカ油を比較

サシバエは牛の下肢を好むため、牛は頻繁に筋肉の振戦（ふるえ）や尾払い、挙肢などの忌避行動を見せるようになります。今回は挙肢の回数を数えて被害の指標とし、忌避作用を有すると考えられる物質を噴霧した時の変化を観察しました。

試したものは、除虫菊と同様の防虫成分（ピレトリン）を含む「ヨモギ抽出液」と山歩き等の際にアブ・ブユ対策で使用されている「ハッカ油」の2種類です。まず、水で50倍に希釈したヨモギ抽出液とハッカ油を牛の四肢および腹部に500mℓずつ噴霧し、30分後と1時間後の10分間、挙肢回数を計測しました（図1）。その結果、ヨモギ抽出液では何も噴霧しない対照に比べて差がみられず、ハッカ油では噴霧30分後に大幅に減少したものの、1時間後には減少幅が小さくなりました。

図1　天然成分抽出液の比較

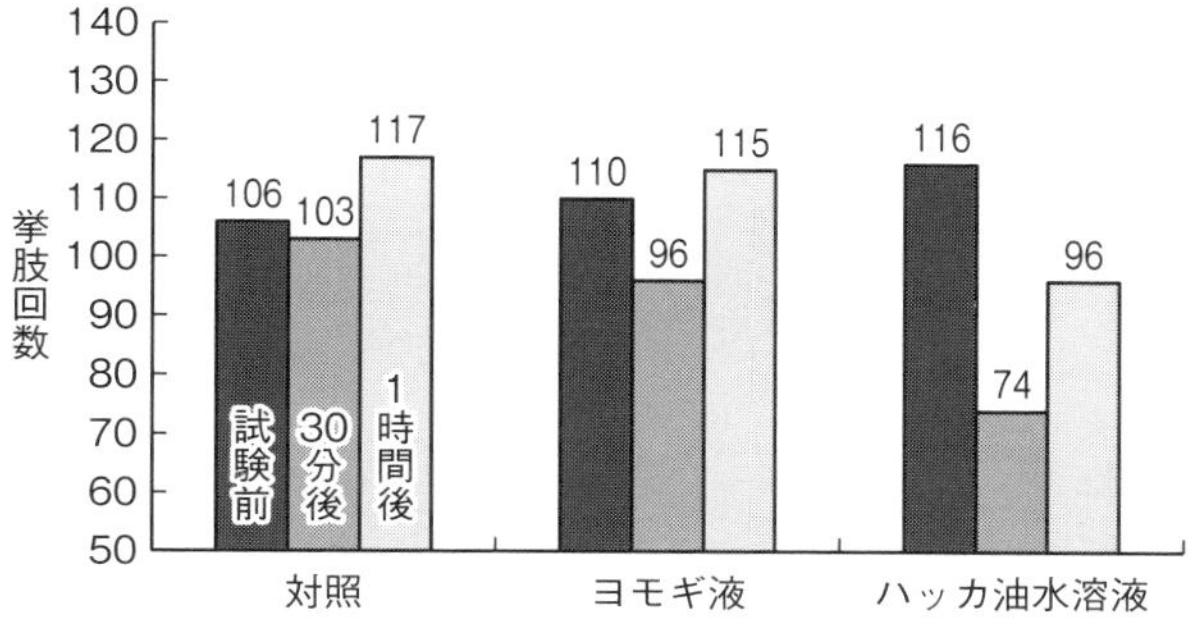

ハッカ油水溶液は効果があるが、長続きしない

図2　ハッカ油希釈濃度の比較

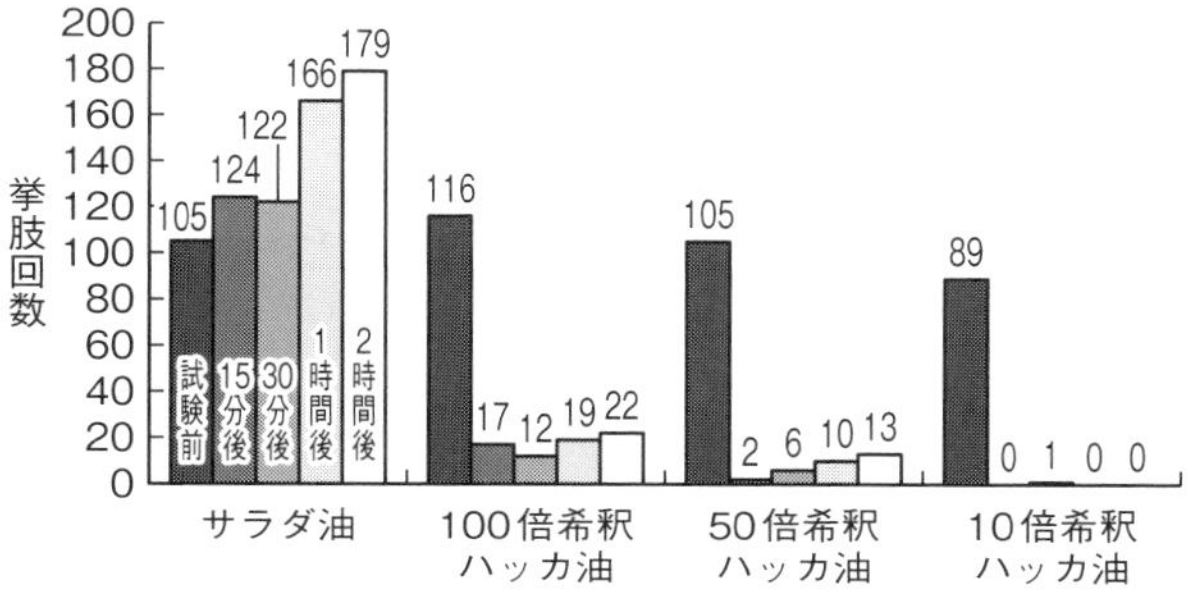

サラダ油で希釈。10倍の効果が一番高いが、費用のことを考えると、50倍が妥当

サラダ油で希釈

持続性に課題があったため、溶媒を簡単に入手できて牛が舐めても安全なサラダ油に変更し、希釈倍数も100倍と10倍を追加設定して、濃度と持続時間を検討しました。

その結果、サラダ油自体には効果がみられず、ハッカ油の濃度が濃くなるにしたがって挙肢回数が減少しました（図2）。また、サラダ油を溶媒として使用すると牛の被毛への定着性がよくなり、1頭あたりに使用する混合液量も50mℓ（水の10分の1）で十分な効果がみられました。

ハッカ油の濃度が濃いほうが効果が高くなりましたが、費用対効果の面から、できるだけ量を抑えることを考慮すると、希釈倍数は50倍が適当であると考えられました。この場合、ハッカ油の原液量は牛1頭に1回あたり1mℓと少量であり、費用が節約できます。子牛などの体の小さい牛に対しては、50倍希釈液30mℓ程度で十分効果が得られます。持続時間も6時間以上あることを確認していますので、朝1回の散布でサシバエの活動時間中の忌避効果が期待できます。

（栃木県北家畜保健衛生所）

パドックの柵周りにミントを植える

岩手県奥州市の岩城二美さんは３年前、パドックの柵周辺にミントを播種。いまやずらっと繁茂。香りがサシバエを寄せ付けず「外から入って来るハエが減った、牛がゆっくり眠れるようになった」と実感している。

黒マルチトラップ

栃木県河内農業振興事務所では、いろいろな色の粘着シートを牛舎の飼槽に貼ってサシバエを調査。すると黒と青のシートでたくさん捕獲できた。特に地上から30㎝までの高さに多くついており、サシバエは足元を飛んでいることもわかった。そこで黒マルチを地面から低い位置に張って、表面に粘着剤エアゾールを吹き付けた。サシバエは吸血時以外は牛舎周辺の葉陰などで休息するので、牛舎と外の境に設置すると効果的だ。

黒マルチは地面に垂直に、サシバエの行動範囲をカバーするように横長に張り、粘着剤を吹き付ける

牛舎の飼槽に貼った粘着板。約10日間で、白66匹、黒232匹、赤126匹、黄124匹、青214匹だった

「シマ牛」でサシバエが寄り付かない

◉兒嶋朋貴

黒い牛に白色を塗った「白シマ牛」。1頭当たり塗るのに5分かかった。シマ模様は、普段の行動や他の牛の反応には影響がない

シマウマはなぜシマ模様？

「シマウマはなぜシマ模様なのか」。この疑問に対して、これまでさまざまな説が唱えられてきました。その一つに「吸血昆虫を忌避するため」という説がありましたが、これを有力とする研究成果が２０１４年に海外で報告されました。さらに調べていくと、吸血昆虫の忌避効果はシマウマ特有のものではなく、シマ模様それ自体にあるということがわかりました。

そこで私は「牛に塗料を塗ってシマウマ様にすると、牛体に付着する吸血昆虫数が減り、牛の吸血昆虫に対する忌避行動が減るのではないか？」という仮説を立て、その効果を検証してみました。

シマで吸血昆虫の付着が半減

体表が黒い黒毛和種を白色ラッカーでシマ模様にした「白シマ牛」、シマ模様にしていない「シマなし牛」、そして塗料のニオイなどの影響を確認するため、黒色ラッカーをシマ状に塗った「黒シマ牛」を用意。各牛に付着する吸血昆虫数と、牛が吸血昆虫を忌避する行動数を比較しました。

その結果、白シマ牛の付着昆虫数はシマなし牛や黒シマ牛に比べて半減し、忌避行動数も25％減少しました。この結果から、シマウマのようなシマ模様にすることによって、吸血昆虫の牛体への付着を阻害することが明らかとなりました。

吸血昆虫の忌避効果を得るためには、前述したようにシマの幅を５㎝以下にするよう心がけてください。シマの幅が５㎝以下になると忌避効果が高くなることがわかっています。

（愛知県農業総合試験場）

4

ネットはカーテン状に。虫捕り網、薬剤ミストも組み合わせる

◉兵庫・田中一馬

2㎜と6㎜ネットを使い分け

サシバエに刺されると、とにかく痛い。牛は落ち着いて寝ることもエサを食べることもできません。それだけでなく、牛伝染性リンパ腫の媒介や他の病気を引き起こす恐れもあります。

そこで私は、年中通して牛舎周りにネットを設置してサシバエの侵入を減らしています。牛舎の北側一面には2㎜の防風ネットを、西側には6㎜のペルネット（ピレスロイド系防虫成分入りのネット）を設置しています。

物理的には全面ネットのほうがいいのでしょうが、①風通しが悪くなる、②南側と東側からはサシバエが入ってこないことから、2面のみにしています。

北側には防風ネット。メッシュサイズが2㎜で、サシバエを通さない

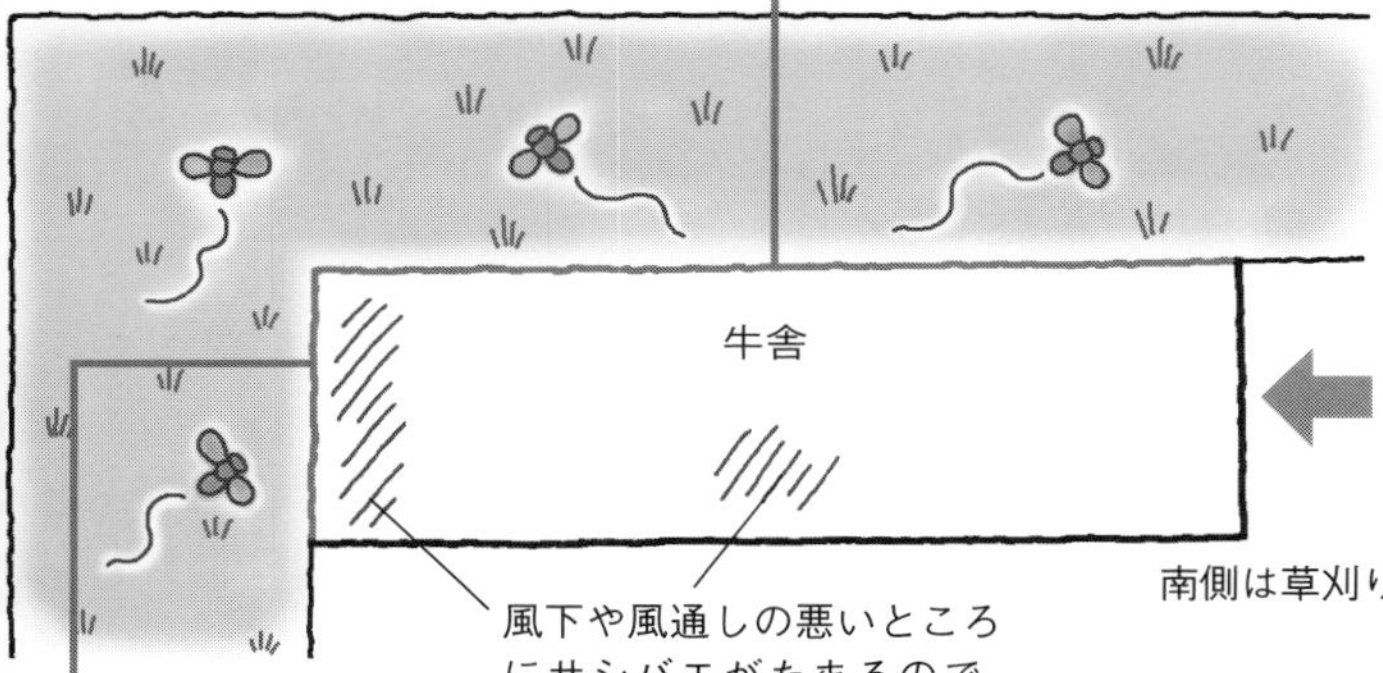
風
南側は草刈りする
風下や風通しの悪いところにサシバエがたまるので、虫取り網で捕まえる

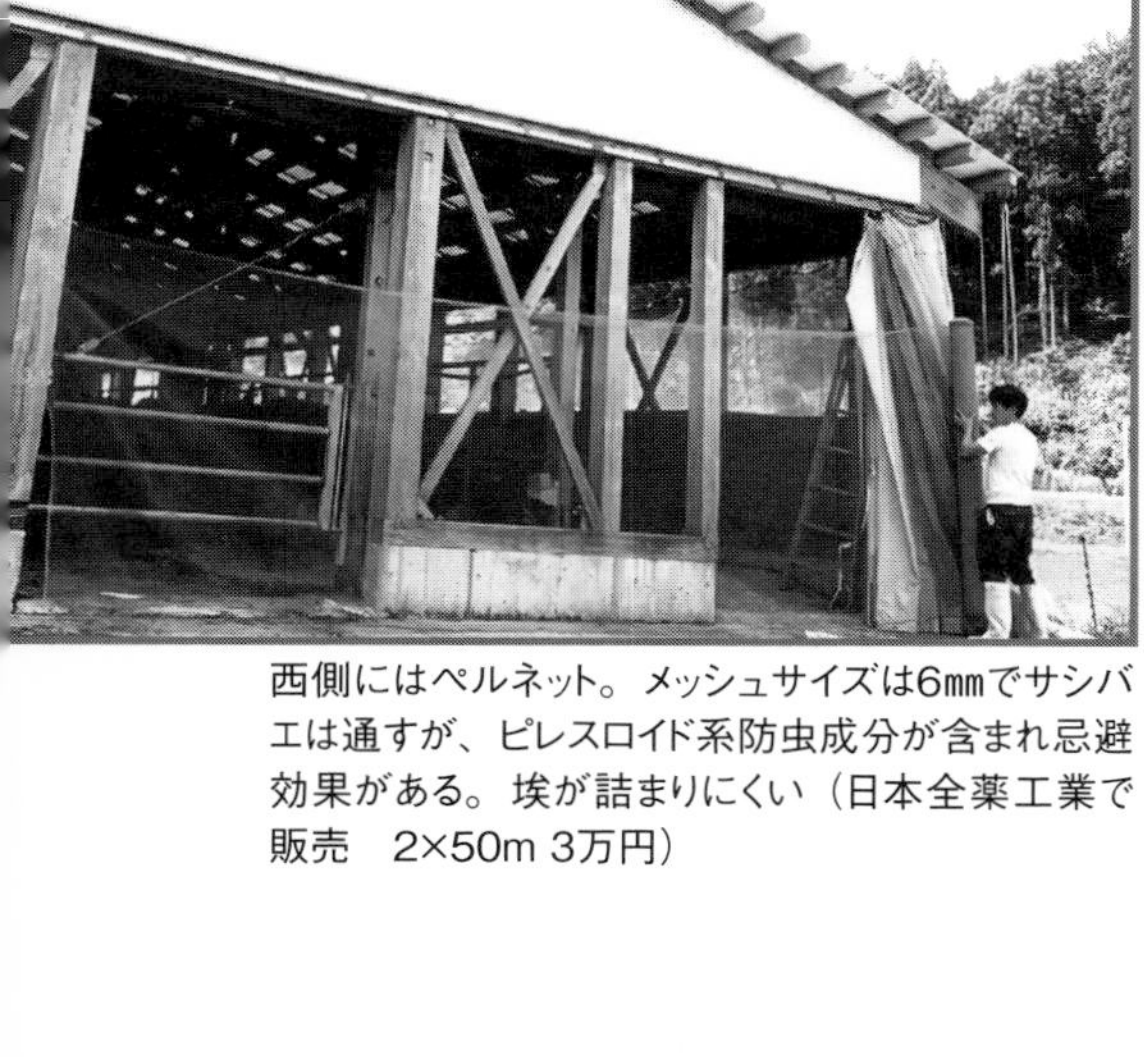

西側にはペルネット。メッシュサイズは6㎜でサシバエは通すが、ピレスロイド系防虫成分が含まれ忌避効果がある。埃が詰まりにくい（日本全薬工業で販売　2×50m 3万円）

サシバエは牛舎の外の草むらで休息しているため、牛舎周りの草刈りが大切です。しかしわが家は北側と西側に田んぼが隣接しているため、サシバエの休息場所となる草をなくすことができません。そのため侵入が圧倒的に多いこの2方向に重点を置いて対策しています。

ネットの目が2㎜だと物理的に侵入を防げます。6㎜だとサシバエは侵入しますが、殺虫剤を練りこんでいるペルネットなら2㎜ネットと同じくらいの効果があると思っています。

また2㎜ネットは安価で広範囲に使いやすい。6㎜のペルネットは通気性はいいが、薬剤の効果が2年ほどなので広範囲で使うには価格が高い。

それらのバランスを見て、わが家では長さが50ｍほどある北側は2㎜ネット。ファンを使って風の抜け道でもある15ｍほどの間口の西側は6㎜のペルネット、と使い分けています。

サシバエネットの効果

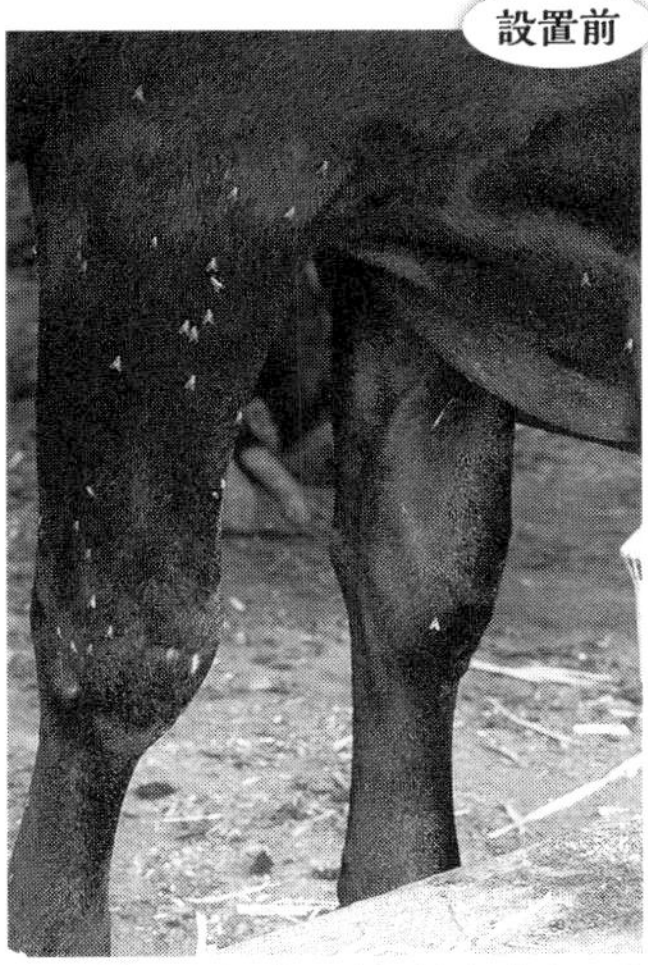

牛の足にサシバエがたくさん止まっている

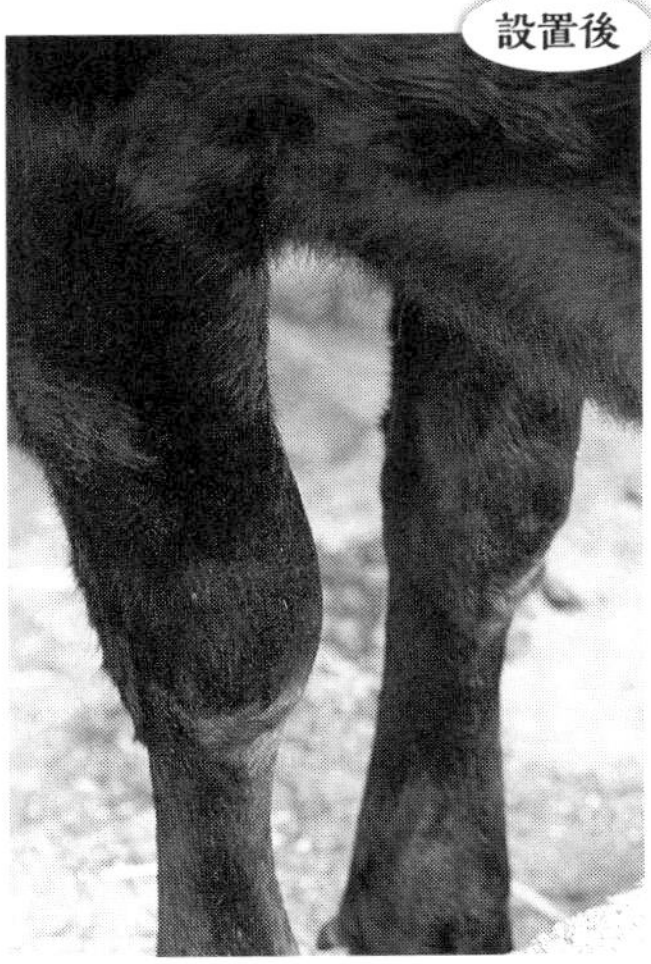

牛の足にはサシバエが1匹もいない

サシバエネットはカーテンのように

わが家では、サシバエを防除するネットをサシバエネットと呼んでいます。このサシバエネットは兵庫県の畜産試験場がすでに結果を出していて、酪農の現場では全国的に普及しつつあります。実際に僕の削蹄先でも結果を出している方がいます。

わが家では、このサシバエネットをカーテンのように設置しています。2㎜ネットの場合、網の目が細かいため、ホコリ等で目詰まりし、通気性が悪くなるという欠点があります。夏場の暑い時期などは牛にとってサシバエ以上の負担です。そこで、壁にネットを直接張り付けるのではなく、カーテンのように可動式にすることで、開閉時にホコリが落ちるようにしました。さらにカーテンを斜めに垂らすことで、雨で掃除ができるようにしました。冬は外して、春からまた付けることも簡単です。

牛舎内でも繁殖する

わが家の場合、サシバエが侵入しやすいのは北側西側ですが、風通しの悪いスポットがあれば牛舎中央でも集まっています。さらに、牛舎内の湿ったオガクズの中やエサ箱の下などで繁殖するので、侵入の防除だけでなく発生場所の除去も大切です。

風下は虫取り網で一網打尽

ハエは薬剤への耐性が早く、薬剤頼みの駆除では行き詰まってしまいます。IGR剤（脱皮阻害剤）等を用いて幼虫からの駆除が効果的ですが、基本的には物理的な侵入防除だと思います。

僕が削蹄師として伺っている農家の中には、ハエ叩きでこまめに防除されている方もいました。……ハエ叩きで防除できるくらい環境がよいってことなんですけどね。とにかく物理的な防除は耐性ができないので万能です。

ただ、正直いってハエ叩きでは追いつかない。そんな時に出合ったのが「ハエ蚊とりネット」でした。サシバエは風通しの悪い場所に集まります。そこを一網打尽にできるのがこの網。通常の虫取り網に比べて先が細くなっている三角錐状で、捕まえたサシバエが逃げにくくなっています。網の取っ手も20cmと短いのでハンドリングがしやすい。ハエ取りに特化した虫取り網で、これはどんな牧場でも重宝するはずです。

使いやすい「ハエ蚊とりネット！こあみちゃん」（エーワン598円）。グリップが短く、三角錐状の網は深さ40cmもあり、底部に虫が集まり逃げられにくい

殺虫剤の噴霧も併用

サシバエの総数を減らすために、金鳥のＥＴＢ乳剤（ピレスロイド系）を細霧装置で噴霧しています。ただ、乳剤なので細霧装置が目詰まりしやすいこと、薬剤の耐性があることがネックです。そういった点から頻繁には使わず、ネット等と併用して1カ月に1～2回スポット的に使用しています。

微細霧装置で薬剤を噴霧。ファンを回しながら牛舎に行き渡らせる

総合防除が大事

サシバエ駆除のカギは幼虫の駆除だと思います。ただ、わが家では牛の寝床は数カ月に1度変えるペースなので、こまめにオールインオールアウトはできません。ＩＧＲ剤も、面積が広いのでコストを考えると一部のスポットでしか使えません。

そのためファンを利用し風通しをよくして、乾いた環境をつくることを大切にしています。さらに牛舎の風下にペルネットを設置することで、風で集められた牛舎内のサシバエを駆除することもできます。

サシバエは春先や秋先に突然大発生するので、日頃は対策が疎かになりがちです。コストもかけにくい。だからこそ牧場にあったコストのかけ方が求められます。一概にネットがよい、薬剤噴霧がよいではなく、ネットをするならどこにすべきか？　牛舎の風通しはどうか？　作業性は？　コストは？　解決策を牧場ごとに模索するものだと思います。そういった選択肢の一つにこの記事が役立てればうれしいです。

サシバエの生態と対策の基本

◉榎谷雅文

【サシバエの生態と生活環】

短期間で爆発的に増加

牛舎周辺の主なハエはサシバエとイエバエである。表はサシバエとイエバエの生活環の比較である。サシバエは牛舎付近をねぐらとし、牛の血液を好む。雌だけではなく雄雌共に吸血する。エサが血液であるために栄養状況は極めてよく、その結果、産卵（1回に100〜200個、生涯3〜4回産卵）を短期間（1カ月程度の間）に繰り返す。サシバエにとって好適条件が整えば、11〜16日で卵から成虫にまで成長する。極めて短期間で成長するので、個体数が爆発的に増え、被害は急激に大きくなる。

サシバエの成虫は暑さや寒さに弱いので、秋口や春先に出現する。温暖な地域では、11月になっても日中の気温が上がった時には出現する。牛舎に出現する時間はその日の気温に大きく左右される。従ってサシバエの出現状況は、その日の気温（日内変動）に大きく左右される。

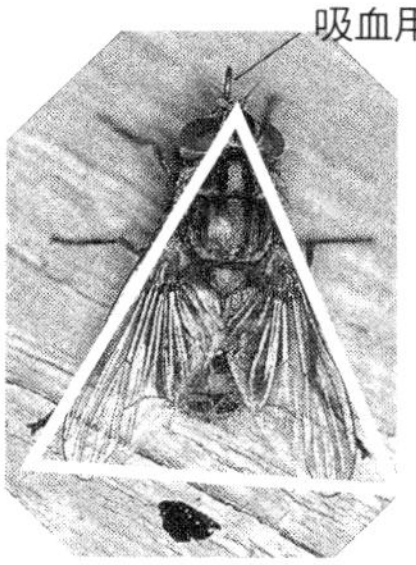

サシバエ

正三角形に近くてずんぐり。全体的に灰色っぽい。腹部が丸い
体長　雄3.5〜6.5㎜、雌5〜8㎜

サシバエとイエバエの生活環

種類		サシバエ	イエバエ
種特異性		主に牛舎で見られる	全畜種で見られる（人の周辺）
食性		動物の血液（特に牛を好む）	雑食性（腐敗物、死骸、家畜糞など）
口器		吸血性（雄雌とも、朝・夕2回吸血）	舐食性
発生源		家畜糞、堆肥	有機物の多い場所（家畜の糞便）
発生時期		涼しい時期（春先、秋）	1年中（初夏、秋が特に多い）
生活環	卵	1〜2日（好条件が整えば11〜16日で羽化）	12〜24時間
	幼虫	5〜14日	4〜10日（温度により異なる）
	サナギ	4〜10日	4〜11日（温度により異なる）
	成虫	10〜30日（イエバエより短期間で急増）	15〜60日
産卵数		300〜800個 1回100〜200個、3〜4回産卵	50〜100個 1回数個〜数十個、4〜6回産卵
吸血量		雄4.8㎎、雌6.2㎎	吸血しない

（バイエル社提供資料より）

古めの糞が発生源

サシバエの発生源は主に牛糞であり、新鮮な糞よりは少し古めを好む。

幼虫は水分の多い場所に、サナギはやや水分の少ない場所に生息する。サシバエの発生場所を捜すためのキーワードは「子牛（哺乳牛）、水分、いつからかある糞、掃除しづらい場所」である。自分の農場の発生場所を知ることが一番重要である。

牛の異常行動に注視

サシバエは朝夕2回、雌雄ともに吸血する。その時に針で刺された痛みが生じるので、牛の行動が変化する。具体的には、頻繁に尾を振り回す、皮膚が震える、腹の下を蹴る、前足で掻くなどの行動が見られる。

その結果牛に落ち着きがなくなり、放し飼いの牛舎では、牛同士が同じ場所に集まって固まる行動を見せる。これは集まることでその周囲の温度をサシバエの最適温度より上げて、吸血のリスクを下げて自分たちのいる場所を

サシバエの好発場所

敷料の下

哺乳牛のハッチの下

こぼれ落ちた糞の中

柱の周囲

飼槽や水槽の下

防御しようとする行動である。しかし、これにより牛自身も暑さのダメージを直接受ける。

【サシバエの害】

乳量低下、乳房炎、繁殖障害も

　このようにサシバエが発生し吸血すると、牛は固まるなどの異常行動をとる。そのことによるヒートストレスや吸血による痛みのストレス、ゆっくりと寝られない、充分採食できないことによる栄養的ストレス。これらの各種ストレスは、乳房炎や繁殖障害を二次的に引き起こす。

　具体的にはサシバエが搾乳中に活動し吸血する時期になると、頻繁に足を上げたり、急に腹を蹴り上げたり、牛に落ち着きがなくなったようになる。

　乾乳牛にも深刻な被害をもたらす。痛みにより乾乳牛の採食量が減ると、分娩後にいわゆる周産期病を発症しやすくなる。当然、分娩後の次の繁殖にも影響を及ぼすのだ。

　サシバエの発生は一時的あるいは短期間かもしれないが、牛たちへの影響（被害・損害）は続く。短期間のダメージが、泌乳最盛期の牛には栄養的ダメージを与え、乾乳牛には周産期病の発生リスクとなる。

　もちろん乳量の減少や乳房炎の発生など目に見えやすい影響もあるが、長期的な影響も計り知れない。サシバエは放っておいてもいなくなることから、どうしても一時的なダメージとして見られ、ほとんど対策がなされていない場合が多い（特に寒冷地）が、サシバエが及ぼす被害は甚大でしかも長期間に及ぶ。

牛伝染性リンパ腫を媒介

　近年発症が増えている、伝染性リンパ腫の媒介は深刻だ。ＢＬＶというウイルスにより血液を介して伝播する病気である。この血液中のウイルスを牛から牛へ伝播させる役割を持つのがサシバエである。吸血のために針を刺し、その後牛に邪魔されて飛び去り、再度吸血を繰り返す。多くのサシバエが朝晩吸血（同じ針での採血に相当する）するこの行動が、ウイルスの急速な伝播を助ける。当然ながら血液を介して媒介するそのほかの病気も伝播する。

【サシバエの対策】

発生源を特定する

　サシバエがどこで発生し、越冬場所はどこかということである。それを見つけ出すには、サナギを探すことである。往々にして発生場所になっているのは、哺乳子牛の周辺、特に床（敷料の下）や、牛舎の水槽の下である。

そこに共通するのは、「長期間、動いていない糞がある」ということである。哺乳子牛の飼養場所では、特に同じ場所に次々と哺乳子牛が入ってくるような農場では発生が多く見られる。1カ月足らずで卵から成虫になることを忘れてはいけない。

また、水槽の下は掃除がしづらい場所であり、そこに糞が次第に溜まり水分を含み、発生場所となる。堆肥場は、糞が動いていればそれほど発生源とはならないが、堆肥場の壁際、コンクリート柵の上、H鋼の間などは、糞が溜まったり付着したりする場所なので、往々にしてサシバエの越冬場所になり得る。

月1回の掃除で発生源を叩く

第一にすべきは牛舎の掃除である。農場内を歩き回り、先のサナギや幼虫、サナギの抜け殻を発見したら、その場所が農場内の発生源である。その発生源を月に1回程度、機械で掃除できない場所が多いのでスコップで掃除をする。掃除の後には薬剤を散布する。

吸血後のサシバエは飛翔能力が低下し、牛舎周辺の草むらなどで休息するので、周辺の草刈りも効果がある。

放牧牛対策と成虫対策

放牧牛にとっては、ダニの駆除ばかりでなく、吸血昆虫対策も考慮しなくてはいけない。背中にかけるプアオン製剤（駆虫薬）が、短期間であるが効果がある。

成虫対策としては、牛体散布で使用できる薬剤もあるが、サシバエはライフサイクルが短くすぐに薬剤耐性ができるので、連用すると効果が薄くなる。月ごとに散布する薬剤を変更して使用するほうがよい。また薬剤使用規制もあり、牛体に直接散布する薬剤はなかなか使用しづらくなってきている。

イヤータッグも忌避剤として効果がみられるが、自分の地域でのサシバエの発生時期と薬効期間とが重なるように検討すべきである。

薬剤散布プログラムに関しては、バイエル社のホームページを参考にしてほしい。

防虫ネットを利用

近頃サシバエ対策に牛舎をネットで覆うことが試みられ、成果を上げている。牛舎の長軸の壁をネット（編み目2㎜）で覆い、ハエの外部からの侵入を防ぐ。吸血後のサシバエは低い場所を飛行するので、この時のサシバエをネットで捕える。近頃は殺虫剤を含んだネットも販売されているので利用するとよい。ただしネットを張ることで自然換気が悪くなるので、強制換気を併用することが必要となる。

（北海道デーリィマネジメントサービス㈲
獣医学・畜産衛生学博士、獣医師）

主な対策

発生源対策

・掃除後に散布：
ヨモベット2～4g/㎡、ネポレックス25g/㎡、ラモス2g/㎡(いずれもIGR剤・昆虫成長制御剤)

成虫対策

・誘引殺虫：
ノックベイト（クロロニコチル系）
ハエ取り紙、ハエ取りライン
電撃殺虫器、捕虫器

・直接散布：
バイチコール80～200倍液、金鳥ETB乳剤200～400倍液（ピレスロイド系）
トヨダン100～200倍液（有機リン系）

・忌避剤：イヤータッグ

・防虫ネット

「アブトラップ半次郎」で放牧地のアブを駆除

◉三橋忠由

アブがウイルスを拡大

牛にとって、アブのストレスはとても大きい。アブは厚い皮でも貫通して血を吸い、刺された牛はかなり痛いのではと思われる。

箱型アブトラップに入って出られなくなったアブ。放牧地に計25台、1ha当たり1～2台を置いた初年度は、合計3万匹もとれた

アブを捕獲する目的は、吸血アブを退治して牛のストレスを軽減すること。そして最終的に、吸血アブが媒介する牛伝染性リンパ腫ウイルス（BLV、以下当該ウイルス）の拡散を止めることである。

農林水産省の監視伝染病発生年報によれば、１９９８年には牛伝染性リンパ腫発生件数は99件だったが、約20年後の２０１７年には３４５３件と30倍以上に増加。なお、21年は４３７５件以上となっている。

防除方法は三つあるが

①ワクチンを開発する

当該ウイルスは、ＲＮＡウイルスというウイルスで、有効なワクチンをつくるのは容易ではない。実用化には多大な費用と時間がかかるため、実用化されていない。

②抵抗性のある牛をつくる

当該ウイルスに対して抵抗性のある遺伝子型を持つ牛ならば、感染してもウイルスは増えないことが知られている。将来、抵抗性のある遺伝子の種雄牛を育種できれば、この精液を用いることで生まれた牛はすべて抵抗性になり、問題が解決する可能性はある。筆者のグループでは、その抵抗性のある牛を育種中である。

③アブトラップで捕獲する

つまり現時点で実行できることは、アブの捕獲である。

アブの数が減少すれば、当該ウイルスに汚染された血液中のウイルスを、他の牛へ媒介する確率も下がる。極端な話、放牧地におけるアブの数をゼロにできれば、アブによる新たな感染もゼロとなる。

ダニの駆除にはよい塗り薬があるが、アブに対しては牛の体表面から駆除する薬はない。そこで物理的にアブを捕らえ、１００%ではないが駆除できるのが、アブトラップである。

30年間、陽性牛が出ていない

アブが入ったら出られない構造の箱形アブトラップが、農研機構の白石昭彦研究員によって考案され、各所のホームページでも製作方法が示されている。放牧地に置いておくだけでよくて、電気などの動力源や誘引物質は必要としない。

実際、このアブトラップをつくり、

箱（脚を含まない）は縦約42cm、横約84cm、奥行き約42cm。総重量は約18kg。一人でも持ち運べるように、白石氏の設計（縦横90cm）の半分の大きさにした。運送代も減らせた

牛の胴体部分に相当する箱。1.2cm厚のコンパネ製で軽量化。黒色にして下に凹凸をつけて、より牛の腹に似せた

鉄骨アングル製にした。風雨にさらされるので木製では耐用年数が十分ではない

＊アブトラップ半次郎の製作を承ります。ご注文などご相談は電話かメールにて
（株）近衛ラボ
TEL　090-4820-4627
メールアドレス
mitsuhashi.tad@gmail.com

1台2万2000円（税込。送料別）。和歌山県から発送（例：関東地方までは3000円弱）

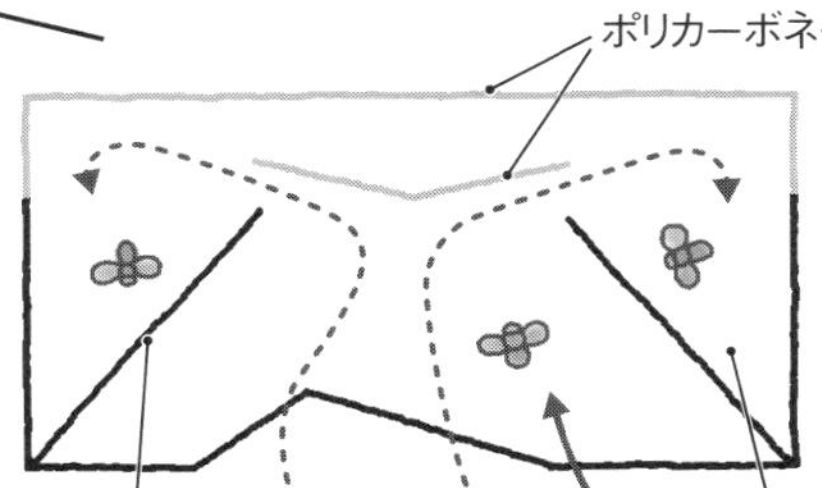
粘着シートを敷くと逃げにくい
箱の下（牛の胴体）からアブが入り込む
アブを捕まえる部分。ここに入ると外に出にくくなるしくみ

箱内の天井部。透明板をV字型に付けた。上が透明だと下から侵入してきたアブが上に登りやすい

・透明板は気温によって膨張収縮するため箱に固定する部分が壊れやすいので、もっとも丈夫なポリカーボネートパネルを使用。さらに膨張収縮によるズレを吸収できるよう完全には固定せず、かつ雨水が入らない構造にした
・V字にすることで両脇の捕集部分に容易に入りやすくした

ある放牧地に1ha当たり1～2台（全体で計25台）置いたところ、1シーズンで総計3万匹以上のアブが捕れた。数年使い続けたところ、明らかに放牧地のアブが少なくなった。当初は牛伝染性リンパ腫の陽性牛がいたが、淘汰してからアブトラップを使い始めて約30年たつが、陽性牛は1頭も出ていない。

一人で運べる「半次郎」

一方で白石氏のアブトラップはつくるのがなかなか大変である。そこで、全国の畜産農家が使えるように誰かが製作して販売もすべきだと思い、独自の「アブトラップ半次郎」をつくった。

白石氏設計のアブトラップは、上から見た時の大きさが90×90cmと畳半分ほどあり、大きくて重く、一人では運ぶのが難しい。そこで、半分（畳4分の1）のサイズにして一人でも運べるようにした。半分にしたので「半次郎」と名付けた。

捕獲量を比較すると、小さいほうがかえって多くのアブが入った。

粘着シートで逃がさない

内部に誘引物質は必要ないが、粘着シートを敷いておくと効率的にアブを捕らえられる。インターネットの記事によると、アブの数を比較すると、そのままだと約1500匹だったところが、粘着シートを敷いた場合は約4000匹も捕獲できた。

アブトラップの中にいったん捕らえられたアブは、逃れようとして必死にトラップ内を飛び回る。その時、たまたま入り口から外へ飛び出るアブもいる。その、たまたま逃れるアブが2500匹もいたということだ。なにもしないと半分以上が逃げてしまうのだ。

㈲大渕牧場技術顧問／元農研機構

アブ対策グッズいろいろ

◉三橋忠由

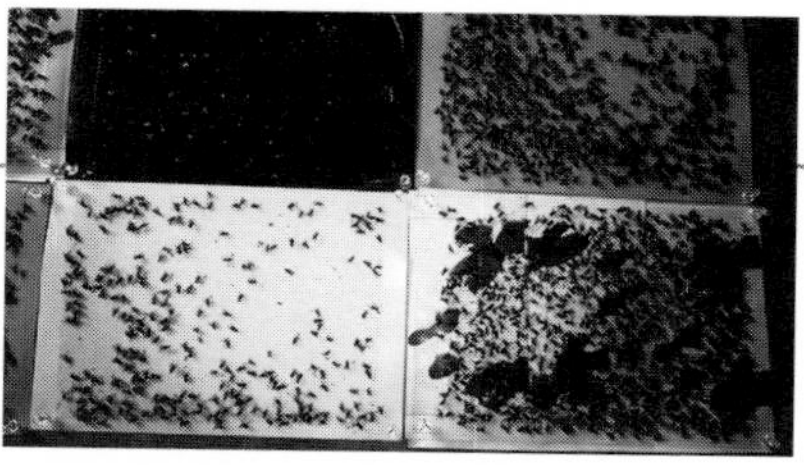

さまざまな粘着シートをベニヤ板に留め、空いた牛房のエサ箱の上（地上50㎝）に上向きに1週間置いた。まだら模様に一番付いた

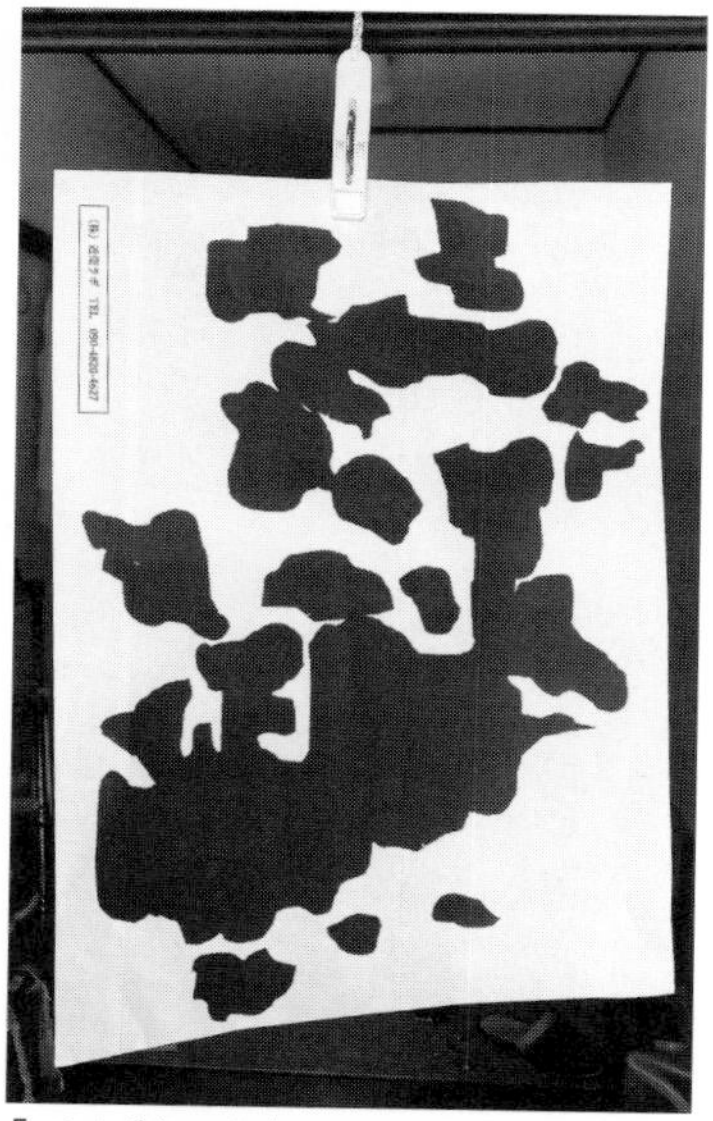

「パイボちゃん」のイメージ。模様はホルスタインの体表面をスケッチしてつくった（2022年4月に特許申請）

まだら模様の粘着シート

牛舎内でアブやサシバエを捕獲するにあたり、どのような色の粘着シートが効率的か、黒、黄、青、まだら模様の粘着シート（A4サイズ）を牛舎内に置いて実験した。

捕獲結果は、黒色118匹、黄色256匹、青色329匹、まだら模様530匹。まだら模様が一番よいようであった。大型のアブも数匹捕獲された。白黒のコントラストが立体的に見え、遠くからでも目立つからかもしれない。

そこで、まだら模様の粘着シートを開発した。使い勝手を考え、大きすぎないA4判とした。広い面積で用いたい場合は2枚、4枚と用いればよい。使い方は、牛舎作業の邪魔にならないように内壁やエサ箱に貼る、ヒモを通して壁に掛ける、天井から吊るすなどが考えられる。二つ折りにしたり円柱型に丸めてもよいし、アブトラップの側面に付けるのも手だ。使い捨てだから高価であってはならない。1枚120円＋税で商品化した。

（（株）近衛ラボ／元農研機構）

※入手先は123ページのアブトラップ半次郎と同じ。99枚までは1枚税込132円（100枚以上は1枚税込110円。200枚以上で送料無料）。10枚単位でご注文下さい。

ボール型捕獲器アブキャップ

北海道当別町のファームエイジ㈱は、アブが温度の高いものへ近づく習性を利用した捕獲器を販売。日光で熱を帯びた黒いボール部分にアブが来て血を吸おうと歩き回り上へ移動。上部の筒に入ると出られない仕組みだ。日当たりや見通しのよい場所、アブが集まりやすい水槽やエサ場近くに置くのがポイント。1haに1～2台が目安。

全高195㎝、税込3万3550円

上部の捕獲ケース。写真は水をはった場合の様子。洗剤を数滴たらしておくとアブの体についてくる油分が取れて水から飛び立てなくなる

忌避剤を練り込んだ機能性防虫ネット

◉平田統一

アブがウイルスを運ぶ

アブは牛の皮膚をカッターのような口器で切り裂き、しみ出してきた血液を舐めます。その口には血液が付着します。血中にたくさん牛伝染性リンパ腫ウイルスを有している高リスク牛（1000コピー／10ngDNA、白血球数1万個）から吸血したとすると、約0・1μℓ（0・0001㎖）の血液が付着していれば次の牛に病気を伝搬することができます。これは5回行き来すれば感染するレベルです。放牧牛には30匹50匹とアブがとりついていることも珍しくありませんから、簡単にウイルスを伝搬できます。

忌避剤を練り込んだ防虫ネットが有効

私たちは、アブの忌避剤であるETB製剤を抗体陽性牛主体に1頭あたり2ℓ程度噴霧すれば牛伝染性リンパ腫の伝搬を防げることを示しました。ただ、手間がかかるんですね。

もっと簡単な方法は牛舎の出入り口や窓に防虫ネットを張ることです。蚊帳のように物理的にアブの侵入を防ぐのもいいのですが、あまり目が細かいと埃で詰まり、風通しが悪くなり、暑熱ストレス対策には逆効果となります。そこで、メッシュサイズは6㎜で大きめですが、忌避剤を練り込んで編んだ機能性の防虫ネット（商品名は「ペルネット」）が有効です。

このネットを当牧場牛舎の出入り口や窓に設置したところ、牛房内で牛白血病抗体陽性牛と陰性牛を混在させて飼育しても伝搬がないことを2年間確認しました（防虫ネットは毎年張り替え）。アブが牛舎内に侵入することを完全に防ぐことはできませんが、薬剤がネットの表面にしみ出してきて虫体に付着し弱らせます。

サシバエにも効果が期待でき、牛伝染性リンパ腫の防除のみならず、吸血ストレスの軽減に役立つかもしれません。

（岩手大学農学部御明神牧場）

ペルネットで捕虫
※メッシュサイズが6㎜×6㎜と広めなので、埃が詰まりにくい。安全性の高いピレスロイド系防虫成分を含有。住化エンバイロメンタルサイエンスが製造し、日本全薬工業が販売。1本（30m）3万円

ペルネットを出入り口に設置

微細霧装置導入で真夏の受胎率が9割に

◉兵庫・田中一馬

暑い牛舎は牛も人もキツイ

兵庫県美方郡で但馬牛の和牛繁殖経営（50頭）、削蹄師、精肉販売をしています。但馬地域は、冬は積雪2ｍの豪雪地帯である一方、昨年8月には39・1℃を記録するほど夏は非常に暑くなる地域。特にここ数年は猛暑の勢いが増しており、牛だけでなく作業する人の健康面からも危機感を持っていました。

しかし、中には真夏の牛房であっても「涼しい」と感じる牧場もありました。それらの牧場には細霧装置とファンを併用し、気化熱による暑熱対策を施しているという共通点がありました。

濡らさず気化熱で冷やす

細霧装置は細かい粒子のミスト（微細霧）を噴霧し、気化熱によって空気を冷やします。液体は気化するときに周りのエネルギー（熱）を奪います。

細かい粒子のミストに、ファンによる送風をあわせることでミストの気化を促進させ、それによって牛舎内の気温が2～6℃も低くなるという原理。実際に牛舎で作業をしていても涼しさを体感することができます。

細霧装置って牛を濡らして体を冷やすイメージをもたれる方が多いのですが（そういう使い方もできます）、基本は「空気を冷やす」こと。クーラーみたいな感じなんです。

クールミスティを導入

わが家では福栄産業㈱の「クールミスティ」を導入することにしました（写真は127ページ参照）。

福栄産業は煙霧消毒機（プルスフォグ）の製造会社です。

ポイントは以下の三つです。

①粒子……0・2㎜以下がいい

粒子の細かさは気化率に直結します。粒子が粗いと噴霧のたびにエサと床は濡れ、牛舎の湿度は上がります。目的は濡らすことではなく気温を下げること。牛にとって快適な環境をつくるには0・2㎜以下の粒子がオススメです。この細かさだと濡れる前にミストは気化します。

②設置費……722㎡で約100万円

クールミスティは動力噴霧器を利用した細霧装置です。動噴から送られた水が牛舎に張り巡らされた高圧ホースを通り0・2㎜のノズルから出るという構造。構造がシンプルであることからメンテナンスのしやすさが魅力です。

わが家の722㎡の牛舎で3列の配管、噴霧ノズル70個。機械、電気工事、設置等、すべてを含めて100万円で取り付けることができました。いろいろなメーカーと比較しましたが、粒子が0・2㎜以下の装置としては非常に安価な設置費用でした。

導入して2年になりますが、一度の不具合もありません。井戸水も利用可能。販売代理店は日本全薬工業です。

③操作……猛暑時は1分おきに噴霧

クールミスティは機械が苦手な方で

ミストが牛舎全体に行き渡る。暑熱対策だけでなく、サシバエ対策や冬の風邪予防などで年中稼働させる

も感覚的に使うことができます。操作は指で回すダイヤルが三つだけ。一つ目が24時間タイマー。残りの二つが噴霧時間と休止時間を設定するダイヤル。

たとえば夏場の猛暑日は、9〜17時はフル稼働で噴霧時間は30秒、休止時間1分。17時〜翌日9時は15分間隔で噴霧時間は1分、休止時間5分。こんな感じでその日の状況に合わせた設定が簡単にできます。

湿度の上がり過ぎは逆効果

牛舎内の気温が35℃くらいまで下がると、わが家では日中の噴霧を1分、休止を2分にしています。夜間は噴霧1分の休止5分。風の通り具合、ファンの回転数や向きなど、各牛舎に合わせてどの間隔がベストなのかは異なります。

また一般的に換気や送風は気温に合わせて行ないますが、意外に意識できていないのが湿度。牛がストレスを感じるのは温度と湿度のバランス、温湿度指数（THI指数）が大切だといわれています。湿度の高い時期にミストを多用すると、牛にとっての快適性は逆に下がってしまいます。

また、薬剤を混ぜることで、サシバエの駆除や牛舎内の消毒、冬場の湿度の確保なども可能になります。

真夏でも受胎率が9割に

受胎率が悪いため夏の授精を避けていた年もありましたが、2年前に細霧装置を導入してからは、真夏でも9割の受胎を確認することができています。夏場にエサの食いが落ちるのも、受胎率が低下するのも、暑さによるストレスが牛にとって大きいからです。

さらに母牛のヒートストレスは、受精卵の段階で胎児の能力に影響するとまでいわれています。和牛繁殖は酪農や肥育に比べ暑熱対策の効果が見えにくい業態です。ただ、暑さから牛を守ることは目の前の牛だけではなく生まれてくる子牛を守ることでもある。そう考えた時に、和牛繁殖業こそ細霧装置の導入は非常に意味のある投資になると実感しています。

屋根を湿らせ夏風を取り込む

◉宮崎・下村　豊

牛舎内の気温が4℃下がった

わが家は和牛繁殖牛47頭の農家です。牛舎のスレート屋根の棟に、かん水チューブを張って水道ホースとつなぎ、暑いときに屋根を湿らせています。チューブはハウスバンドとスレートフックで屋根に固定します。

　屋根が濡れるまで、水道の蛇口を中開きにして15分ほど。屋根全体が湿ってきたら小開きにします。水量は暑さによって調整。軒下に水がビタビタ落ちて水たまりができると困るので全開にはしません。

　送風機は牛舎内の天井に付けています。以前は夏風（南風）が入ってくる側に向かって送風するように設置していましたが、これだと牛舎の熱気が出ていきません。いまは北向きに送風して、夏風を通り抜けやすくしています。

　散水と送風機によって夏の日中でも、牛舎内は外より3～4℃下がります。

人家よりも涼しく、畜舎で昼寝をしたいくらいです。

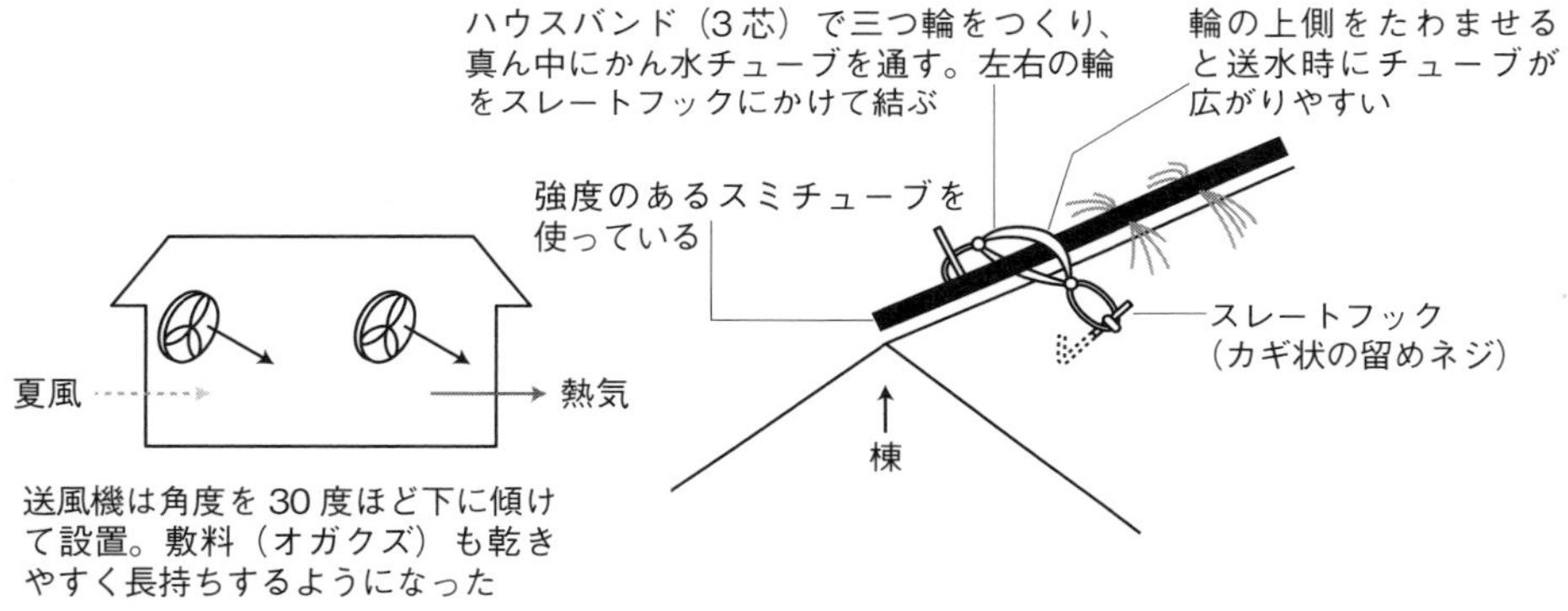
ハウスバンド（3芯）で三つ輪をつくり、真ん中にかん水チューブを通す。左右の輪をスレートフックにかけて結ぶ
輪の上側をたわませると送水時にチューブが広がりやすい
強度のあるスミチューブを使っている
スレートフック（カギ状の留めネジ）
棟
夏風
熱気
送風機は角度を30度ほど下に傾けて設置。敷料（オガクズ）も乾きやすく長持ちするようになった

屋根散水でクール牛舎

◉東京・小泉　勝さん

小泉さんが始めたのが屋根散水。業者に頼んで資材を取り寄せたり施工を任せると40万円もかかってしまう。

「それなら自分でやろうと、ホースはＡｍａｚｏｎ、散水タイマーは楽天、固定する金具などはホームセンターで購入。自分で取り付け、全部で7万円弱ですみました」と小泉さん。一番高くついたものでも、散水タイマーの2万5000円。

　水は地下水を利用。水道の蛇口にタイマーを取り付け、散水と止水を繰り返すように設定する。ノズルから霧状に水が出て屋根全体を濡らし、それが乾くときに気化熱で屋根の温度を下げるというしくみだ。

「屋根からボトボト落ちるほど水を流しても温度はさほど下がらないし、水たまりもできちゃうし、水のムダ。屋根全体を濡らして蒸発させることが大事。うちの場合、暑いときは5分散水、3分止めて屋根を乾かし、また5分散水というサイクルがちょうどいい。これで真夏でも、トタン屋根の熱が70℃から40℃になって、室内も3℃下がった」

ほかの暑さ対策としては、送風機を12台設置し、生温かい空気を牛舎の外へ出すこと。小泉牧場の周りは住宅地。人家が隣接していない東南側へ流すようにしている。

また牛舎は東西に長く建てられ、西日が当たりにくい造り。さらに西側には小泉さんが大切にしている大きなイチョウの木が数本あって、牛舎に直接陽が当たるのを防いでいる。

屋根散水のしくみ

ノズルから噴霧された水が屋根を濡らし、蒸発するときに気化熱で屋根の温度を下げる

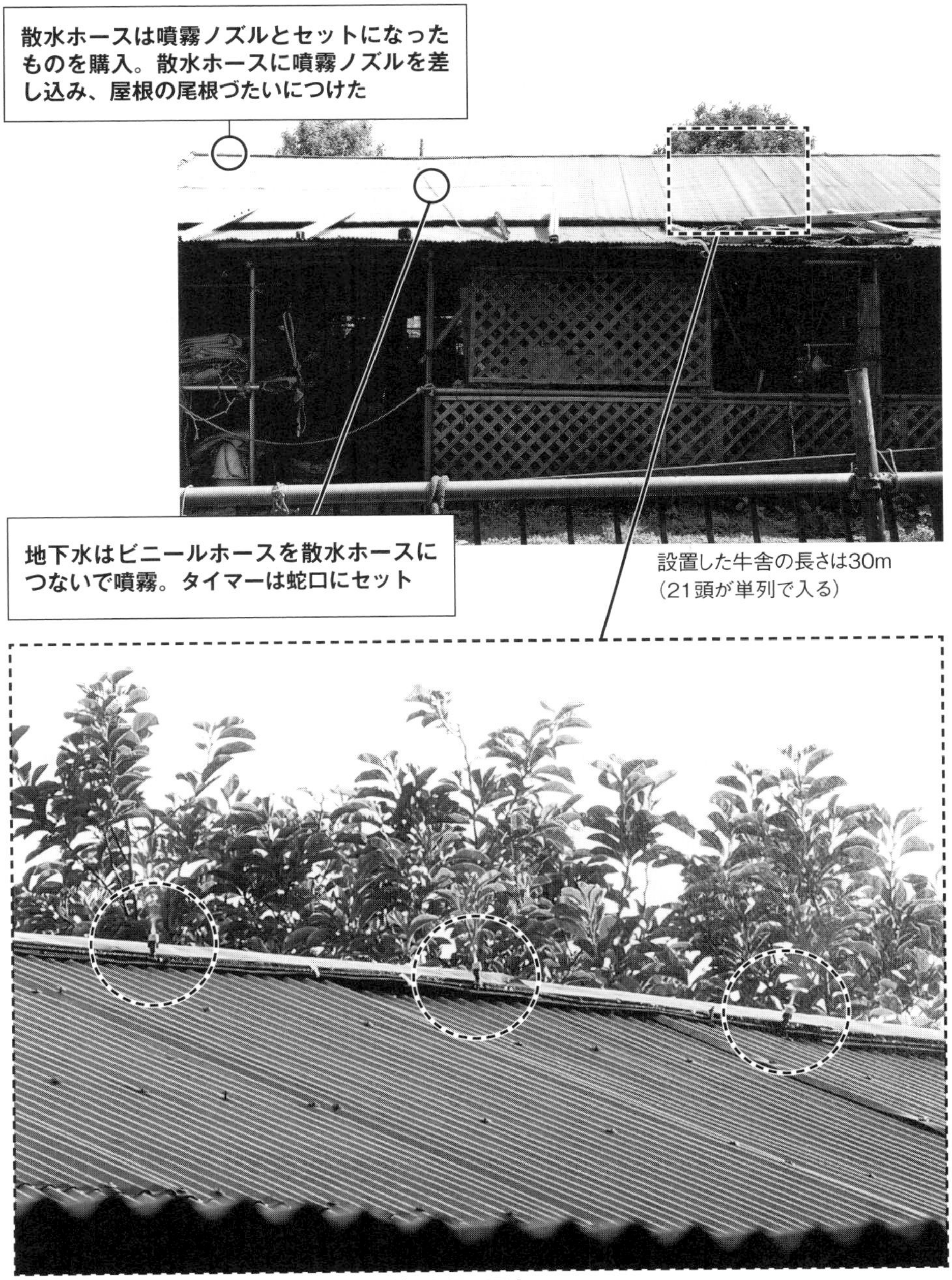
散水ホースは噴霧ノズルとセットになったものを購入。散水ホースに噴霧ノズルを差し込み、屋根の尾根づたいにつけた
地下水はビニールホースを散水ホースにつないで噴霧。タイマーは蛇口にセット

設置した牛舎の長さは30m（21頭が単列で入る）

5分流水（屋根が濡れる）、3分止水（乾く）を繰り返す

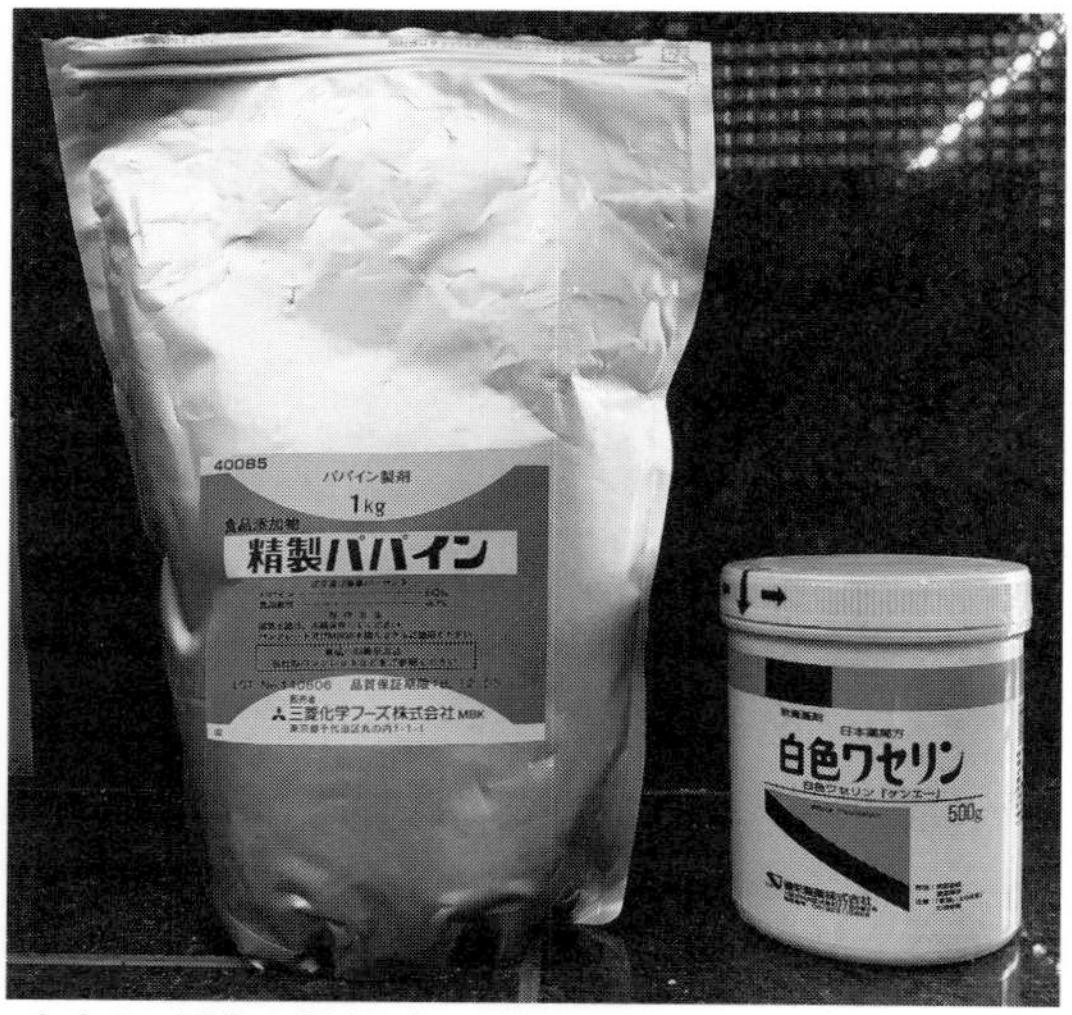

パパイン酵素の粉末（1kg約2万円）とワセリン。これを混ぜて牛のイボに塗る

牛のイボ取りに パパインワセリン

◉野口主宏《かずひろ》

入浴剤で指のイボがポロリ

10年ほど前のことです。コンビニに寄って「疲れたから入浴剤でも……」と、名前に魅かれて買ったのが「人間洗濯」という入浴剤でした（現在は販売終了）。さっそくその日のうちに使用し、「人間洗濯というだけあって、一皮剥けてさっぱりした感じがするな」くらいの感想でした。それがその3日後、右手の親指の爪の下にあった2㎝ほどの大きなイボが、痛みもなくポロリととれたのです。長年悩まされていたので、「えっ、なんで？」と、すごく驚いたのを覚えています。

この入浴剤に含まれていた成分が、パパイン酵素です。パパイン酵素とは青パパイヤに含まれるタンパク質分解酵素で、不要な角質を柔らかくしたり炎症を抑えたりする作用があります。化粧品や食品加工に利用されていて、肌に触れても口に入れても安全なものです。そして、東南アジア地域では昔からこの青パパイヤをイボの民間療法として使用してきたそうです。

牛もイボは大問題

私は獣医師です。「これは牛のイボにも使えるのでは!?」と考えました。

パパインワセリンのつくり方

鍋にワセリンを容器ごと入れて湯煎して溶かす。溶けるとさらさらとした透明な液体になる。500g入りの場合、5～10分で十分

ワセリンを鍋から出して50～55℃に冷めたら、パパイン酵素の粉末を入れてかき混ぜる。ワセリン500gの場合、粉末25g。粉末が混ざって少し白濁してきたら完成

尻と尾にイボができた子牛

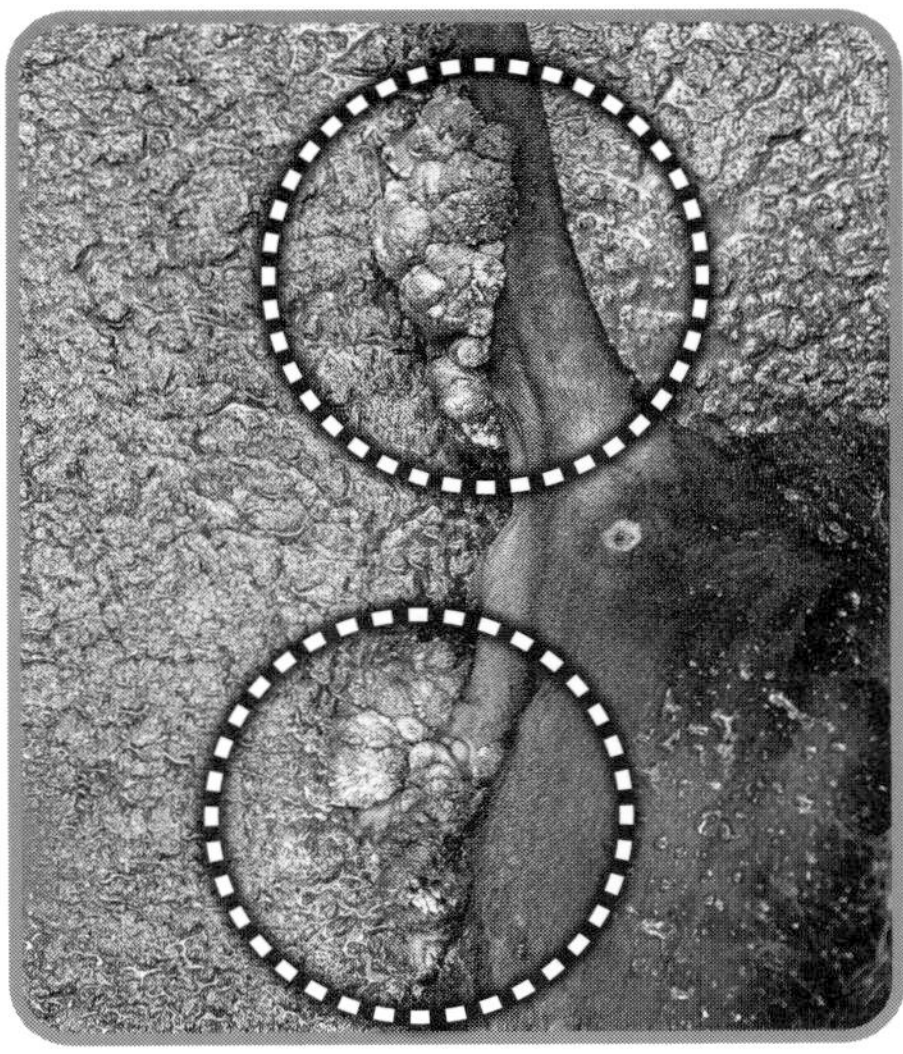

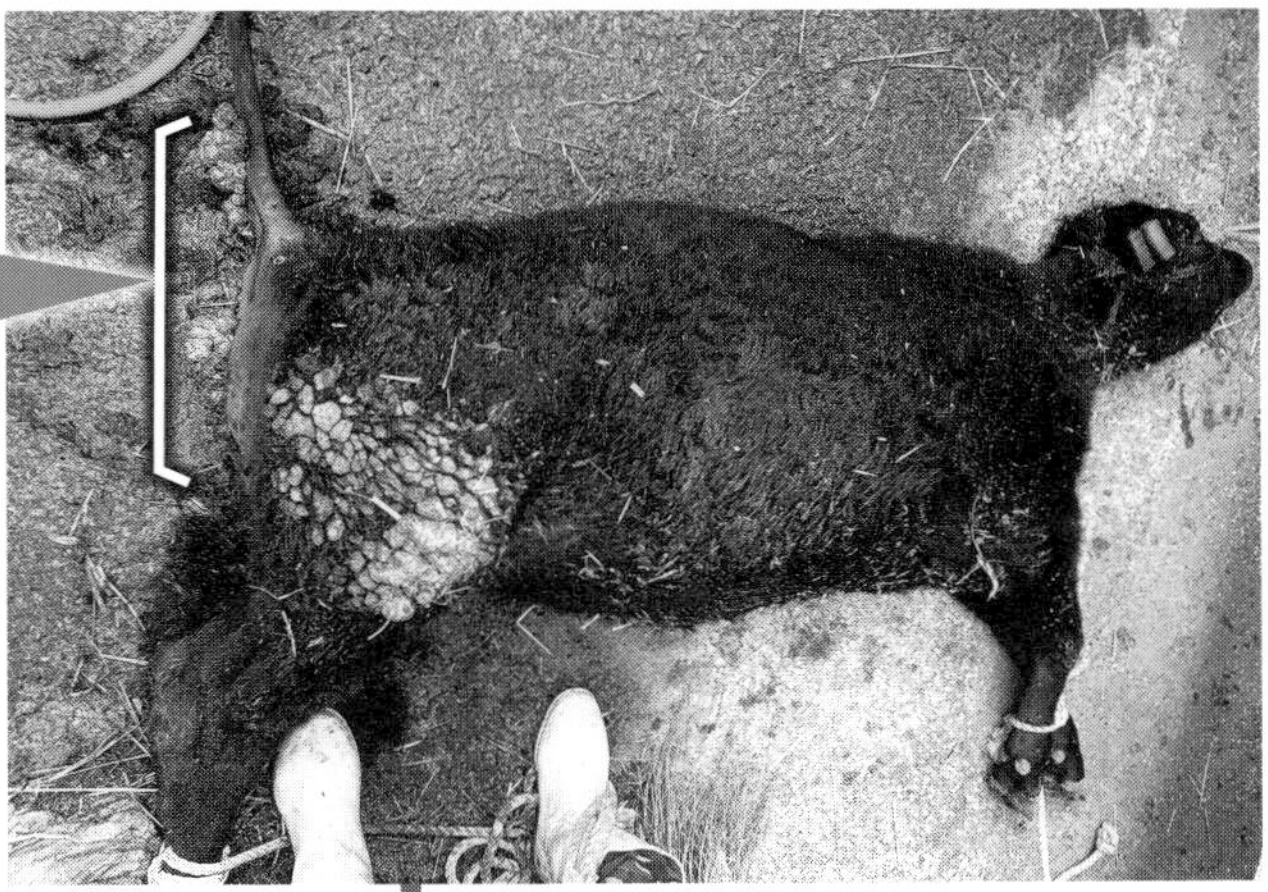

この後大きなイボをメスで切除し、残ったイボにパパインワセリンを塗った

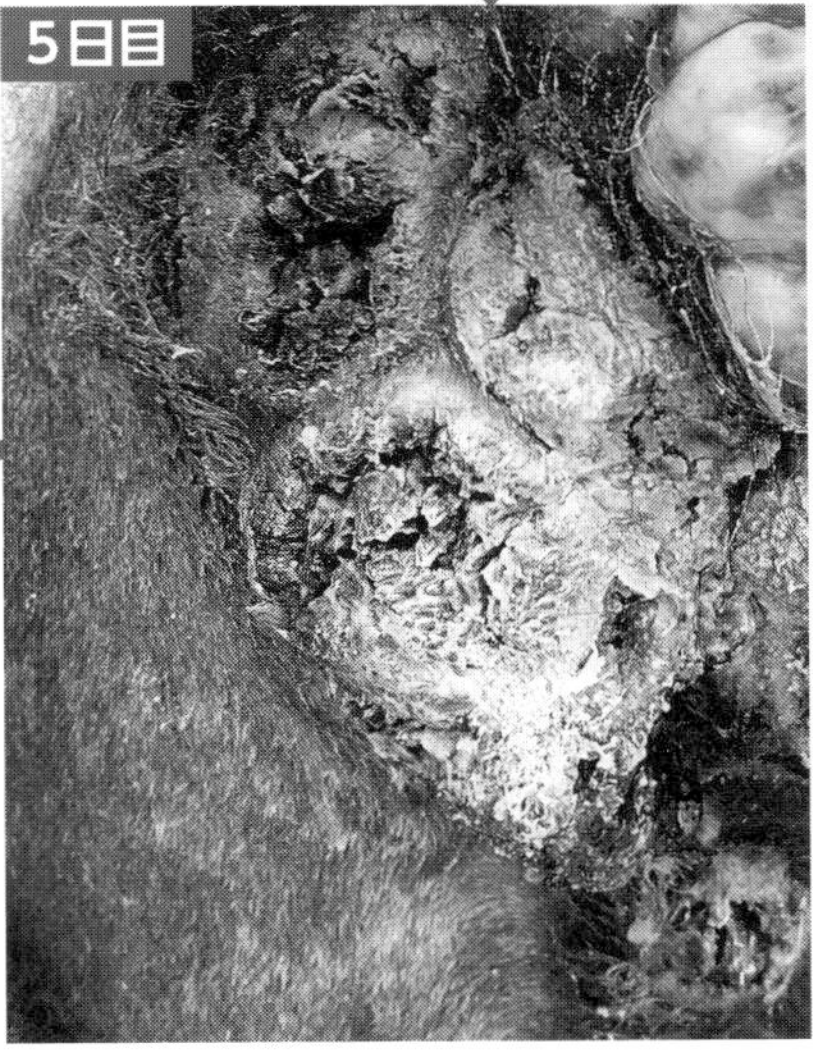

上写真の尻の一部。イボが縮んできたので、この後根元からむしりとった。パパインワセリンを塗っておいたので、出血がなく痛がりもしなかった

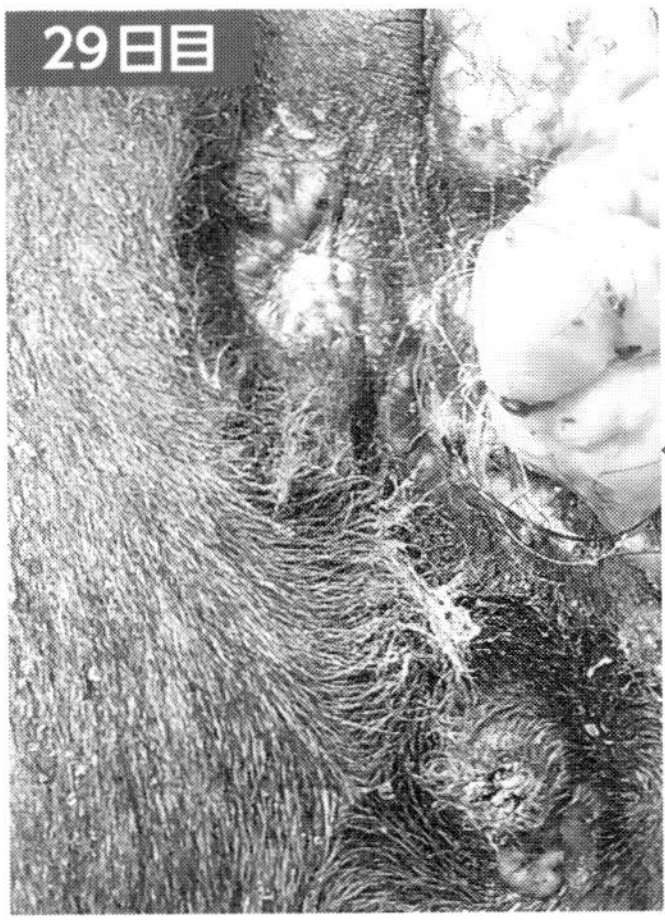

3日に1度以上塗り続けた。イボの再発はない

牛のイボ（乳頭腫）はパピローマウイルスを原因とする感染症です。目の周りや乳頭など皮膚の柔らかい部分にできやすく、重症では全身に広がることもあります。

治療法は、「物理的にむしり取る」「外科的に切除」「輪ゴムを巻いて壊死させる」「液体チッソで焼く」などがあります。私も自分のイボを治そうとむしり取っていましたが、出血するし、しかも再発して何度も出てくるし……とにかく本当に痛いので、牛も痛いと思います。

パパインワセリンを手づくり

そこで牛のイボの治療に、パパイン酵素を塗ることを思いつきました。

まずワセリンを湯煎して温め、透明の液体にします。そこにパパイン酵素（ワセリンの5％重）を入れてかき混ぜ、白濁してきたらパパインワセリンの完成です。注意点は、パパイン酵素を入れるとき、ワセリンが溶けるギリギリの温度（50～55℃）にすること。酵素はタンパク質なので、それ以上の高温では失活してしまうからです。

これをイボの部分にたっぷりと、ベタベタになるくらい塗っていきます。

だいたい3日おきに塗ることを4～5回以上繰り返します。1回目に塗ったすぐ翌日には表面が黒化して退縮した状態になり、その後だんだんと表面が硬く白くなります。最終的にはイボが落ちて、元の皮膚の状態に戻ります。

痛がらず、治りも早い

実際にパパインワセリンをイボに塗った後の経過を紹介します。一つ目は陰部の周りにできたイボがお尻の周りや尻尾に広がった例です（131ページ左の写真）。大きなイボは切除しましたが、放っておくと残った周りのイボが再度周囲に広がっていく可能性がありました。

そこで、残ったイボにパパインワセリンを塗ったところ、徐々に小さくなったので、数日後に根元からむしり取りました。普通はかなりの出血と痛みを伴いますが、パパインワセリンを塗ったおかげで出血はなく、その後イボもなくなりました。

二つ目は左の肩に大きなイボができた例です（上の写真）。畜主さんがメスによる切除を望まれませんでしたので、そのままパパインワセリンを塗り続け、治療開始から50日後の状態が下の写真です。表面は白く硬くなり、畜主さんも「小さくなった！」と納得の状態です。おそらくこの後ポロポロと落ちていくのではないかと思います。

パパイン酵素の粉末は食品添加物としてインターネット通販で少量単位から販売されていて、ワセリンは薬局で入手できます。試していただき役に立てれば幸いです。

（NOSAI佐賀　東西松浦家畜診療所）

肩に大きなイボができた繁殖和牛

イボは切除せず、この後そのままパパインワセリンを塗った。ワセリンは塗った時にしみないので、嫌がる牛に蹴られる心配も少ない

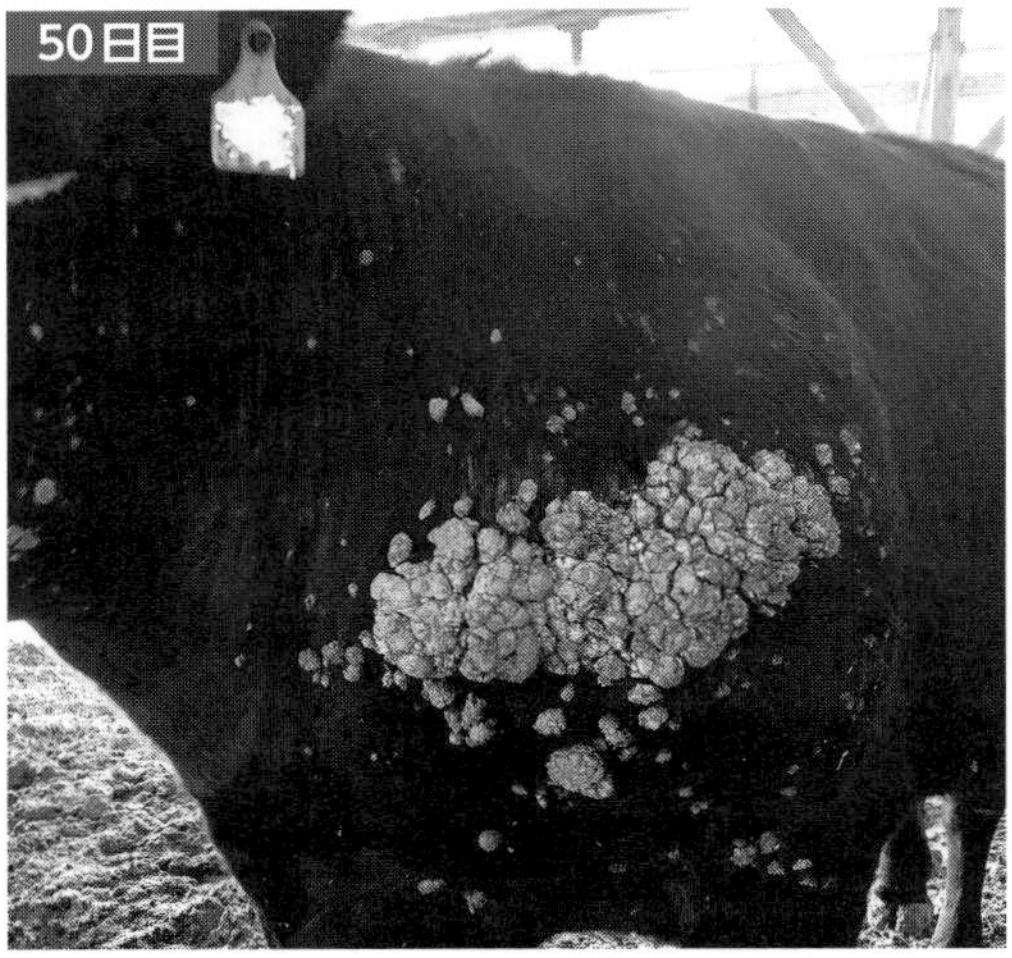

イボが白くなり退縮した。この後自然に取れるだろう

Part 4

飼料米を使いこなして エサ代を減らす

米52%の濃厚飼料をつくった

◉岡山・大﨏《おおさこ》　毅

大﨏毅さんが自家配合した濃厚飼料。飼料米とSGSを重量の半分以上入れている（S）

素牛も粗飼料もすべて自家産

私は1946年生まれ。地元の役所に就職し、40代前半に経営を移譲されました。朝4時に起きて牛の世話をし、農繁期には夜中の10時11時まで働き、勤めに出る生活はかなり厳しいものがありましたが、歯を食いしばりながらも前向きにがむしゃらに突き進んだことでいまがあると思っています。

現在の飼養頭数は、繁殖牛10頭、育成牛2頭、肥育牛4頭。子牛は年7～8頭を確保し、種や母牛の能力によって、繁殖牛として残して育成するか、家畜市場に出荷するか、肥育する素牛にするか、に振り分けています。子牛の導入はせず、すべて自家産です。

飼料米「北陸193号」。2021年産の反収は720kg

飼料米（エサ米）は1・5ha、保有米は20aで栽培。コンバイン切り落としワラ束を確保します。牧草地は70a（イタリアンを2回刈りした後、夏牧草を2回刈り）。米の裏作にもレンゲを植え付けており、粗飼料をすべて自給しています。

筆者と自家産牧草のロール。粗飼料は100％自給（佐藤和恵撮影、以下S）

【自家製の「つやま飼料」】

トリプルAを狙って自家配合

私は市販の濃厚飼料の代わりに、自家製の濃厚飼料「つやま飼料」（と命名）を、肥育牛や繁殖牛に与えています。育成牛や子牛の濃厚飼料も一部、

図　筆者の肥育牛のエサのやり方（雌牛）

<table>
<tr><td>月齢
1日当たりのエサ（kg）</td><td>9</td><td>10</td><td>11</td><td>12</td><td>13</td><td>14</td><td>15</td><td>16</td><td>17</td><td>18</td><td>19</td><td>20</td><td>21</td><td>22</td><td>23</td><td>24</td><td>25</td><td>26</td><td>27</td><td>28</td><td>29</td></tr>
<tr><td></td><td colspan="5">肥育前期</td><td colspan="8">肥育中期</td><td colspan="8">肥育後期</td></tr>
<tr><td>自家製の濃厚飼料「つやま飼料」（TDN73%）</td><td>2</td><td>3.5</td><td>5</td><td>6.5</td><td>7.5</td><td>8.5</td><td colspan="6">9</td><td>7</td><td>6</td><td>5</td><td>4</td><td>3</td><td>2</td><td></td><td></td><td></td></tr>
<tr><td>クズ大豆</td><td>0.5</td><td colspan="3">0.3</td><td></td><td></td><td></td><td></td><td></td><td></td><td></td><td></td><td></td><td></td><td></td><td></td><td></td><td></td><td></td><td></td><td></td></tr>
<tr><td>市販の肥育後期用の濃厚飼料（TDN74～75%）</td><td></td><td></td><td></td><td></td><td></td><td></td><td></td><td></td><td></td><td></td><td></td><td></td><td>2</td><td>3</td><td>4</td><td>4.5</td><td>5.5</td><td>6.5</td><td colspan="3">8</td></tr>
<tr><td>牧草</td><td>3</td><td>2</td><td>1</td><td></td><td></td><td></td><td></td><td></td><td></td><td></td><td></td><td></td><td></td><td></td><td></td><td></td><td></td><td></td><td></td><td></td><td></td></tr>
<tr><td>ワラ</td><td colspan="2">0.5</td><td colspan="2">1.5</td><td>2.5</td><td colspan="2">2</td><td colspan="5">1.5</td><td>1</td><td colspan="8">1</td></tr>
</table>

濃厚飼料が多いと皮下脂肪が乗り、肉の歩留まりが悪くなる。まだ腹づくり・骨格づくりの時期なので粗飼料を十分与える

ビタミンAを切り、サシを入れる時期。濃厚飼料のピークを迎える。「食い止まり」に注意。

仕上げの時期。TDNがより高い、肥育後期用の濃厚飼料の割合を増やす

＊「つやま飼料」は、子牛の時からエサに1～2割混ぜて、味に慣れさせておく

「つやま飼料」の配合内容（1バッチ750kg・正味768kg当たり。2021年5月改）

飼料米（自家産）……………………… 270kg
SGS（JAで生産。水分率20%）………… 125kg
フスマ（津山産）………………………… 120kg
小麦の二級品（津山産）………………… 100kg
おから（水分率12～15%）……………… 60kg
地ビール粕（水分率20%）……………… 53kg
トウモロコシ（外国産）………………… 40kg

＊他に炭酸カルシウムとカビ吸着剤を添加する。
＊飼料米と小麦の二級品は粉砕機にかけてから使う。
＊おからは市内の豆腐工場から入手（フレコンバッグ代のみ）。工場が乳酸菌を添加してフレコンに密閉してくれる（半年持つ）。水分率50～60%の状態なので、食品加工用の乾燥機で乾燥させてから使う。

置き換えています。10年の歳月をかけて現在の配合にたどり着きました。

　自家製濃厚飼料の作出理念は、安心・安全・安価の、トリプルAでした。まず目を付けたのが、地域で排出される産物や食品残渣です。最初は、地ビール粕（当時のものは水分率80%）と津山産小麦の製粉残渣を撹拌して、水分の高い飼料を作出しました。しかしこれは水分が多過ぎて日持ちが悪いため、ボツになりました。

　次に考えたのが乾燥飼料の作出。材料は地ビール粕、おから（水分率60%）、ゆで麺の廃棄物（水分率60%）。これらを食品乾燥機でカラカラに乾燥してつくってみましたが、莫大な電気代がかかりました。牛の嗜好性もあまりよくありませんでした。

　電気代を抑えつつ日持ちさせ、乾物量をバランスよく配合するには？ また、いかにいいものを作出しても、牛が好んで食べるかどうかが重要です。試行錯誤を繰り返しながら微妙な調整を繰り返しました。

粉砕米とSGSで米52%配合

　そんな中、飼料米が話題に取り上げられるようになりました。米を牛にやることは、当地域では一般的にはよくないことのように言われていました。しかし全国の新聞等の報道により、エサ全体の20～30%までなら牛に問題は出ない、などの話も飛び交いました。

　そこで私は、飼料米を粉砕して、自家製濃厚飼料に、全体の25%を混合してみました。牛に支障は出なかったので、農協から購入したSGS（モミ米サイレージ。水分率20%）も、全体の15%ほど追加してみました。米の割合は全部で40%になりました。

　さらに調整を続け、現在では飼料米を36%、SGSを16%混合し、米の割合は全体の52%になりました。配合の詳細は上の通りです。牛の嗜好はよく、

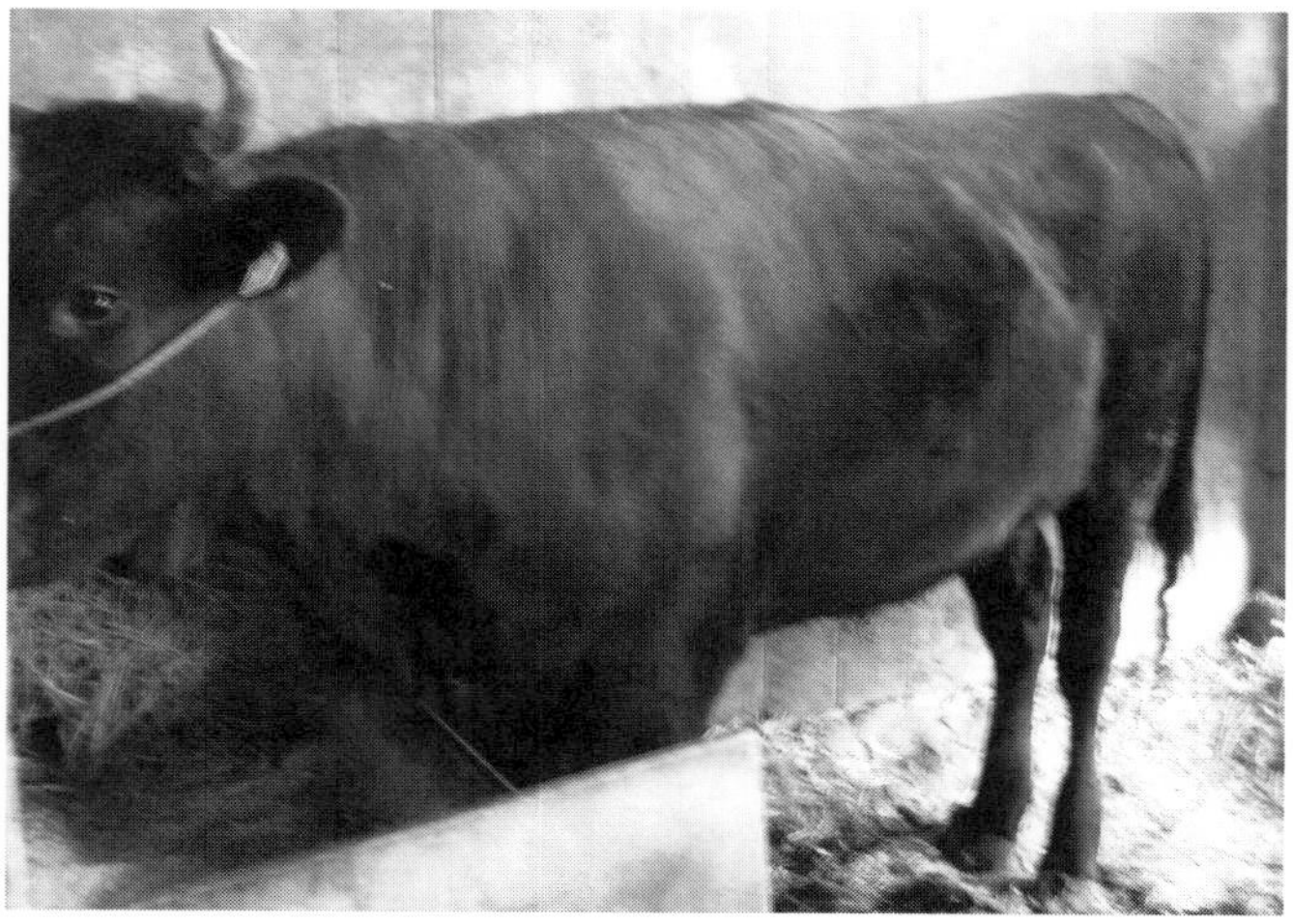

23カ月齢の去勢牛。子牛の時に濃厚飼料を与えすぎず、肋張りをよくし、太らせず体高を出し、腹づくりに専念する飼い方を心がけてきた。食い止まりがなく順調

27カ月齢の去勢牛。2021年2月15日に出荷した。枝重463.7kg、A5が付いた（S）

下痢などの障害もありません。

1kg50円のエサができた

飼料米以外の材料のムギや食品残渣なども地域産で、すべて顔が見える安心・安全なエサです。外国産はトウモロコシのみです。

また、電気代含め加工費を入れても、1kg50円で供給可能なエサになりました。このことは、飼料高騰の時期に特に大きな支えになります。現に、いまの市販の濃厚飼料は1kg約90円と高騰しています。

水分率15%、TDN73%

課題だった水分率は15%に調整しました。これなら1カ月は持ちます。

TDN（可消化養分総量、エネルギー）は乾物中の割合で約73%、CP（粗タンパク）は15・2%と、市販の肥育前期用の濃厚飼料に近い値です。牛の嗜好性もよく、幅広く使えるので、後述するように一貫経営において大きな成果をもたらしています。各材料の成分分析や配合設計は指導機関等に協力してもらいました。

現在、近隣5、6軒の和牛一貫経営農家の分も含めて、毎月1回、約3tを製造しています。私は月に600kgほど使います。

材料を混ぜるミキサー。月に1度、3～4回転させて「つやま飼料」を3tつくる（S）

【「つやま飼料」の給与法】

肥育中期のピーク時に9kg

私の肥育事業は、2014年から始まった地元ブランド牛「つやま和牛」の肥育実証実験がきっかけでした。繁殖牛とはまったく異質の、肉を付けるという飼い方は未知の世界で、関係機関の指導をいただきながら、暗中模索

の中、16年11月に第1号を出荷。結果はB5のBMS11（12段階ある脂肪交雑基準）という好結果につながりました。系統も大切ですが、よく食べる牛が好成績をもたらしてくれます。

　そのことを念頭に、エサの食い込み等を細かく観察し、月齢ごとに「つやま飼料」を使った独自の給与形態をつくりました（135ページの図）。つやま飼料は肥育前半から徐々に増やし、中期のピーク時には1日9kg食わせます。後期はよりTDNの高い濃厚飼料を与えて仕上げます。これまで8頭の肥育牛を出荷しました。成績はA5やB5の好結果で、特に最近の4頭はすべてA5、直近ではBMSが最高の12でした。

　余談ですが、肥育牛はすべてはきれいに食べてくれませんが、毎回飼槽の掃除をして食べ残しは繁殖牛に与えるので無駄がありません。これも一貫経営のメリットかもしれません。

繁殖牛は100%置き換え

　繁殖牛へは従来、自家製ワラや牧草に加えて、産前産後には市販の濃厚飼料を与えていました。これをすべてつやま飼料に置き換えました。

　ただし、つやま飼料にはビタミン等の添加物が配合されていないので、定期的にビタミン剤を別途に給餌してきました（肥育牛にも中期以外は給与）。最近、ビタミン入りの廃菌床由来の発酵飼料「げんきのこ」㈲パルテック。1kg約25円）を使い始めたので、ビタミン剤は減らしています。

子牛、育成牛には1～2割

　子牛にも2カ月齢から、つやま飼料を与えています。子牛には、CPがより高い市販の子牛育成用濃厚飼料を主体にしつつ、その1～2割をつやま飼料に置き換える方法です。その分だけでも経費が抑えられます。なによりつやま飼料に慣れさせておけば、肥育牛や繁殖牛として育てるときにエサの切り替えがスムーズです。

イネ刈り後、ロールベーラーで丸めたワラロールを孫と一緒に集める

＊

　自ら栽培した飼料米で牛飼いができれば、飼料価格が安定し、計算が成り立ち、景気の動向に左右されない経営ができます。地域産廃残渣についてもまだまだ多くの宝の山が眠っており、捨てられるものを有効利用できるよう、取り組んでいきたいと思います。

　地産地消が叫ばれていますが、畜産においてはその飼料のほとんどが外国産です。粗飼料はイナワラを利用すれば、その多くを賄えるのではないでしょうか。濃厚飼料では、トウモロコシやムギの代替えとして、飼料米がその役割を十分に果たせます。微妙な調整はいまだ道半ばですが、自家製濃厚飼料でたどり着いた和牛一貫経営の結果も見え、トリプルAは間違いではなかったと実感しています。

モミ米サイレージ 調製・長期保管のポイント

◉丹　康之

保存中のカビ対策

開封口を発酵ＴＭＲで被覆

２０１４年産までのモミ米サイレージは、長期保存してもカビの発生や変質の心配がない範囲で35％以上の水分率に加工調製していました。しかし、この製品はフレコン容器の底部に水たまりができてしまい、このままでは子牛などに給与すると下痢などが心配されました。拡大していく飼料用米の作付け面積に合わせてこの問題を改善してほしいという要望が高まりました。

そこでまず、水分率を30％に下げて加工調製を行ないました（低すぎると発酵しない）。６カ月後にフレコンを開封して上部と底部の水分率の差を測定すると、１％未満でした。しかし半数は上部とそれに触れる内袋にカビが発生し、長期保存に課題が残りました。

次に、加工調製後のモミ米サイレージのフレコンの開封口を、発酵ＴＭＲやササの葉といったカビ発生を抑制するもので被覆する試験をしました。するとこれら自体は発酵せず袋も膨らまなかったので、モミ米サイレージの発酵終了後に利用すれば、２次発酵や変質を防止できると考えました。

水分率を25％まで下げる試験もしましたが、これはまったく発酵が進まず、カビが発生してしまいました。

15年度以降は水分率の下限を30％とし、発酵終了後の製品（梱包してから２〜４週間後）の開封口に発酵ＴＭＲを被覆しています（ササの葉は採集する労力がかかるため採用を見送った）。新製品は利用者から好評で、利用数量の増加につながりました。

カビ対策

モミ米サイレージの梱包（内袋を入れたフレコンバッグ）をほどき、発酵TMRを3kgずつ入れ、開封口の表面をまんべんなく被覆。再脱気して再梱包する。4人で分担して1日120個の作業が可能

ネズミと鳥害対策

牧草やイナワラロールで防護

モミ米サイレージは野生生物にエサとして一度認識されると厄介です。ネズミは、牧草サイレージやイナワラサイレージは加害しないので、牧草やイナワラのロールを土台にして、そ

の上にモミ米サイレージを置きます。

保管場所が人の作業動線から離れている場合は、ネズミ対策の他にカラスなどの鳥獣対策も必要です。

そこで牧草やイナワラのロールで防護壁をつくり、モミ米サイレージを隠します。さらに上部には寒冷紗を被覆します。それでも心配な場合は、上部にキュウリ栽培用のネット等を張れば万全です。これでカラスは見向きもしません。またこの壁をなるべく厚くできれば、ネズミの侵入と加害も防げます（土台と防護壁を両方設置しようとすると、牧草やイナワラロールの必要数が膨大となります）。

ネズミ・鳥害対策

ネズミが食べない牧草やイナワラのロールを土台にして、モミ米サイレージを積み上げる

牧草やイナワラロールの壁で囲ってもネズミ対策になる。さらに上部を寒冷紗で覆うと、カラスなどの鳥害を防げる

開封後の変敗対策

混合飼料にブランデーを噴霧

モミ米サイレージを肥育牛などで多給するには、牛に給与飼料を偏りなく摂取させるため、まんべんなく混合してから給与することが必要です。毎日混合するのは大変なので半月程度をつくり置きすると便利ですが、飼料の変質や腐敗が心配です。

そこで、つくり置きした飼料を給与で開封するたびに、空気に触れやすい箇所をブランデー原液でスプレー噴霧すると、変質や腐敗することなく給与を続けられることがわかりました。

＊

モミ米サイレージは飼料摂取量の増加や高い嗜好性が評価され、飼料として高いポテンシャルを秘めています。JA真室川管内ではこれを足がかりとして、耕種農家においてはイナワラ収集面積の拡大から牧草生産まで事業が広がり、堅固な耕畜連携が構築されてきました。これからもつくって喜ばれ、使って喜ばれる互恵関係を築くことで、地域の活性化に寄与できればと思っています。

（JA真室川）

変敗対策

モミ米サイレージを入れた混合飼料に、ブランデー原液をハンドスプレーで噴霧する。ブランデーは殺菌効果が高く（アルコール度数約40度）、嗜好性も使い勝手もよい。工業用アルコールは安価で殺菌効果が高いが、家畜の安全性を考慮した

繁殖牛の配合飼料に粉砕したモミ米を配合

◉茨城・益子光洋

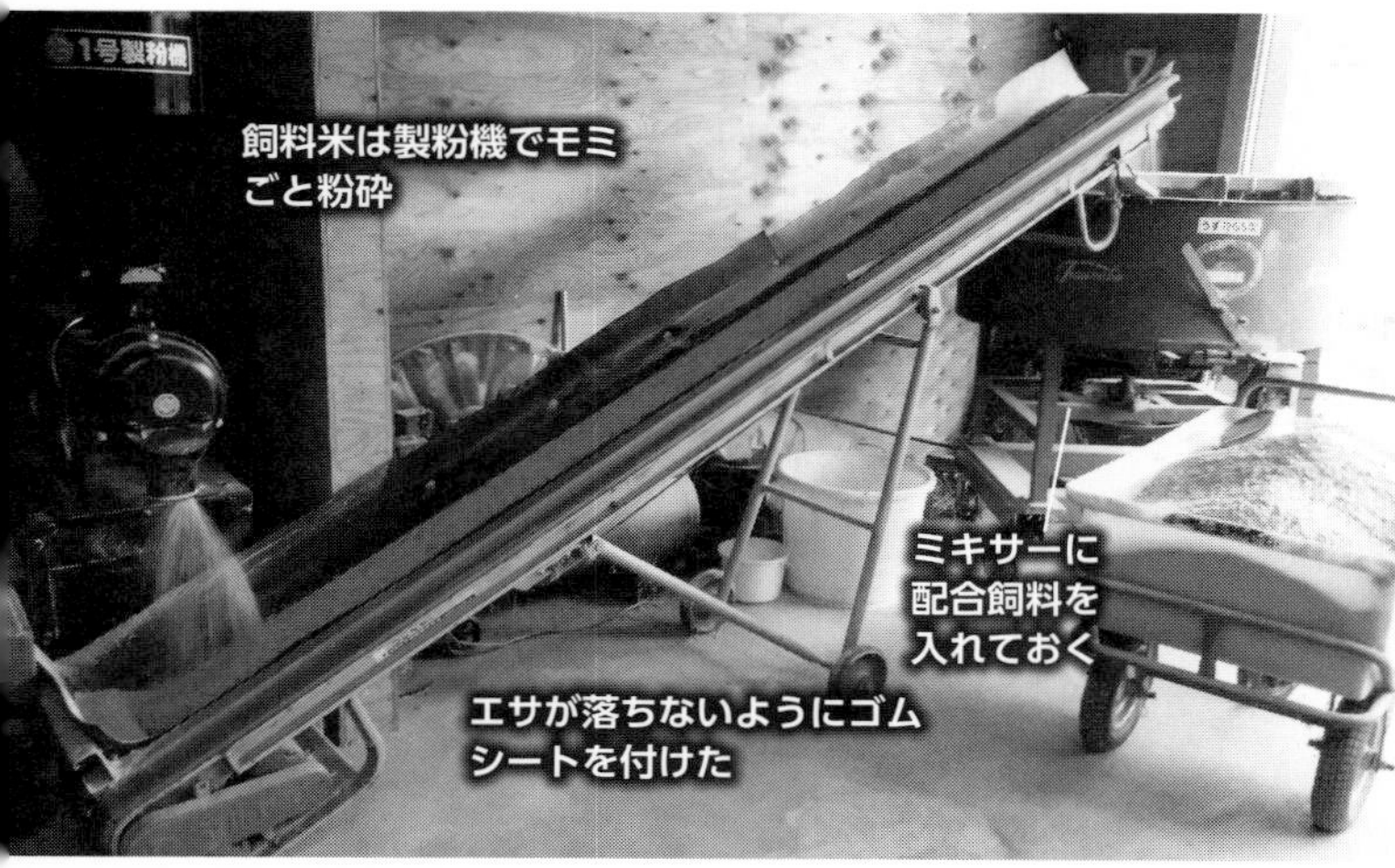
1号製粉機
飼料米は製粉機でモミごと粉砕
ミキサーに配合飼料を入れておく
エサが落ちないようにゴムシートを付けた
ミキサーは肥育農家から、ベルトコンベアも知り合いから無料でいただいた

モミ米1kg10円、粉砕して使う

繁殖和牛45頭、育成牛7頭を放牧主体で飼っています。他に飼料イネの栽培・作業受託、牧草地の裏作でソバの栽培、林業の複合経営です。

飼料米は1kg10円で近所の農家と直接契約しています。繁殖牛用の濃厚飼料100kgに対して、モミごと45kg（玄米換算で30kg）、粉砕してから混ぜています。玄米ではなくモミ米を使うのは、繊維質豊富なモミガラを混ぜることで、消化速度の速い濃厚飼料とバランスがとれると考えたからです。これを繁殖牛には1日1kg、育成牛（種付け確認まで）には2kgやります。内臓脂肪が付き始めたら減らします。

少量のエサを撹拌する時はコンクリートミニミキサーが便利

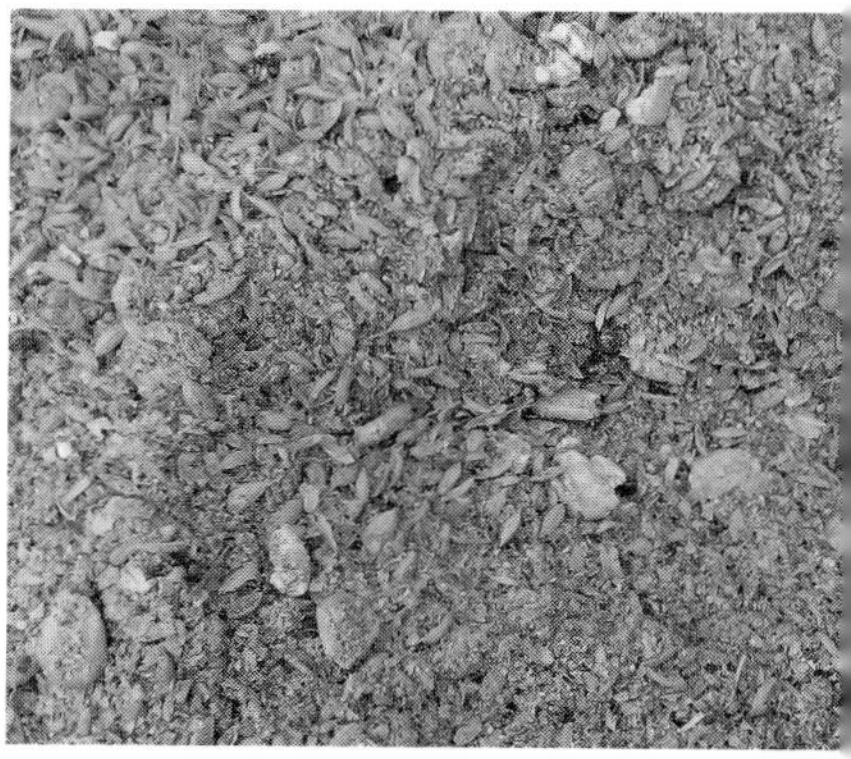
モミ米を粉砕し、繁殖牛用の濃厚飼料に45％混合している

モミは消化されにくく、鼓脹症などが心配されますが（だからWCS・ホールクロップサイレージ用の飼料イネ専用品種はモミが少ない）、この割合なら支障は出ていません。粉砕して飼料米をもう少し増やしたいところですが、タンパク不足で発情兆候がなくなることが危惧されます。大豆の挽き割りなどを追加できたらよいと思います。コスト減は明らかです。粉砕機からエサを混ぜるミキサーまでのラインさえつくれば、作業はスムーズです。

手をかけても米はおもしろい

子牛の胃には粉砕したモミでも硬すぎるので使っていませんが、今後はSGSをつくってスターター（哺育牛用濃厚飼料。親用より高タンパクで高額）に混合できればと思います。

米を牛のエサに使うには粉砕なり、炊くなり、ゆでるなり加工する必要があります。しかし手間をかけてもなお、おもしろいのが飼料米。この飼料高騰時代、工夫しがいがあります。飼料米プラス副産物でより安い配合を考案していきたいです。

Part 5

放牧でコスト減！
——はじめる時のポイント

放牧でイチから牛飼いスタート！
失敗と改善策

◉京都・添田 潤

自宅裏にある耕作放棄の棚田2カ所（計1.8ha）で繁殖和牛4頭を放牧

誰か牛でも放してくれないか

京都府舞鶴市で新規就農し18年経ちました。経営のメインはビニールハウスでの京野菜の「万願寺甘とう」を50aです。他にもブドウ30a、エゴマ30aを栽培。それから新規就農仲間とアズキ10haを栽培したり、株式会社を設立してビニールハウスの張り替えや建設の請け負い業をしたりしています。

繁殖和牛は、妊娠牛の導入2頭から始めて5年が経ち、現在4頭を飼育しています。

私が住んでいる西方寺平《さいほうじだいら》集落は山間部にあり、周囲には棚田が広がっています。冬場は雪も多く11～4月は天候が非常に悪い地域です。

移住当初は山間部の奥まで棚田が広がっていましたが、年々耕作放棄地が増え、シカやイノシシの被害が増えてきました。近年、村の集会では「誰か牛でも放して荒れ放題の棚田をどうにかしてくれないものか」とよく話題に上っていました。10年ほど前に京都府の「レンタカウ」という事業で棚田に数カ月和牛を放牧していた方が村にいて、雑草をバクバク食べさせていたからです。

5年前に牛飼いに挑戦

地元の京都丹の国農協には繁殖和牛の部会があり、近隣に子牛市場もあるので、私も以前から畜産に取り組みたいという思いがありました。市場を見学したり繁殖和牛について営農指導員の方に話を聞いたりもしていました。

5年ほど前、栽培施設への投資が一段落して、経営的に新しいことができる状況になりました。そこで以前から興味があったし、地域からの後押しもあった繁殖和牛を始めることにしました。最初はホント、「ただ棚田に牛を放せば健康に育つんだろうな～」なんて軽い考えもありました。

始めるにあたって指導していただいたのは、農協の営農指導員、京都府の畜産センターの方々、京都府振興局、近所の酪農家、和牛部会の先輩方でした。

育苗ハウスに単管パイプの枠

牛舎は家の裏にある使わなくなった育苗ハウス（間口6×18m）にコンクリートを敷いてつくり、4頭を飼育しようとしていました。アドバイスに来てくれた方々も「狭いけど何とかなるんちゃう？」みたいな雰囲気で、私も「まー何とかなるだろう」と考えていました。

とりあえず初年度に購入予定2頭分の枠をハウス内に単管パイプでつくり、天井は冬場は倉庫用のホワイトの遮光フィルム、夏場はアルミが被覆されているシートを掛けることにしました。

放牧慣れした初妊牛を購入

最初は放牧に馴れている牛を導入すればリスクが少ないということで、京都府の碇高原牧場（公共育成牧場）で行なわれている初妊牛の競売に参加しました。

初めてだったので営農指導員の方が初妊牛の見立てをしてくれて、おおよその競り値予想を教えてくれました。普段は自分の農産物を競りにかけられるほうなのですが、競り落とすほうは初めてで、みんな真剣勝負、探り合いの熱気に包まれ自分も熱くなりました。営農指導員の助言のおかげもあって無事に予算内で2頭の牛を競り落とせました。

トラックに積まれて2頭の牛が到着した時、最初に感じたことは「思ったよりデカイ……」。山の狭い棚田に降りた牛は大きく見え、興奮気味で小走りするその牛の綱を引きながら「こんなのを自在にコントロールできるようになるのだろうか」と不安に思いました。

狭すぎ? 跳ねる牛にビビる

実際に飼い始めてからは、想定外のいろんな事件が起こりました。

何日か牛舎に馴らした後に、最初は目の届く狭い範囲で馴致放牧を開始しました。まず狭い範囲で放牧をして馴らしたほうがよいといわれて用意した場所が、8×20mほどの棚田の1枚でした。目新しい環境に喜んで猛ダッシュして跳びはねる牛たちに「ヤバい、狭すぎた……こんなに跳びはねて喜ぶ生き物だったとは」とビビりました。

数十分経つと牛も落ち着いて無心に草をムシャムシャ食べ始めました。その姿に「おおっ、なんかスゴイ！ 草食べまくってる!!」と感動。

その後、やっぱり場所が狭すぎたのか、放牧直後で牛が興奮状態の時に、

育苗ハウスを改造してつくった最初の牛舎。通路が狭くて牛の出し入れが大変だった（曽田英介撮影）

周りを囲んでいる電気柵に足を引っかけて引きずってしまったことがありました。もう少し広い場所が必要と、放牧地の範囲を少しずつ広げました。

首吊り事件

当初から昼間放牧で、夜間は牛舎に戻します。エサの食い具合や糞の状態、発情を観察したいからです。

牛舎から放牧場まではほんの10mほどですが、夕方に牛を牛舎に戻す時は、2頭のうち1頭を地面に打ち込んだ1・5mほどの杭に繋いで、1頭ずつ手で引いて連れ帰っていました。

最初の頃、残された牛は少し不安になるのか、しきりに鳴きました。私も1頭を牛舎に入れたら、急いでもう1頭を迎えに行くようにしていました。それがこちらもだんだん慣れてきて、もう1頭を迎えに行く前に、ちょっとついでの作業をしようとゴソゴソしていた時のこと。急に鳴き声がしなくなり静かになりました。ん？と思い見に行くと、繋いでいた綱に絡まり牛がコケて、首吊り状態になって泡を吹いていたのです！ 焦って綱を解いて無事でしたが、私も牛もお互い驚きのあまり見つめ合いながら、ハアハア肩で息をしていました。

ぬかるみで捻挫

秋の台風の時だったか、何日か雨が降り続いた後に、放牧地の棚田の排水路がイノシシによって泥で塞がれてしまいました。もともと水が溜まりやすくぬかるんだ場所で、後ろ両足がはまった牛は腰までドップリ浸かって身動きが取れなくなってしまいました。どうにか自力で脱出してきましたが、次の日に足が痛むようでビッコを引いていました。痛そうなので獣医さんに来てもらうと、捻挫しているとの診断でした。

牛舎内で生傷が絶えない

育苗ハウスを改造した牛舎は、放牧しやすいように設計しておらず、牛が頻繁に歩くには通路が狭すぎました。放牧に喜ぶあまり興奮した小走りの牛が、単管パイプの端などのいろいろな出っ張りに、腰や腹を引っかけて生傷が絶えませんでした。

当初は毎年1頭ずつ増頭して2年後には4頭にする計画でしたが、このままでは狭すぎるので、同じくらいの大きさの牛舎を隣に手づくりしました。しかしこれも付け足しで建てたもので、放牧の際、さらに牛を移動させにくい構造になってしまいました。

獣害対策、暑さ対策も

数年経ってみると、牛舎と放牧場の動線がスムーズになるような設計が必要なこと、放牧場の排水対策をしっかりしないとケガをさせてしまうことなどを自覚しました。

この他にも、放牧場にシカが入り込んで草を食いつくされてしまい、牛にとってはただの運動場になってしまったことがありました。また暑い夏に昼間放牧すると、牛は10分ほど放牧場でウロウロした後、涼しい牛舎へ戻りたがって出入り口の前に整列していたこともあります。棚田には日陰がありません。とにかく課題が山積みでした。

今は放牧できる棚田のすぐ隣の農地を購入できたので、今の牛舎は分娩房にして、放牧場まで牛を移動しやすい、広くて新しい牛舎をつくろうと計画しています。また野生獣、特に背の高いシカが侵入してこないように、ワイヤーメッシュによる防護柵を設置する予定です。

そして放牧場に少しずつノシバのタネを播いて、良質な牧草地になることを夢見ています。

ひと通り失敗を経験

繁殖和牛の一番の仕事は、当然ながらよい子牛を生産することです。あたりまえですが、放牧はあくまで一つの手段で目的ではありません。

農繁期は定年退職した父が手伝いに来てくれて、子牛や母牛を手塩にかけて世話してくれます。営農指導員の方のアドバイスや京都府の指導のもと、ド素人なりに子牛の発育は1年目から順調で、昨年は4頭出荷したうち3頭が、販売金額やDG（デイリーゲイン、1日増体量）等で表彰されました。

飼料計算をしてしっかり量って給餌すること、分娩2カ月前から給餌量を増やすこと、子牛が早くからエサを食べるように仕向けること、朝晩の世話と観察など、基本的な管理を毎日積み上げることの重要性を感じています。

じつは5年目の今年度は、繁殖の問題や管理のミスがてんこ盛りで、先輩農家からは「繁殖農家としてのひと通りの失敗を一気に経験したな」と叱咤激励されています。

村の人からは「もっと放牧をばーっと！　たくさん放せや～」なんて言われますが「ただ放せばいいわけじゃないんで。一歩一歩、着実に繁殖農家として成長するまで、少し待ってください」と答えています。

牛の成育と健康、そして環境がうまく調和した、山間地の放牧場を少しずつ築いていきたいです。

荒れ地で放牧をはじめる時のポイント

◉茨城・益子光洋さん

初めて放す前にやること

▼まず軽トラ1台分の道を通す

雑木や草が生い茂る荒れた土地に、いきなり牛を放しても、すぐきれいになったり牛が育ったりするわけではありません。人が足を踏み入れるのも大変な所は、じつは牛にとっても大変。地面がよく見えなくて牛のケガの原因になります。

最初は最低限の整地が必要だと思います。ユンボで邪魔な木を掘り起こし、エサやりや牛が休めるスペースをつくったり、電気柵を設置したりします。

ただ元水田ならともかく、山地を整地するのは容易じゃありません。そういう所は、とりあえず軽トラ1台が通れる道を1本通します。ユンボがあれば難しくありません。

牛が動きやすくなって、そこを起点に食い広げます。なにより、人間が作業しやすくなります。

▼放牧慣れした先輩牛を入れる

新しくつくった放牧地に牛を入れる時は、絶対、放牧慣れした牛を連れて行きます。電気柵を熟知していて脱柵しない（挑戦的ではない）性格の牛が1頭いるだけで、群がパニックになることはないし、人間は精神的にもかなりラクになります。

放牧未体験の牛には、電気柵の馴致が必要です。私の場合は電気柵のすぐ側にわざと牛を立たせます。牛はたいてい興味を持って鼻で触るので、ビリっときて嫌なものだと覚えます。もし脱柵してしまっても、2～3回これを繰り返すとやらなくなります。

電気柵の管理

▼電力不足に注意

曇りや雨の日が続くと太陽光発電が間に合わず電流が弱くなってしまうので、予備のバッテリーを付けると使いやすくなります。牧区移動の時はバッテリーだけ持ち出すこともできます。

電気柵の周りの草が伸びると漏電してしまうので、当然草刈りが必要です。また台風の後などは木が倒れて壊れていることもあるので、すぐに見回ることが大事です。

私は家から離れた放牧地については、そこの地主さんに管理をお願いしています。

▼高張線がケガの原因に？

牛はなにかにビックリしてバックした拍子に尻が電気柵に触れ、さらにパニックになってワイヤーを肢に絡めてしまうことがあります。高張線（金属のワイヤー）だと切れないので肢が傷ついてしまうようです。使うなら3～4段に設置し、柵から体が出ないように徹底したほうがよいかもしれません。

放牧地でのエサやり

▼狭い牧区のエサ不足に注意

エサやりは朝夕しています。粗飼料は、夏場は放牧地の野草を中心に食わせますが、狭い牧区ほどエサ不足に注

冬場に利用する「らくらくきゅうじくん」。丸い枠の中に、3頭で数日分のイネWCSが入る（2月に撮影）

放牧地の一つ、家の近くの元水田。エサやりでは4つのスタンチョンを利用している。周囲には電気柵を設置。ワイヤーは2段

意しています。柵内にエサが十分あれば、柵外の草を食べようと飛び出すこともなくなります。

▼放牧地の脇で牧草をつくる

そこで夏場は、放牧地の隣や近くの耕作放棄田で牧草をつくるようにしています。毎日青草を刈ってすぐ放牧地に投げ込むことができます。

というのも、野草のみなら1haに1頭を目安にしていますが、30〜50aの牧区に2〜3頭放さなければならないこともあります。そんな時30〜50aの放牧地の隣に10aでも牧草をつくっておけば十分。モアなら2〜3頭分を10分ほどで刈れます。

刈りきれなかったら、その時だけちょっと、電気柵の範囲を牧草地にずらして牛に食べてもらってもいい。

もし放牧地が広くて播種できる地形であれば、牧区内で牧草をつくれます。ですが、急峻な山地では耕耘が大変で現実的ではありません。

牧草地をつくれば堆肥も撒けるし、耕種農家に任せて耕畜連携もできる。牧草地が元水田であれば10aあたり3万5000円の交付金が入るので（水田活用の直接支払交付金）、管理を委託している場合、そこの地主さんの委託費に充てられます。耕畜連携したり地元の人に管理をお願いすることが、地域で牛飼いを続けていくためのコツでもあると思います。

牧草を収穫できるのが暖かな3〜4カ月間だけだとしても、放牧地周りで完結できれば飼料代を抑えられるし、輸送コストもかかりません。

▼冬はイネWCSで周年放牧

冬場は放牧地に何もなくなるので、丸い枠の「らくらくきゅうじくん」を使ってイネWCSを不断給餌しています。寒さ対策に濃厚飼料も多めにして増し飼いすると牛が丈夫になります。

ダニ対策で「放牧病」を防ぐ

放牧で避けられないのが、ダニ、マダニの被害です。放した牛がどんどん痩せていくなら要注意です。

うちでも実際、ダニの媒介によるピロプラズマ病にかかって死んでしまった牛がいました。

対策は忌避剤や駆除剤を牛に塗ることです。手間に見えても1〜2カ月に1回、1頭数百円ですみます。これで病気を防げるなら安いものです。（談）

集落営農で耕作放棄地放牧

◉岡山・吉家　仁

岡山県高梁市の（農）西山維進会。集落営農として新規で和牛放牧に取り組み、丸4年。順調に増頭してきたこの間に、飼い方で進化したこと、課題などを紹介していただいた。（編集部）

きれいに「舌刈り」された元・耕作放棄田。単管パイプと電気柵で囲っている

2頭でスタート、30頭に増えた

われわれ西山維進会は、２０１３年に人・農地プラン推進のための任意団体として発足しました。名前には「西山地区全員が手を携えて進んでいこう」という意味を込めました。

4年後、借地契約や資金調達、税務申告等の必要に迫られ、組合員11人で農事組合法人格を取得。私が発起人代表として代表理事に就任し（当時65歳）、現在に至っております。

耕作放棄地が増加し、時間の経過とともに山林に帰する水田が目立つなか、組合では当初からこの解消が当面の課題と位置付けておりました。

そこで15年の時点で「とりあえず牛でも放してみるか」と、和牛放牧に取り組むこととしました。まず県有牛2頭を借りて試験放牧。手応えを得たので翌16年に2頭の経産妊娠牛を導入しました。

以降、順次増頭し、現在は母牛30頭、自家産育成牛3頭、販売用子牛11頭です。放牧地は8カ所に増え、総面積約16haの耕作放棄田を管理しております。

出資、定例会、視察で自覚

まず、会を維持するにはモチベーションを高めることが必要です。

このような生計に直結しない活動を続けることの難しさは承知しており、その対策には心を用いました。法人立ち上げの時は、一定の出資金の負担をお願いすることにより志のある同志による結成を期し、出資金は３００万円で出発しました（法人に移行する際に3人の会員が脱退しました）。

月1回定例の飲み会で意見を交わし、年1回は先進地視察を行なって方向性を確認するなどの方法を採ってきました。

移住者を取り込む

なにより大きな力になったのは、17年に青木日向さん（当時22歳）を得たことです。当初から、若い移住・定住者が現れることを渇望していたのですが、このように早い時期に、若い力を同志として迎えられたことは、われわれにとって望外の慶事でした。

また、野村幸市さん（現在43歳の移住者、トマト農家）が、組合の事務局を担当してくれています。この人がスーパーマンで、機械類・電気・大工・経理等に精通しているうえに、大変な研究心を持ち合わせ、組合の仕事を自分の天職としているのではないかと思われるほどの情熱を注いでくれており、大きな原動力となっております。

放牧地を地域全体へ拡散させることにより、地域民の関心も高まってきました。当然われわれへのプレッシャーともなるのですが、これも大きな励みになっております。

簡易分娩舎は廃物利用

ビニールやパイプ、トタンなど廃物を再利用した。８カ所ある放牧地のうち当座１カ所に設置。分娩前の親牛を連れてきて分娩後もしばらく置く

房はなるべく広めにとる

３連棟ハウス（約 10.5㎡）を４つに仕切り、４組まで収容できる。かなり広々とした房をつくったおかげで、敷料の交換が必要ない（地面はコンクリート打ちをしていない）。分娩介助する際も作業しやすく、事故が起きにくい

担当する牛を決めた

西山維進会では周年親子放牧をしています。放牧地には1日1回エサをやりに行き、牛の様子をチェックします。

当初は、組合員が輪番で各放牧地の見回りと給餌にあたっていました。しかしこれでは牛の異常が発見しにくいことがわかりました。現在は3人でそれぞれ担当する放牧地を決めて、毎日同じ牛の管理にあたっております。これによって牛への愛情が生まれ、キメ細やかな管理ができるようになっていると思っています。

簡易分娩舎で事故を予防

分娩は、当初は野外で牛に任せていたのですが、頭数が増加するに伴い、難産や新生子牛が水路へ転落するなどの事故も発生するようになりまし

た。分娩を待つ人間のほうの心労も耐え難くなってきましたので、放牧地内に簡易分娩舎を設置し、併せて「牛温恵」を導入しました。

食い残す野草が繁茂しがち……牧草の播種を検討中

放牧地に目立つセイタカアワダチソウ。放牧を続けると、牛が食わない草ばかりが残ってしまうことがある。特にカヤやセイタカアワダチソウは、よっぽど他に食べるものがないと食わないので群生してしまう。そういう所は耕起して牧草を播く必要がある

放牧は必ず２頭以上で

８カ所ある放牧地の広さはまちまち。50 ～ 60a の小さい所も５～ 6ha の大きい所もあるが、小さい所でも必ず２頭以上で放す。牛は群れの動物。以前、子牛と離した親牛を１頭で放したらパニックになり、柵を飛び越える事件が起こった

この施設の効果は抜群で、心労と事故の軽減に大変役立ちました。

また、分娩のたびに獣医師の指導を受け、助産技術を習得し、分娩時の課題はほぼ解消しました。家畜診療所からは車で1時間かかる地区なので、子牛の牽引も自分達でできるようにして、必要に応じて獣医師から電話で指示を仰いだり、来ていただいています。

牛舎は中古を再利用

市の担当課との協議を緊密に行ない、補助事業を積極的に活用することで、収益の増加と安定を図っています。事業を継続するためにも、機械類・牛舎等は中古を利用し、極力投下資金を抑えて、経営の硬直化を避けるよう努めています。特に牛舎は、廃業した農家のパイプハウスを利用しました。

説明会を繰り返して地主の理解を醸成

「どうぞお好きに使ってください」と言うのが大半の地主の態度ですが、糞尿・臭気への嫌悪、また本来は米を栽培するべき水田に牛を放すことへの後ろめたさ等が、当初から予測されました。ですので、該当の集落で説明会を持たせてもらい、理解いただける地主からとりあえず賃貸借契約を結びました。さらに「百聞は一見に如かず」で実際の姿を見てもらうことで安心していただくという手法で、普及を図っております。

現在は8カ所の放牧地で展開しておりますので、地域の認知もかなり進んでいます。農産物の残渣を「牛に与えてくれ」と持ち込んでくれる人や、「うちの土地もぜひ使ってくれ」と声をかけてくれる地主も出てきました。

食わない野草対策が必要

これからの課題は、飼料費の節減です。冬季の飼料を確保しなければならないのですが、これには採草地を整備しなければなりません。

また、現在は野草が中心の放牧地ですが、よりよい育成のために牧草を栽培したいと思っております。特にカヤやセイタカアワダチソウは牛が好まず、残って繁茂するので整備が必要です。そのためにも優良堆肥の確保が課題です。

筆者（右）と野村幸市さん。奥につくったのは日よけ・雨よけ&子牛のエサやり用の小さいハウス（編）

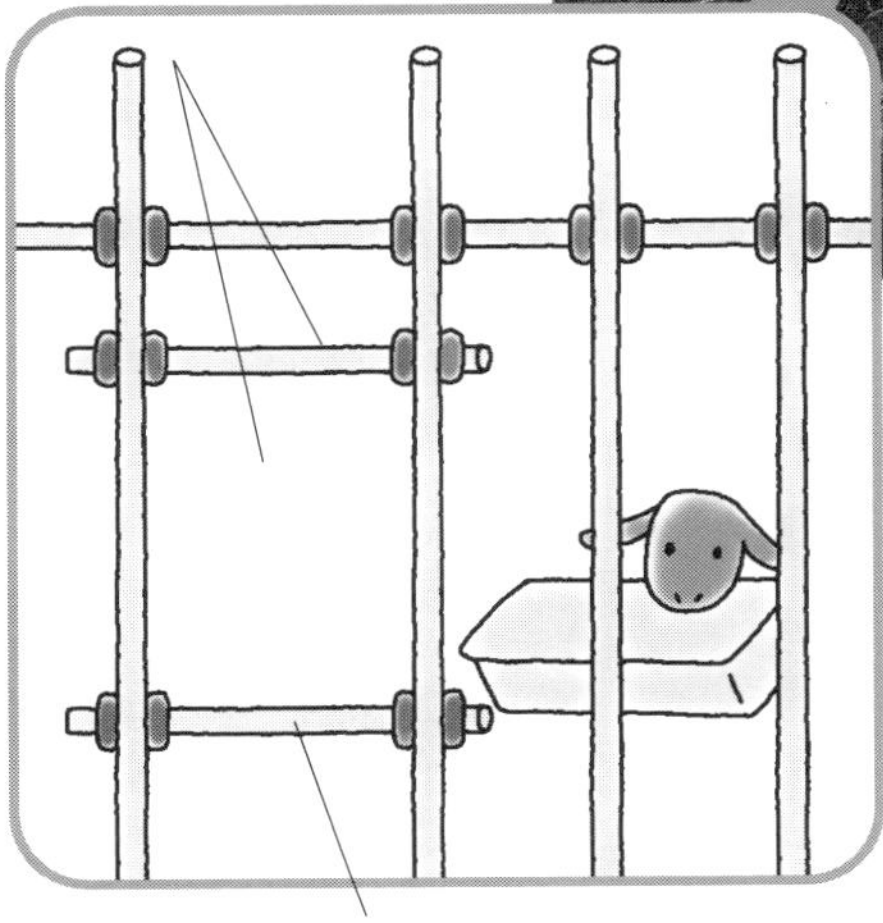

単管を調整して子牛だけが通れる間口をつくる

地面から30cmほどの高さに単管を渡すのも、親牛の侵入防止に有効。子牛は身軽ですいすいまたぐが、親牛は前足を上げるのが嫌いなのか乗り越えようとしない

**間口に肩が入るかが目安
単管パイプでエサ場を分ける**

1日1回のエサやりで、親牛と子牛のエサを分けるために、子牛だけが通れる狭い間口を単管パイプでつくり、その奥に子牛用のエサを入れている。単管の位置は子牛の成長に合わせて調整する。親牛の肩が入らない間口をつくるのがポイント。肩がつかえるとたいてい入るのをあきらめるが、肩が少しでも入ると「これはいけるな」と、単管を押し曲げてでも体を押し込んできて、子牛のエサを全部食われたことがある

放牧子牛の評価は高い

子牛の価格は、発育と系統によって決まります。西山維進会の牛はストレスフリーで生活しているので、発育は良好で、市場ではそれなりの評価をいただいております。19年11月の市場では、去勢（8カ月齢前後で280～300kg）が約70万円になりました。

もちろん、「1年1産」にいかに近づけるかが基本的な課題であることはいうまでもないことですが、これは日々の管理の精度の問題と思っております。特に母牛の発情再起の発見はなかなか難しい課題ですが、現在はシダー（膣内留置型黄体ホルモン製剤）の活用により再起を促し、空胎期間の短縮を図っています。

放牧地周辺の美化も大事

放牧地には牛を放していますが、その周囲にはまだまだ大きな雑木が生い茂り、非常にうっとうしい状況です。これを伐開して、人の暮らす空間を少しずつでも回復していきたいと思っています。それが地域で理解を広げることにもつながります。

農を目指す若者の受け皿に

西山地区ではさらに高齢化と担い手の減少が進み、耕作不能の耕地が増加するのは必然です。「とりあえず牛でも放してみるか」と始めたこの事業ですが、放置された農地を耕作可能な状態で保全できることは確認できました。今後は、農地の相続問題への対策も大きな課題となると考えております。

そもそもわれわれの目標は、西山の地を「自由にやりたいことをやり、楽しく暮らせる美しい里山にする」ことにあります。生き物としての人間が、嘘もごまかしもなく、厳しくも心安らかに暮らせる生業が「農業」であり、そのことに目覚めた若者が、「農」の道を目指すときの受け皿になりたい。その道を模索し続けていくつもりです。「人生は冥土へ向かう暇つぶし」であるなら、甲斐のある「暇つぶし」であると思っております。

1日1回のエサやり時には全頭が集まってくる。この日は他の組合員の牛を合わせて20頭ほど。頭数や健康状態をチェックする研修生兼ヘルパーの竹馬大知さん（24歳）。地元出身で実家も和牛繁殖農家

分娩後1カ月間の放牧で受胎率100%

◉長崎・綾部寿雄さん

荒れ放題の山でケガ牛続出

(農)花房牧場では繁殖牛が現在約120頭。綾部寿雄さん夫婦と息子の耕一さん、従業員や研修生で管理している。放牧を始めたのは7年ほど前。市内にある国有林33ha（放牧共用林野）を借りられることになり、繁殖牛仲間5人で放牧組合をつくって共同放牧することにした。

「以前から放牧をやってみたいとは思っていた。放牧すればその分、牛舎が空いて増頭できるし、エサ代も浮く。それに放牧したほうが牛は調子がいい、という経験的な話はずっと聞いておったから」と寿雄さん。

ところが実際に放牧しようとすると、いろいろな課題が出た。

最大の問題は放牧場の整備だった。借りた場所は、一昔前に別の人が放牧場として使っていた所だが、その後管理されず、雑木や竹が生え放題で、すっかり荒れ山になっていた。

綾部寿雄さん（67歳）。30年前にジャガイモ専業から繁殖牛経営へ切り替えた

「いまの放牧場を見ればきれいなもんだが、そりゃあもう、とても放せる状態じゃなかったとよ。牛を入れても牛が見えん状態だった」

そこで放牧する前に仲間で2カ月以上かけて、毎日やぶ払いや竹を伐採したが、それでも十分ではなかった。

「牛はどんどん山の中に入ろうとしてくれるが、どこかで足や爪をケガしてビッコになったり化膿したりして、死んだ牛も結構おった。最初の年は5、6頭も死によった。こりゃあ重機の代金より、牛の代金のほうが太かばいということで、重機を入れて切り株ごと耕して草地を広げ牧草も播いた」

種付け前に放牧する

そしてこの間に、綾部さんの放牧のやり方も変わってきた。事故が続くのでは安易に放牧するわけにはいかない。しかし増頭中で牛舎の空きがない。

「せっかく妊娠させた牛をケガさせたり死なすよりは、空胎の牛のほうがまだ被害は少ないだろう（笑）」と、放牧するのは分娩後で未受胎の牛に限ったのだ。

エサはワラと、繁殖牛用に配合した自家製豆腐粕入りの発酵飼料。発酵飼料は豆腐粕が約50%。他に麦、トウモロコシ、フスマ、米ヌカ、ビートパルプ、ルーサンペレットなどを入れて1カ月ほど密封してつくる。嗜好性は抜群にいい

分娩後3日で母子分離させてから種付けするまでの、約1カ月間だけとした。すると、どの牛も、それまでより強くていい発情がくる。受胎も1回で付いて毎回うまくいくことに気が付いた。

受胎率がほぼ100%に

それまでは子宮の戻りが遅かったり卵巣の状態が悪くて、分娩間隔も400日をゆうに超す牛ばかりだった。それが1回でほぼ100%まで受胎率が上がった。おかげでいまでは分娩間隔は平均367日だ。

「放牧して帰ってきた牛は、見た目がぜんぜん違って体が引き締まっている。運動不足が解消されて日光浴もできて、牛の調子がよくなったのでは」

具体的には、母牛を分娩後1週間ほどで放牧場に連れて行き、1カ月後に牛舎に連れて帰る。放牧中は種付けをせず、牛舎に戻して10日ほど自分の管理下でエサをやる。そうしているうちに必ずよい発情がくるという。

野草も山の木の葉もばくばく食う

もう一つ、寿雄さんが注目しているのは、放牧場の野草や山の木だ。

33haある放牧場は区画を分けず、1区画（定置放牧）で牛は好きなように草地や山の中を歩き回る。

整備した草地部分は、最初に一度牧草を播いただけで放任。いまは野草もかなり混じっている。中には薬草もあるようで、「放牧場に行ったら牛に下痢はなか」と寿雄さん。

「そもそも青草は牛にとって薬。牛舎では多くはやれないが、放牧場では人間がやるビタミン剤やミネラル剤などではまかなえない栄養がたくさんとれるんやろう」

山のほうには元の雑木や竹やクマザサが残っている。そこもいまでは牛がくまなく入って道ができ、足や爪をケガするようなこともない。ぱっと見は、きれいに整備された森林公園のようだ。

「牛は草を食べるもんだと思っていたが、ササだのマツの葉っぱをよく食う。太くて大きい木を切って整備していたときも、牛はもう待ち構えていて、木が倒れたらすぐにむしゃむしゃ食っていた」

木本・灌木類の葉は抗酸化能が高く、林内放牧牛は血中抗酸化能が増え、疾病率や繁殖成績にも影響するという。

だから花房牧場の牛も運動しつつ、微量要素も含めて栄養が充実して、調子がよくなっていったのかもしれない。

牧場は5人と牛で共同管理

牧場は冬も閉じることなく周年使う。区画を分けず、牧草の播種も一度きりだが、いまのところ極端に少なくなるなどの問題はない。大牧区で牛と草が共生できているようだ。移牧の手間もない。

エサやりはその時に牛を放牧している人同士が一日一回交代でやり、頭数や健康状態を確認して連絡しあう。組合員はそれぞれ規模や放牧方法が違い、綾部家以外は、維持期の母牛を分娩前まで放牧することが多い。

放牧のよさはいろいろあるが、今後綾部家で維持期の母牛も放牧に出すかどうかはまだ検討中だ。

というのも放牧場では、放牧頭数は全部で60頭までと決めている。1ha当たり2頭が目安だ。5人だと1人最大12頭。それ以上の牛を出したい時は、みんなに相談する。

「たとえばうちも、いつもは10頭前後の空胎牛を放すが、牛舎の改良工事をしたとき、30頭分を空けなきゃいけなかった。そのときはみんなの了解を得て入れてもらった」

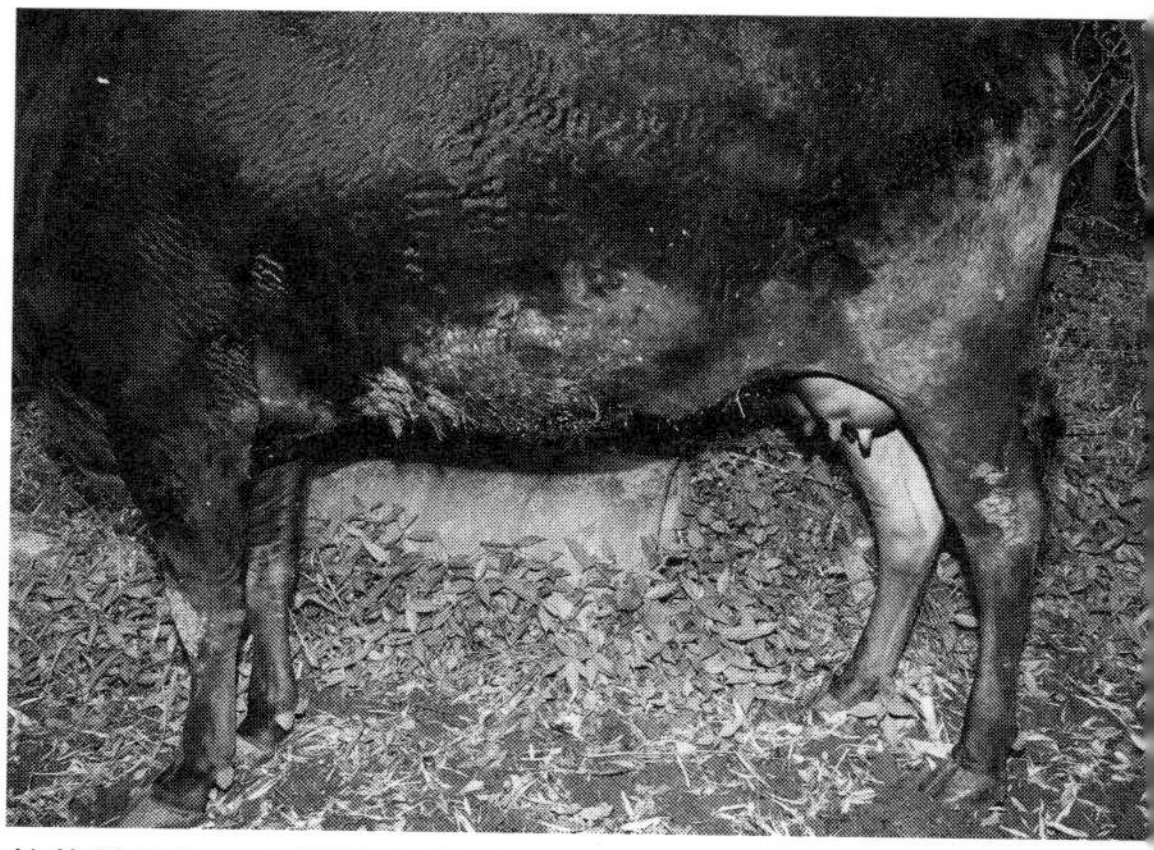

放牧前の牛。まだ乳房が大きい

連れて帰る牛。体が全体的に引き締まった。マダニなどがついていないことを確認してからトラックに乗せる

通年で増やすなら放牧場の拡張や整備が必要だ。

ちなみに、牧場の借り賃は年間25万円以上。これを放牧組合で頭数に関係なく按分し、1人5万円以上を負担する。むしろ組合が山を管理してあげているという見方もできそうだが、「まずは自分の牛舎で10頭多く管理することを考えれば安い」と寿雄さんは思っている。今後は共同放牧場での、白血病感染を防ぐための対策も強化したいと考えている。

掲載記事初出一覧

（『現代農業』発行年．月号）

ことば解説

本書で使われている肉牛飼育に関する用語を紹介します（50音順）。

育成飼料（いくせいしりょう）

離乳後の育成牛用の濃厚飼料。体が大きく成長する時期なので、成牛用よりもタンパクが高く設計されている。

維持期（いじき）

繁殖牛の受胎から分娩2カ月前ごろまでの期間。肉牛の繁殖牛の場合、この期間はあまり多くの栄養を必要としないので、太り過ぎないよう栄養管理に気を付ける必要がある。

牛伝染性リンパ腫（うしでんせんせいりんぱしゅ）

いわゆる牛白血病。体表面のリンパ節や体腔内リンパ節が腫れ、削痩、元気消失、眼球突出、下痢、便秘などの症状が起こる疾病。多くは牛伝染性リンパ腫ウイルスの感染により引き起こされる。
→116、120、122p

揮発性脂肪酸（VFA）（きはつせいしぼうさん）

ルーメン発酵でできる揮発性の短鎖脂肪酸（低級脂肪酸）。主要なものは酢酸、プロピオン酸、酪酸の3種。ルーメン壁から吸収されて牛のエネルギー源として利用される。おもにワラなどの繊維質から酢酸、濃厚飼料のデンプン質からはプロピオン酸、糖類から酪酸が生成される。

揮発性脂肪酸は、ルーメン絨毛を発達させるためにも必要。黒毛和種の飼育では、生後早い段階からスターターを摂取させルーメン絨毛を発達させる技術が近年普及した（哺育期の発育を促進させる目的もある）。

胸腺（きょうせん）

牛の胸部や頸部にあるリンパ組織の一つで、免疫機能の中枢的役割を担う。成牛になると退化する。
→39、42p

化粧肉（けしょうにく）

子牛市場に出荷される子牛に見られる、余分な皮下脂肪。体重を増やして高値をねらうため、繁殖農家が出荷前の子牛に濃厚飼料を多給することが原因。化粧肉のついた牛は、肥育時に飼料を食いこめなかったり、貴重な栄養が皮下脂肪や内臓脂肪や筋間脂肪のほうへとまわって枝肉の歩留まりも悪くなったり、サシが入りにくくなるなど、肥育成績に悪影響が出ることが多い（次ページの写真もご覧ください）。

鉱塩（こうえん）

食塩などのミネラルをブロック状に固めたもの。粗飼料・濃厚飼料だけでは必要なミネラルが補給できないため、飼槽の横など、牛がいつでも鉱塩を食べられるように設置しておく必要がある。

サイレージ

牧草など水分含量の多い飼料を密閉環境に詰め込んで乳酸発酵させ、長期貯蔵できるようにした飼料。

CP（シーピー）

粗タンパク質含量（Crude Protein）。飼料中のタンパク質の割合を示す値。

種雄牛（しゅゆうぎゅう）

食肉用・乳用などの目的にかなった優れた遺伝子をもつ雄牛。

種雄牛の凍結精液が繁殖農家に販売され、それを繁殖雌牛に人工授精して優れた能力を受け継ぐ子牛を生ませる。

→15p

初乳製剤（しょにゅうせいざい）

牛の初乳を原料にした代用乳。免疫グロブリンが豊富に含まれている。母牛の初乳をしっかり飲ませたうえで、初乳製剤を補助的に使うことが多い。

スターター

生後すぐ～3カ月齢ごろの哺育期に与える高タンパクの濃厚飼料。人工乳、えづけ飼料とも呼ぶ。体の発達促進に加え、ルーメンの機能を発達させる役割もあるので、生後できるだけ早い段階から与え始めることが推奨されている。

→50、66、77、82、85、94p

化粧肉の見分け方

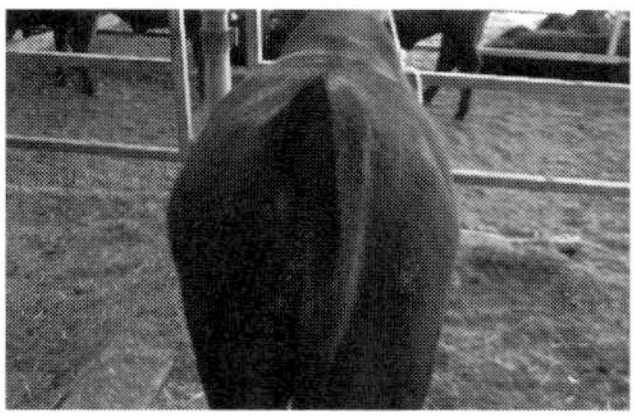

○ 尾枕がなく、余分な脂肪のついていない子牛。こちらのほうが肥育成績が期待できる

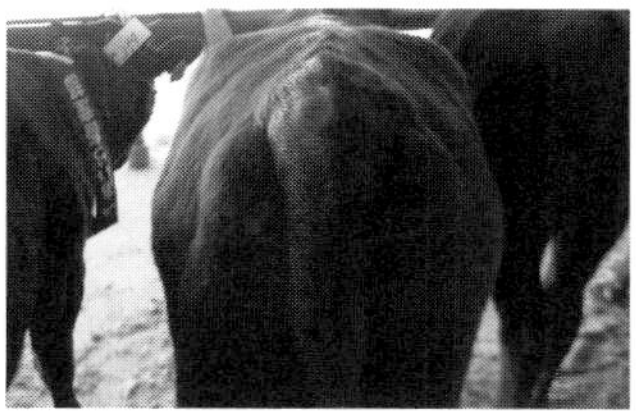

× 「尾枕」といわれる余分な脂肪がついた子牛

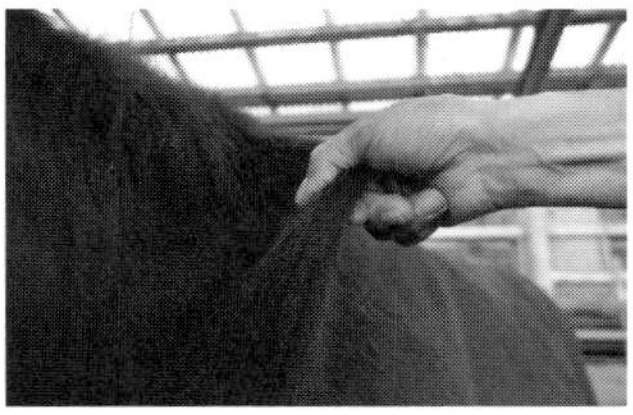

○ 首元と肋骨のあたりをチェック。皮膚が薄く、ビヨーンと伸びる。ゆとりがある証拠。肥育すると、順調に大きくなるはず

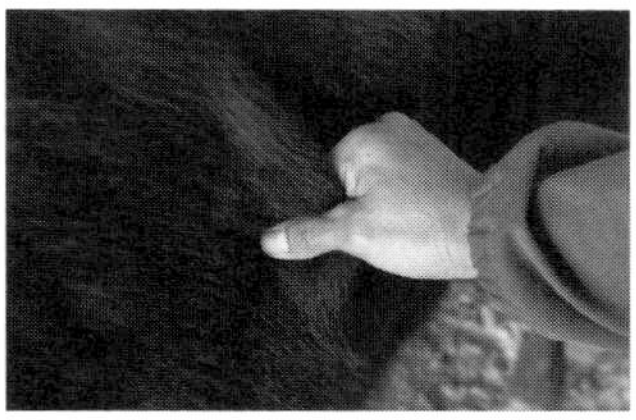

× 皮膚が厚く、伸びない。濃厚飼料の多給で、皮下脂肪がついてしまっている

粗飼料（そしりょう）

草など繊維質の飼料。牛の主食にあたる。

SGS（ソフトグレインサイレージ）

飼料米などの穀物をモミごと乳酸発酵させたもの。モミ米サイレージ。そのままでは硬い生モミを菌が食いつきやすいよう膨軟破砕し、乳酸菌や水を加えて密封。2～4週間ほど発酵させる。

→138p

TMR（ティーエムアール）

牛の養分要求量に合わせて粗飼料と濃厚飼料を混合したもの。未発酵（フレッシュ）のTMRと、乳酸発酵させて長期保存を可能にした発酵TMRがある。

DG（ディージー）

Daily Gain。一日平均増体量、日増体量。一日当たりの体重の増加量を示すもので、牛が順調に発育してきたかどうかを示す重要な指標。計算式は（出荷時体重－生時体重）÷日齢。なお、子牛市場では一般に体重（生時体重含む）÷日齢で計算されたDGが示される（日齢体重）。

→38、80、90p

TDN（ティーディーエヌ）

可消化養分総量（Total Digestible Nutrients）。飼料中のエネルギー量の目安。

日本飼養標準（にほんしようひょうじゅん）

家畜の成長過程や生産量に応じた適正な栄養量（養分要求量）を示した資料（発行：中央畜産会）。飼料中の栄養含量とバランス、養分要求量に影響する諸要因、実際の飼料給与での注意点なども記載されている。肉用牛、乳牛、豚、家禽、めん羊がある。各飼料の成分をまとめた「日本標準資料成分表」も発行されている。

妊娠鑑定（にんしんかんてい）

母牛が妊娠しているかどうかを検査すること。直腸検査法、超音波検査法などいくつかの方法があり、獣医師が行なう。

→37p

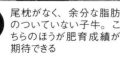

濃厚飼料（のうこうしりょう）

穀物や粕類など栄養価の高い飼料。いくつかの濃厚飼料材料を栄養バランスよく配合したものを、配合飼料という。

廃用（はいよう）

繁殖牛や乳用牛などの家畜が高齢や不妊、疾病などの理由で役目を終えること。廃用後は食肉処理場に出荷される。しばらく肥育した後に食肉処理されることもある。

白痢（はくり）

子牛に見られる乳白色や青白色の下痢便。消化吸収障害により、糞便に大量の脂肪が含まれる状態。おもに母乳の成分が原因の場合と、細菌やウイルス等の感染が原因の場合がある。

発情（はつじょう）

雌牛が受胎可能な期間のこと。成長した雌牛は、季節に関係なく18～23日（平均21日）周期で発情を繰り返し、受胎すると発情は止まる（下の図参照）。

発情期には、落ち着きがなくなる、食欲が減る、外陰部から粘液が流れる、他の雌牛に乗駕する、他の雌牛からの乗駕を許容するようになる（スタンディング発情）などの特有の変化がある。

発情時間は12～36時間。人工授精の適期は発情後半から終了後6時間までといわれる。一般には午前に発情を発見したら午後に受精し、午後に発情を発見したら翌日午前中に受精するのがよいとされている。

→36、58p

反芻（はんすう）

ルーメン（第一胃）内の内容物を口の中に吐き戻し、再度咀嚼して飲み込むこと。食べたエサは反芻によって細かくすりつぶされ、ルーメン微生物による消化・発酵を助ける。また、反芻時にエサがアルカリ性の唾液とよく混ざることによって、濃厚飼料が発酵してできる酸が中和され、ルーメン内のpHが一定に保たれている。繊維質の飼料を十分に食べることによって反芻は促される。

→20p

昼間分娩（ひるまぶんべん）

分娩前の母牛へのエサやりを夕方1回だけにすることで、お産の75～90%が日中（朝6時～夜9時ごろ）になるという現象。詳しいメカニズムはわかっていないが、各地の試験場で実証されている。

→35p

不断給餌（ふだんきゅうじ）

飼料を牛がいつでも自由に食べられるように切らさずに与える給与法。自由採食ともいう。逆に、決められた量を一定の時間に与える給与法を制限給餌という。

→49p

知っておきたい牛の繁殖サイクル

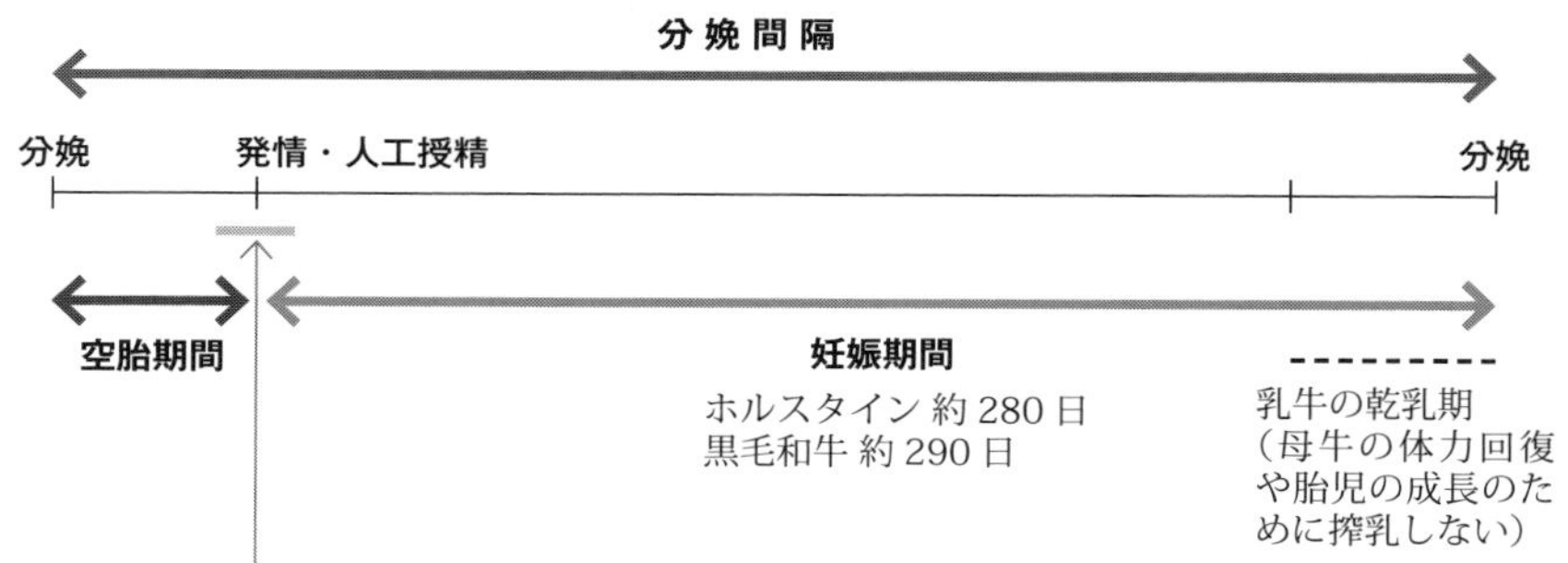

発情～排血のおおよその流れ

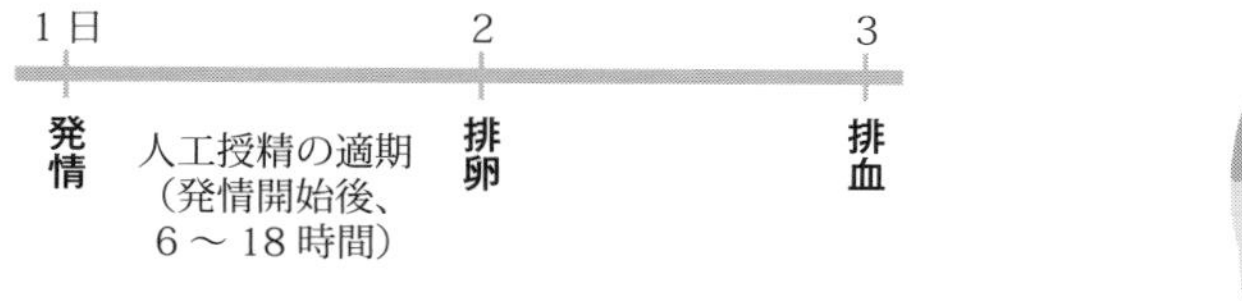

発情（21日周期）のおもなサイン

- 外陰部が膨らみ緩んでシワがなくなる
- 透明の粘液が出る
- 行動が激しくなる。歩数が上がる
- 乗駕したり乗駕されたりする（マウンティングとスタンディング）

ミルク

牛の人工哺育で使う粉ミルク。代用乳ともいう。粉を溶かして液状で使う。

養分要求量（ようぶんようきゅうりょう）

家畜の生存の維持や生産活動（妊娠、成長、肥育、産乳など）、環境作用（温度など）、運動に必要な栄養素の最低必要量。家畜ごとの養分要求量は飼養標準に掲載されており、飼料設計などに広く使われている。

卵巣嚢腫（らんそうのうしゅ）

卵巣の卵胞が排卵することなく異常に大きくなる状態で、不妊の原因となる。発情が起こりにくくなる場合が多い。濃厚飼料を与えすぎたり、エストロゲン様物質を多く含むマメ科牧草の多給によって起こりやすいが、遺伝的素因や加齢、ストレスなども影響する。

↓63、57、54p

ルーメン

牛の四つある胃のうちの第一胃。成牛で200ℓ前後と大容量。さまざまな微生物がいて、牛が自分で消化できない硬い繊維などを分解する。この微生物が正常に働かないと、牛の不調の原因になる。

ルーメンアシドーシス

ルーメン内で過剰な酸が発生している状態のこと。粗飼料に対して濃厚飼料の割合が多すぎる場合に起こりやすい。

濃厚飼料を多量に摂取すると、含まれるデンプン質が発酵して酸が大量に発生。反芻による緩衝機能や絨毛による酸の吸収が追い付かず、ルーメン内のpHが下がると、低pHに弱いセルロース分解菌が死滅するなどルーメン細菌叢のバランスが崩れ、エンドトキシンという毒素も発生。また、酸によってルーメン内の絨毛が傷つき、牛のエネルギー源である有機酸の吸収ができなくなる。

症状としては、極端に元気がなくなる、食欲減退、軟便・血便、蹄の病気、肝炎などがある。

↓23、55、82p

（参考：『農業技術事典』『農業技術大系 畜産編』（農文協））

牛にとっての唾液の役割

二井博美

唾液を十分に分泌させることは、ルーメンpHの維持だけでなく子牛の発育にも影響しています。繊維質のものを食べ、唾液がたくさん出ると成長ホルモンが多くなります。成長ホルモンは、筋肉や骨の成長を促して、脂肪の蓄積を少なくする作用があります。

これと逆の作用を起こすのがインスリンというホルモンです。インスリンは、唾液の分泌量が少なくなると多くなり、脂肪の蓄積を促す作用があります。そのため、インスリンが多くなると脂肪が多い子牛になってしまいます。つまり、濃厚飼料を多く給与して繊維質が少ないと、脂肪の多い過肥の牛になりやすいのです。多くの子牛市場で見られる無駄な脂肪の多い素牛の多くが濃厚飼料の給与が多すぎることの裏付けになります。

最近は、哺乳期に乾草を給与しないケースがありますが、繊維質を与えないと敷料を拾い食いしたり、壁をかじったりします。繊維不足で発育した牛は「舌遊び」をします。この「舌遊び」は大きくなっても治りません。子牛市場で「舌遊び」をしている牛は繊維不足の典型的な行動です。

哺乳期にも乾草の給与は必須ですが、人工乳と水も必要となります。特に水は人工乳・乾草の摂取量を高めることとミルクを水代わりに飲ませないためにも重要です。

＊「舌遊び」は、他の品種より黒毛和種でよく見られます。

（麻布大学大学院獣医研究科共同研究員）

撮影
黒澤義教
佐藤和恵
曽田英介
田中康弘

パート扉イラスト
岩間みどり

本文イラスト
アルファデザイン

編集協力
本田耕士(椎風庵編集耕房)

編集・制作
農文協プロダクション

表紙デザイン
髙坂　均

名人が教える
和牛の飼い方　コツと裏ワザ2
事故ゼロ、ストレスゼロでもうかる経営に

2022年9月10日　第1刷発行

編者　一般社団法人 農山漁村文化協会

発行所　一般社団法人 農山漁村文化協会
〒107-8668　東京都港区赤坂7丁目6－1
電話　03(3585)1142(営業)　03(3585)1147(編集)
FAX　03(3585)3668　振替　00120-3-144478
URL　https://www.ruralnet.or.jp/

ISBN978-4-540-22185-9　DTP製作／(株)農文協プロダクション
〈検印廃止〉　印刷・製本／凸版印刷(株)